高职高专礼仪与实训系列规划教材

U0647926

Professional Image
and Etiquette

# 职业
# 形象与礼仪

谢 鑫 张冰霄 /主编

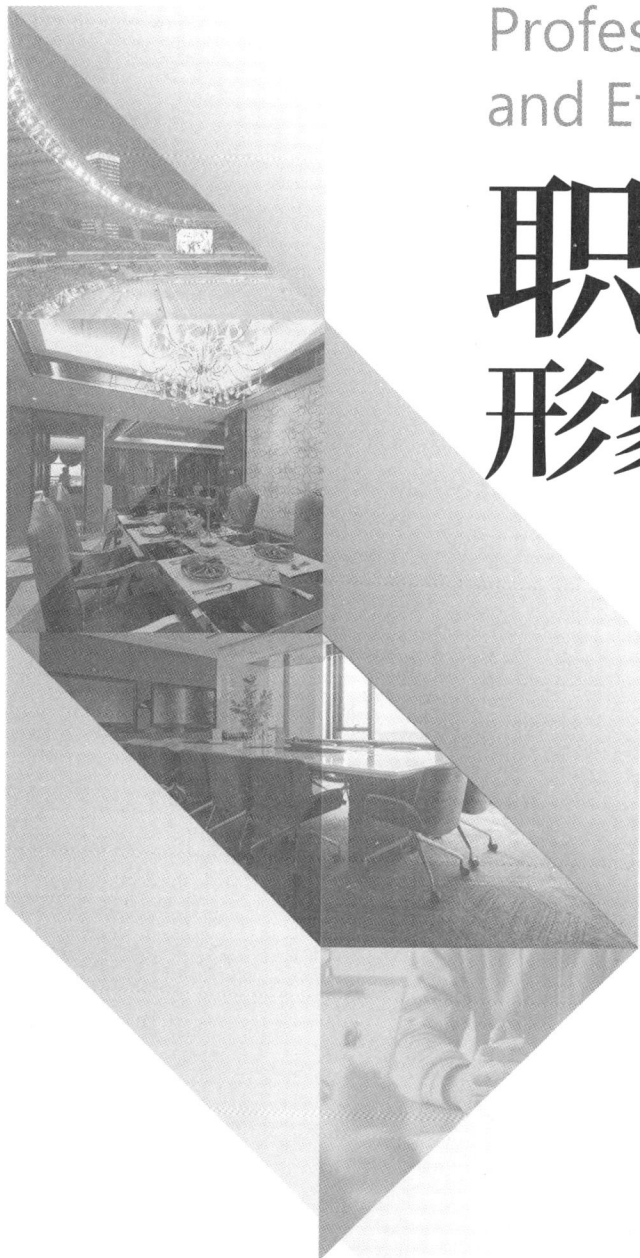

ZHEJIANG UNIVERSITY PRESS
浙江大学出版社

图书在版编目（CIP）数据

职业形象与礼仪/谢鑫，张冰霄主编.--杭州:浙江大学
出版社，2022.3（2025.1重印）
ISBN 978-7-308-22428-4

Ⅰ．①职… Ⅱ．①谢… ②张… Ⅲ．①个人—形象—
设计②礼仪 Ⅳ．①B834.3②K891.26

中国版本图书馆CIP数据核字(2022)第045153号

**职业形象与礼仪**

谢　鑫　张冰霄　主编

| | |
|---|---|
| 策划编辑 | 曾　熙 |
| 责任编辑 | 曾　熙 |
| 责任校对 | 李　晨　黄炜彬 |
| 封面设计 | 春天书装 |
| 出版发行 | 浙江大学出版社 |
| | （杭州市天目山路148号　　邮政编码　310007） |
| | （网址：http://www.zjupress.com） |
| 排　　版 | 杭州林智广告有限公司 |
| 印　　刷 | 杭州钱江彩色印务有限公司 |
| 开　　本 | 787mm×1092mm　1/16 |
| 印　　张 | 18 |
| 字　　数 | 400千 |
| 版 印 次 | 2022年3月第1版　2025年1月第5次印刷 |
| 书　　号 | ISBN 978-7-308-22428-4 |
| 定　　价 | 49.00元 |

浙江大学出版社市场运营中心联系方式：0571-88925591；http://zjdxcbs.tmall.com

# 前言

党的二十大报告指出，"中国式现代化是物质文明和精神文明相协调的现代化。物质富足、精神富有是社会主义现代化的根本要求""我们不断厚植现代化的物质基础，不断夯实人民幸福生活的物质条件，同时大力发展社会主义先进文化，加强理想信念教育，传承中华文明，促进物的全面丰富和人的全面发展"。

礼仪文化是中国社会主义先进文化的重要组成部分。中国被世界誉为文明古国、礼仪之邦，中华民族几千年文明铸就了礼仪文化。礼仪文化是以礼仪为内核的文化观念、文化规范、文化器物等的总称，内蕴着中国传统文化的思想理念与价值追求。

习近平总书记指出："礼仪是宣示价值观、教化人民的有效方式。"①

礼仪具有教育功能，是一种有效的价值传递方式，能够引导人们形成正确的行为习惯和道德观念。礼仪不仅是一种表面的行为规范，更是一种内在的精神追求，能够促进人们的全面发展和社会的和谐进步。与其他国家和民族的礼仪文化相比，中华礼仪文化具有独特的内涵。而讲"礼"懂"仪"则成为中华民族世代相传的优良传统。

《论语》中说："不学礼，无以立。"《孟子·离娄章句下》中说"爱人者，人恒爱之；敬人者，人恒敬之"，这些都说明礼仪的重要性。礼仪是一个人内在素养跟外在形象的具体体现，是人际交往中的一种交际艺术和交际方式，良好的礼仪在人际交往中，能达到事半功倍的效果。

《职场形象与礼仪》一书是根据社会需求，在总结多年的教学和实践经验的基础上进行编写的。本书从人们在职业场所应当展现的形象和遵循的一系列礼仪规范出发，对职业形象进行塑造、对职场礼仪进行规范、对职业能力进行培养。帮助求职者做好求职准备、顺利求职应聘；帮助职业人立足工作岗位、协调工作关系、完成工作任务。

本书的特点如下。

**一、实用性。**本书的编写内容涉及面广，几乎囊括了现代社会人际交往中的礼仪知识和技巧，符合在校大学生及从业人员学习和使用。

---

① 习近平. 把培育和弘扬社会主义核心价值观作为凝魂聚气强基固本的基础工程 [N]. 人民日报，2014-02-26（01）.

二、**操作性。**本书的编写方式突破了传统教材中惯常的重理论轻实践的编写方式，突出实践性和操作性，融"教、学、做"为一体，通过沉浸式教学，让使用者在"学中做""做中学"。

三、**趣味性。**本书的编写内容选取了大量的礼仪小故事、礼仪小常识等，使礼仪变得日常、简单、直接，增强了本书的趣味性。

四、**延展性。**本书的编写形式除导读、案例和思考题外，还配了大量图片、视频、背景资料和补充资料，扩大了使用者的阅读视野，为后续的深入学习打下了基础。

本书的编写者均有多年的礼仪授课和礼仪培训经验。本书由谢鑫和张冰霄主编，孙钦、李薇参与了部分章节的编写。本书的整体体例设计和编写提纲及统稿工作由谢鑫完成。

在编写本书的过程中参阅了大量的专著、报刊和网上资料，参考借鉴了国内外礼仪专家及学者的诸多研究成果，在此一并表示衷心的感谢！

同时感谢志愿者们在视频拍摄过程中给予的支持和配合。

在本书的编写过程中，我们努力改善内容质量，力求精益求精。然而由于编写时间紧迫和自身水平限制，疏漏之处在所难免，恳请专家、同行和读者批评指正！如有意见或建议，欢迎来信与我们联系，邮箱是 997210329@qq.com。

编者

2023 年 8 月

# 目　录

第一章

CHAPTER 1

# 礼仪概述

▶ **本章导学**

　　我国素有"文明古国、礼仪之邦"的美称，文明礼貌一直是中华民族的传统美德。礼仪，作为人类的一种文化，规范着人们的行为。从一个人对它掌握的程度，可以看出这个人的文明与教养的程度；从一个国家或一个民族对它的重视程度，可以看出这个国家或民族文明与进步的程度。本章主要学习礼仪的概念及特征、礼仪的起源与发展、礼仪的功能与作用等内容。

▶ **学习目标**

　　1. 了解礼仪的基本概念、内涵。

　　2. 掌握礼仪的基本特征及功能。

　　3. 掌握礼仪的发展历程。

# 第一节　礼仪的概念及特征

## 一、礼仪的含义

　　礼仪是人们在长期共同生活和相互交往中逐渐形成，并且以风俗、习惯和传统等方式固定下来的礼节与仪式。礼仪有两层含义，一是"礼"，主要表示敬意的态度，是内在的素养；一是"仪"，表示礼的动作或方式，是外在形式。"礼"与"仪"密不可分，一方面，"礼"是"仪"的本质，"仪"是"礼"的现象；另一方面，内在的"礼"只有以外在的"仪"的形式表现出来，只有"礼"与"仪"的完美形式结合并表现出来，才是完整的礼仪。

　　礼仪是人们在各种社会交往活动中，用来美化自身、敬重他人的约定俗成的行为规范，具体表现为礼貌、礼节、仪式等。

　　**（一）礼貌**

　　礼貌，是指人们在相互交往过程中表示敬重和友好的语言、行为规范，它侧重于表现时代的风尚与道德水准，以及人们的文化层次和文明程度。礼貌属于社会公德的重要组成部分，比较侧重内在修养。"礼貌"一词出于《孟子·告子下》。孟子认为礼貌就是恭敬辞让之心在人的神态体貌上的自然表露，就是和颜悦色地与人相处。学者杨云祚在分析礼貌与礼仪的区别时也指出："一个人能经常面带微笑，言谈举止诚恳谦和便是礼貌。"一般而言，礼貌是指人与人之间在交往过程中表现尊重、谦虚、恭敬、友好的态度。它体现着一个人的基本品质，同时也是一种具有评价作用的概念性词语。礼貌作为人际交往中的一种道德规范，侧重对人们在对待他人的态度方面进行要求和规范。

礼貌可以外化为具体的行为：一个亲切的微笑，一个善意的眼神，一次由衷的鼓掌，都能表达对他人的尊重。礼貌是一种有声的语言，一句亲切的问候，一次愉快地交谈，都能体现出对他人的友好。

### （二）礼节

礼节，是指人们在交际场合，根据双方的关系、身份和地位，相互表示尊重、友好的惯用形式。在中国古代，礼节就被看作行礼的分寸等级。《荀子·非十二子》中说："遇友则修礼节辞让之义。"杨云祚认为："一个人在待人接物之中把握分寸，不卑不亢便是礼节。"礼节包括问候、致意、致谢、祝颂、慰问等，是礼貌的具体表现方式。没有礼节就无所谓礼貌，有了礼貌就必然伴有具体的礼节。

### （三）仪式

仪式是指为了表示尊重和友好，为了一定目的在一定场合举行的具有一定规范化程序的正式礼节形式。仪式有很多种：外宾来访时，有迎宾仪式；签订合同时，有签字仪式；获奖时，有颁奖典礼；还有备受世人瞩目的奥运会、亚运会、世界杯、世博会的开幕式、闭幕式等。仪式是表达礼貌、礼节的形式，是礼仪的重要组成部分。

总之，礼貌通过礼节表现出来，礼节是礼貌在语言、行为体态等方面的体现。仪式是在较大或较隆重场合，在礼遇规格、礼宾次序等方面应遵循的礼貌礼节要求。它们不仅使礼仪有更深厚的文化内涵，而且共同构成礼仪的全部内容。

## 二、礼仪的特征

### （一）传承性

任何国家的礼仪都具有自己鲜明的民族特色，任何国家的当代礼仪都是在本国古代礼仪的基础上继承、发展而来的。离开了对本国、本民族以往礼仪成果的传承、扬弃，就不可能形成当代礼仪。这就是礼仪传承性的特定含义。作为一种人类的文明积淀，礼仪将人们在交际中的习惯做法固定下来，流传下去，并逐渐形成自己的民族特色，这不是一种短暂的社会现象，而且不会因为社会制度的更替而消失。对以往的礼仪遗产，正确的态度不是食古不化全盘沿用，而是有扬弃，有继承，更有发展。

所以，礼仪的传承性说明了礼仪是人类长期积累的财富，是社会进步和文明的标志之一。我国古代流传至今的尊老敬师、父慈子孝、礼尚往来等反映民族美德的礼仪，还会世世代代相传，发扬光大。当然，中国传统礼仪是在漫长的阶级社会中形成的，主要体现了等级制度的社交规范，是阶级社会的统治者为维护自身高高在上的地位，强迫臣民们遵守的，因此对其中不符合现代平等交往原则的部分礼仪，应该加以甄别和摒弃。

**案例**

### 跪拜礼

某酒店正在举行婚礼，在司仪的主持下，新郎跪下身向岳父岳母敬茶。一名旁观者小声地评价："跪都没有跪相，摇摇晃晃的，茶都要洒出来了。"另一人接着道："这种礼节很久不用了，现在又开始时兴起来。"第三人问道："什么时候废除的呢？"

跪拜礼在中国具有悠久的历史，在古代曾经是臣民向君主、下级向上级、平民向官员、晚辈向长辈表示顺服和敬意的隆重礼节，它在1912年由《中华民国临时约法》废除。此后，鞠躬礼逐渐取代跪拜礼成为表示敬意的隆重方式。不过，民间对跪拜礼有所保留，跪拜礼在剔除了自我贬低、奴性服从的意义后，继续存在于某些特殊的场合，比如婚庆时新人以跪拜礼向双方父母表示感谢，扫墓时子孙以跪拜礼向先人表示尊敬等。

### （二）变异性

礼仪并不是僵死不变的永恒模式，随着时间的推移，礼仪也会不断地发展和变化。它继承了历史上优秀的礼仪传统，摒弃和革除了显示人尊卑身份的跪拜礼仪，并随着新型礼仪的民主、平等关系的建立，得到了不断的发展和完善。推陈出新，与时代同步，礼仪才能适应新形势下的新要求。

### （三）模式性

礼仪的模式性是指人们在交际场合待人接物时必须遵守的行为规范。这种模式性，不仅约束着人们在一切交际场合的言谈举止，更是人们在交际场合中必须采用的一种"通用语言"，是衡量他人判断自己是否自律、敬人的一种尺度。礼仪是约定俗成的一种自尊、敬人的惯用形式，任何人要想在交际场合表现得合乎礼仪，都必须对礼仪无条件地加以遵守。礼仪既有内在的道德准则，又有外在的行为尺度，对人们的言行举止和社会交往具有普遍的规范、约束作用。遵循礼仪模式，就会得到社会的认可和嘉许；违反礼仪模式，就会到处碰壁，招致反感，受到批评。正所谓"有礼走遍天下，无礼寸步难行"。

**礼仪小故事**

### 接待国宾的座次

邓小平在接见撒切尔夫人的时候，没有坐在事先安排的"左"边的沙发上（主宾居"右"，表尊重），工作人员也没有当场提醒。双方坐定之后，邓小平解释说："按照习俗，您是贵客，应该坐在我的右边，但是我右边的耳朵听得不太清楚，为了能真切地听到您的声音，我就坐在您的右边了……"

### （四）实操性

礼仪以人为本，重在实践，人人可学，习之易行，行之有效。"礼者，敬人也。"待人的敬意，应当怎样表现，不应当怎样表现，礼仪都有切实可行、行之有效的具体操作方法。切实可行，规则简明，易学易会，便于操作，是礼仪的一大特征。礼仪既有总体上的礼仪原则、礼仪规范，又在具体的细节上以一系列的方式、方法，仔细周详地对礼仪原则、礼仪规范加以贯彻，把它们落到实处，使之"言之有物""行之有礼"，不尚空谈。礼仪的易记易行，能够为其广觅知音，使其被人们广泛地运用于交际实践，并受到广大公众的认可，而且反过来，又进一步地促使礼仪以简便易行、容易操作为第一要旨。

### （五）差异性

礼仪是约定俗成的，不同国家、不同地区，由于民族特点、文化传统、宗教信仰、生活习惯不同，往往有着不同的礼仪。所谓"十里不同风，百里不同俗"，不同的文化背景产生不同的礼仪文化。一个国家、一个地区、一个民族的礼仪是在长期的共同生活中逐步形成和发展的。由于不同的国家、地区、民族的政治、经济、文化等影响礼仪形成的诸因素的特点不同，使得礼仪不可避免地具有一定的地域性、民族性。

为了与世界各国人民友好来往，我国在对外交往中一直恪守"入乡随俗，不强人所难"的礼仪原则。其中所谓"入乡随俗"是指对别国、别民族的礼仪要尊重，"不强人所难"是指本民族、本国礼仪不要让来访者勉为其难。这个原则充分体现了对别国、别民族历史文化的尊重和宽容，也是我们正确对待各民族、各国家不同礼仪的一个基本立场和原则。

目 礼仪文化的
差异性

# 第二节　礼仪的起源与发展

## 一、礼仪的起源

中国拥有 5000 年文明史，素有"礼仪之邦"之称，中国人也以其彬彬有礼的风貌而著称于世。礼仪文明作为中国传统文化的一个重要组成部分，对中国社会历史发展产生了广泛而深远的影响，其内容十分丰富。关于礼仪的起源，人们一直都在进行论述和探讨，但说法不尽相同。归纳起来有以下 5 种起源说。

### （一）天神生礼仪说

这是人们还没有认识到礼仪的真正起源时的一种信仰说教，是神崇拜的反映，代表了人类图腾崇拜时期对原始礼仪的一种认识。《左传》曰："礼以顺天，天之道也。"意思是说，礼是用来顺乎天意的，而顺乎天意的礼就合乎"天道"。"天神生礼说"虽然不科学，却反映了礼仪起源的某些历史现象。

### （二）礼是天地人的统一体说

这种观点是春秋以后兴起的一股思潮。它认为，天地与人既有制约关系和统一性，又具有高于人事的主宰性。把"礼"引入人际关系中来讨论，比单纯的天神生"礼"说有了很大进步，但仍没有摆脱原始信仰，所以仍是不科学的。

### （三）礼起源于人的自然本性说

这是儒家的创见，儒家学派把礼和人性结合起来，认为礼起源于人的天性。孔子以仁释礼，一方面把"礼"作为处理人际关系的总则，另一方面把"仁"当作"礼"的心理依据。克己以爱人，就是"仁"；用仁爱之心正确而恰当地处理好人际关系，就是"礼"。

### （四）礼是人性和环境矛盾的产物说

这一学说的目的，在于解决人和环境的矛盾。孔子"克己复礼"的观点，就是看到了人和环境的矛盾，而解决这种矛盾的方法是"克己"。人的好恶欲望如不加以节制，什么坏事都干得出来，于是圣人制礼，节制贪欲。

### （五）礼生于理，起于俗说

这是对礼仪起源的更深入的探讨。理是指事物的必然性的道理。人们为了正常生存和发展，根据面临的生存条件，制定出合乎人类生存发展必然性和道理的行为规范，就是"礼"。"礼"是理性认识的结果。事物的礼落到实处，使之与世故习俗相关，所以又有了礼起源于俗的说法。荀子说："礼以顺民心为本……顺人心者，皆礼也。"从理和俗上说明礼的起源。

基于上述种种起源说，从一般意义来看，礼仪的起源大致可以归纳为以下两点。

第一，从理论上来看，礼仪是为了协调主客观矛盾的需要。具体来说，首先，礼仪是为了维护自然的人伦秩序的需要。人类为了生存，必须要与大自然抗争，不得不以群居的形式互相依存，人类的群居性使得人与人之间既互相依赖，又互相制约。其次，起源于人类寻求满足自身欲望与实现欲望的条件之间的动态平衡的需要。人对愿望的追求是人的本能。人们在追求实现欲望的过程中，人与人之间难免会发生矛盾和冲突。为了避免这些矛盾与冲突，就需要为"止欲治乱"而制礼。

第二，从具体的形式来看，"禮"，《说文解字》注：履也。所以事神致福也。从示从豊，豊亦声。郭沫若在《十批判书·孔墨的批判》中写道："大概礼之起源于祀神。"尊天法祖是中国古代社会不可违背的观念。表现这一观念的"礼"，就是祭祀。所以，礼产生于宗教的祭祀活动。最初以祭天、祭神为主。随着人类认识自然和社会关系的逐步深入，人们将事神致福活动扩展到人际关系活动中，再进一步发展为各个领域的多种多样的礼仪。

## 二、礼仪的发展

礼仪在其传承沿袭的过程中不断发生着变革。从历史发展的角度来看，其演变过程可以分为 4 个阶段。

### (一)礼仪的起源阶段

礼仪起源于原始社会,在原始社会中、晚期(约旧石器时代)出现了早期礼仪的萌芽。整个原始社会是礼仪的萌芽时期,礼仪较为简单和虔诚,还不具有阶级性,其内容包括:制定了明确血缘关系的婚嫁礼仪;区别部族内部尊卑等级的礼制;为祭天敬神而确定的一些祭典仪式;制定一些在人们的相互交往中表示礼节和恭敬的动作。

### (二)礼仪的形成阶段

人类进入奴隶社会,统治阶级为了巩固自己的统治地位,把原始的宗教礼仪发展成符合奴隶社会政治需要的礼制,礼被打上了阶级的烙印。在这个阶段,我国第一次形成了比较完整的国家礼仪与制度,如"五礼"就是一整套涉及社会生活各方面的礼仪规范和行为标准。古代的礼制典籍亦多撰修于这一时期,如周代的《周礼》《仪礼》《礼记》就是我国最早的礼仪学著作。自汉代以来,它们一直是国家制定礼仪制度的经典著作,被称为"礼经"。

**礼仪小常识**

**古代"五礼"和"五典"**

五礼:古代,以祭祀之事为吉礼,丧葬之事为凶礼,军旅之事为军礼,宾客之事为宾礼,冠婚之事为嘉礼,合称五礼。

五典:指君臣、父子、兄弟、夫妇、朋友五者之间的伦常秩序(父子有亲,君臣有义,夫妇有别,长幼有序,朋友有信)。

### (三)礼仪的变革阶段

春秋战国时期,社会经历了深刻的变革,奴隶制逐渐走向崩溃,封建制代之而起。学术界形成了百家争鸣的局面,以孔子、孟子、荀子为代表的诸子百家对礼教进行了研究和发展,对礼仪的起源、本质和功能加以系统阐述,第一次在理论上全面而深刻地论述了社会等级秩序的划分及其意义。

孔子对礼仪非常重视,把"礼"看成是治国、安邦、平定天下的基础。他认为,"不学礼,无以立""质胜文则野,文胜质则史。文质彬彬,然后君子"。他要求人们用礼的规范来约束自己的行为,要做到"非礼勿视,非礼勿听,非礼勿言,非礼勿动"。倡导"仁者爱人",强调人与人之间要有同情心,要相互关心,彼此尊重。

孟子把礼解释为对尊长和宾客严肃而有礼貌,即"恭敬之心,礼也",并把"礼"看作是人的善性的发端之一。

老子把"礼"作为人生哲学思想的核心,把"礼"看作是做人的根本目的和最高理想,"礼者,人道之极也"。他认为"礼"既是目标、理想,又是行为过程。"人无礼则不生，事无礼则不成，国无礼则不宁。"

管仲把"礼"看作是人生的指导思想和维持国家的第一支柱，认为礼关系到国家的生死存亡。

**（四）礼仪的强化阶段**

公元前 221 年，秦王嬴政最平定并六国，统一中国，建立起我国历史上第一个中央集权的封建王朝。秦始皇在全国推行"书同文""车同轨""行同伦"。秦代制定的集权制度成为后来延续 2000 余年的封建体制的基础。

西汉初期，叔孙通协助汉高帝刘邦制定了朝礼之仪，突出发展了礼的仪式和礼节。西汉思想家董仲舒把封建专制制度的理论系统化，提出"唯天子受命于天，天下受命于天子"的"天人感应"之说，他把儒家礼仪具体概括为"三纲""五常"。"三纲"即"君为臣纲，父为子纲，夫为妻纲"。"五常"即"仁、义、礼、智、信"。汉武帝刘彻采纳董仲舒"罢黜百家，独尊儒术"的建议，使儒家礼教成为定制。孔门后学编撰的《礼记》共计 49 篇，内容丰富：有讲述具体细小礼仪规范的《曲礼》（第一篇）；有谈论礼的起源、运行与作用的《礼运》（第九篇）；有记录家庭礼仪的《内则》（第十二篇）；有记载服饰制度的《玉藻》（第十三篇）；有论述师生关系、教育和教学问题的《学记》（第十八篇）；还有教导人们道德修养的途径和方法，即"修身、齐家、治国、平天下"的《大学》（第四十二篇）等。总之，《礼记》堪称集上古礼仪之大成，是上承奴隶社会、下启封建社会的礼仪汇集，也是封建时代礼仪的主要源泉。

盛唐时期，《礼记》由"记"上升为"经"，成为礼经"三书"之一（另外两本为《周礼》和《仪礼》。宋代时，出现了以儒家思想为基础、兼容道学、佛学思想的理学，程颢、程颐兄弟和朱熹为其主要代表。程颢兄弟认为："父子君臣，天下之定理，无所逃于天地间。"[1] "礼即理也。"[2] 朱熹进一步指出："仁莫大于父子，义莫大于君臣，是谓三纲之要，五常之本。人伦天理之至，无所逃于天地间。"[3] 朱熹的论述使二程"天理"说更加严密和精致。

家庭礼仪研究硕果累累，这是宋代礼仪发展的另一个特点。在大量家庭礼仪著作中，以撰《资治通鉴》而名垂青史的北宋史学家司马光的《谏水家仪》和以《四书集注》名扬天下的南宋理学家朱熹的《朱子家礼》最为著名。明代时，交友之礼更加完善，而忠、孝、节、义等礼仪日趋繁多。

**（五）礼仪的衰落阶段**

满族入关后，逐渐接受了汉族的礼制，并且使其复杂化，导致一些礼仪显得虚浮、烦琐。例如，清代的品官相见礼，当品级低者向品级高者行拜礼时，动辄一跪三叩，重则三跪九叩。清代后期，清政权腐败，民不聊生。古代礼仪盛极而衰。伴随着西学东渐，一些西方礼仪传入中国，传统礼仪文化和规范逐渐被时代所抛弃。科学、民主、

① 程颢，程颐.二程遗书 [M].潘富恩，导读.上海：上海古籍出版社，2000.
② 同上.
③ 朱熹.朱子全书 [M].上海：上海古籍出版社，2010.

自由、平等的观念和与之相适应的礼仪标准得到传播和推广。

### （六）现代礼仪的发展

辛亥革命以后，受西方资产阶级"自由、平等、民主、博爱"等思想的影响，中国的传统礼仪规范、制度受到强烈冲击。"五四运动"对腐朽、落后的礼教进行了清算，符合时代要求的礼仪被继承、完善、流传，那些繁文缛节逐渐被抛弃，同时接受了一些国际上通用的礼仪形式。新的礼仪标准、价值观念得到推广和传播。中华人民共和国成立后，逐渐确立以平等相处、友好往来、相互帮助、团结友爱为主要原则的具有中国特色的新型社会关系和人际关系。改革开放以来，随着中国与世界的交往日趋频繁，西方一些先进的礼仪、礼节陆续传入我国，同我国的传统礼仪一道融入社会生活的各个方面，构成了社会主义礼仪的基本框架。许多礼仪从内容到形式都在不断变革，现代礼仪的发展进入了全新的发展时期。大量的礼仪书籍相继出版，各行各业的礼仪规范纷纷出台，礼仪讲座、礼仪培训日趋火红。人们学习礼仪知识的热情空前高涨。讲文明、讲礼貌蔚然成风。今后，随着社会的进步、科技的发展和国际交往的增多，礼仪必将得到新的完善和发展。

# 第三节　礼仪的原则与功能

## 一、礼仪的原则

### （一）真诚原则

真诚是对人对事的一种实事求是的态度，是待人真心诚意、表里如一的友善表现。在交际过程中做到诚实守信，不虚伪、不做作。交际活动作为人与人之间资讯传递、情感交流、思想沟通的过程，缺乏真诚则不可能达到交际目的，更无法保证交际效果。

目 皮克马利翁效应

### （二）尊重原则

尊敬原则即人们在社会交往中，要敬人之心常存，处处不可失敬于人，不可伤害他人的个人尊严，更不能侮辱对方的人格。敬人就是尊敬他人，包括尊敬自己，维护个人乃至组织的形象。不损人利己也是人应有的品格。

### （三）宽容原则

宽容是指人们在交际活动中运用礼仪时，既要严于律己，更要宽以待人。宽容就是要豁达大度，有气量，对一些事不计较和不追究。宽容具体表现为一种胸襟，一种容纳意识和自控能力。

## （四）适度原则

适度就是把握分寸。使用礼仪时要注意把握分寸，认真得体。礼仪是一种程式规定，而程式自身就是一种"度"。礼仪无论是表示尊敬还是热情都有一个"度"的问题，没有"度"，施礼就可能进入误区。

## （五）平等原则

在平等交往中，表现为不要骄狂，不要我行我素，不要自以为是，不要厚此薄彼，不要傲视一切，目中无人，而应处处、时时平等谦虚待人。平等是人与人交往中建立情感的基础。适度是指在交往中应把握礼仪分寸，根据具体情况、具体情景而行使相应的礼仪。

---

**礼仪小故事**

### 萧伯纳和小女孩的交谈

萧伯纳（1856—1950年）是爱尔兰剧作家，1925年获得诺贝尔文学奖。

有一次，他去苏联访问，在莫斯科街头散步时看见一个可爱的小女孩正独自蹲在路边玩耍，便蹲下来与她一起玩过家家、砌房子，非常开心。临走的时候，萧伯纳对小女孩说："回去跟你妈妈说，今天伟大的诺贝尔文学奖的得主萧伯纳和你玩了过家家，你们玩得很开心，萧伯纳很喜欢你。"他正渴望看到小女孩惊讶而崇拜的眼神，可令他没想到的是，小女孩抬头看了看他，学着他的语气说："也请你回去转告你的妈妈，你今天和一个苏联的小女孩安妮娜一起玩了，她堆的房子比你堆的要好看。"萧伯纳听了小女孩的话后很吃惊，立刻认识到自己自视过高，并为这种不尊重人的行为感到十分抱歉，因此，在向小女孩道歉后便匆匆离开。

后来，萧伯纳每次回想起这件事时，都感慨万千。他说："一个人无论有多么大的成就，对任何人都要平等相待，那不仅是对别人的尊重，更重要的是，那也是对自己的尊重。"

---

## （六）体谅原则

从他人的角度出发体谅别人。你希望他人以怎样的方式对你，你就要以怎样的方式去对待他人。多以同理心去看待周边的人和事。

## （七）从俗原则

由于国情、民族、文化背景的不同，在人际交往中，实际上存在着"十里不同风，百里不同俗"的现象，一些我们习以为常的行为习惯在另外的环境中可能就让人难以理解。所以，有位美国礼仪学家曾说："好的举止在他国也会是失礼的行为。"尤其是在现代社会，人际交往的广度和深度都在不断增加，不同民族间的交流更加频繁，从俗原则已经成为人际交往的重要原则之一。

从俗原则实际上表达的是对他人生活习惯和礼仪规范的尊重，也是对异于本民族的文化传统的认同。从俗原则反映的是人们对他人的一种包容心理，是更高层次的自尊和敬人。在人际交往中要正确运用从俗原则，不要自高自大，唯我独尊，简单否定其他人不同于己的做法。必要时，必须坚持入乡随俗，与绝大多数人的习惯做法保持一致。

## 二、礼仪的功能

### （一）提升教养水平

礼仪反映着一个人的气质风度、阅历见识、道德情操、精神风貌。因此，完全可以说礼仪即教养，有道德才能高尚，有教养才能文明。个人形象，是一个人仪容、表情、举止、服饰、谈吐、教养的集合，而礼仪在上述诸方面都有详尽的规范。

### （二）改善人际关系

运用礼仪，除了可以使个人在交际活动中充满自信、胸有成竹、处变不惊之外，其最大的好处就在于他能够帮助人们规范彼此的交往，更好地向交往对象表达自己的尊重、敬佩、友好与善意，增进彼此之间的了解与信任，人际关系将会更加和睦，生活将变得更加温馨、和谐。

### （三）强化职场能力

礼仪体现出职场人士的习惯和修养，良好的礼仪将帮助求职者更顺利地面对应聘工作，增加面试成功的机会。同时，礼仪是职场人士最亮丽的名片。在职场与他人交往时，对方不仅要看你的职务，还要看你的修养和素质，如果对方认为你不值得信任，你的任何努力都将白费。

**礼仪小故事**

**礼仪关乎机会**

有一家公司同时来了两位客人，他们分别是两家化妆品公司的销售人员。第一位销售人员无论是自我介绍，还是递名片都显得彬彬有礼；第二位销售人员衣着随便，言谈举止都显得比较粗俗，虽然第二位销售人员的产品价格稍低，但最终这家公司还是选择和第一位销售人员签订销售合同。

## 三、礼仪的理解误区

在生活中，在职场上，礼仪的重要性不言而喻，但人们对礼仪的理解往往存在一些认识上的误区，职场人士，特别是职场新人在对它的理解上不要发生如下偏差。

### （一）礼仪是一种过时的、刻板的规矩礼仪的发展与时代是同步的

虽然在当今充满压力的社会中很多刻板的东西、烦琐的程式会显得多余，但必要的礼仪是指导我们在与他人相处时让对方感到舒适的行为准则。

## （二）上流社会才需要礼仪

礼仪是适用于任何阶层和职业的行为规范。任何人掌握和具备良好的行为规范后，他将会给别人一种良好的精神风貌，他的生活品质将会有质的提升。

## （三）礼仪的目标是赢得商业合同

虽然礼仪能帮你签订一些合同，但礼仪的终极目标不是去赢得商业合同，而是去建立互利互惠的关系，是为自己赢得尊重和友谊，这种尊重和友谊可以超越很多商业行为。所以，无论你是处于职场中的哪一个层次，无论你在什么样的环境，你要记住这个学习礼仪的最高目标。

## （四）礼仪是诌媚的行为和表现

遵守礼仪规范并不意味着你是势利小人。看不起别人的人不可能通过这种方式达到显示自身优越性的目的，反而让自己更渺小，因为他根本不懂得尊重他人或体谅他人。

在这个竞争激烈的商业社会里，发自内心的礼仪、恰到好处的礼仪，是你在职场立于不败之地的关键因素之一，它能帮你获得客户、领导、同事和朋友的认可。在一个充满竞争的工作环境中，良好的礼仪也是保证你跑在队列最前面的助推器。

请记住卡耐基说过的话："一个人的成功，15%是靠专业知识，85%是靠人际关系和处世能力。"这里所说的"人际关系和处世能力"，其实就是礼仪固化和外化的表现。

## 课堂讨论

1.礼仪的原则有哪些?

2.学习礼仪有什么重要作用?

3.学好礼仪应注意掌握哪些修养方法?

4.举出两个例子说明为什么学习礼仪要求做到"灵活运用、随机应变"？

## 课后练习

1.请找出自己身边缺乏礼仪的各种表现，你认为从何入手?

2.根据自己班级同学们的礼仪表现情况，分析提高自身礼仪修养的途径，制订一份具体的计划，拟定礼仪课程的学习目标，并思考应做到如何学用结合?

## 学习拓展

1.在网上收集与礼仪有关的小故事。

📱·中华传统礼仪

2.观看由清华大学中国礼学研究中心制作的《中华传统礼仪》视频，学习中华传统礼仪文化。

第二章

CHAPTER 2

# 职业形象塑造

人们往往用 3 个关键词描述职场人员——性格、能力、形象。其中形象对我们的事业起着举足轻重的作用。无论是接受聘用还是职位升迁，形象出色者都更容易受到关注，规范、庄重而有品位的职业形象也能够赢得他人的信赖。

在社会交往日益频繁的今天，形象变得比任何历史时期都更加重要。如何塑造彬彬有礼、风度翩翩、气质高雅的职业形象，是每一个渴望发展、期待成功的职场人员迫切需要知道并且掌握的。因此，塑造职业形象，有助于彰显自信与尊严，使事业更容易获得成功。

1. 了解职业形象的基本内涵和构成要素。

2. 了解职业形象设计的标准。

3. 掌握部分职业（岗位）形象设计。

# 第一节　职业形象基础认知

人的形象是由人的内在思维支配着，并通过人的言行及仪表等外在特征体现出来。人的形象在人与人的相互交往中会无形产生一种影响力，形成推动事物发展的氛围。现代职业对职业形象有着越来越高的要求，职业形象在现代社会的职业中也扮演着越来越重要的角色。

## 一、职业形象的含义

每一个职业都有其特定的职业形象，职业形象是指个人与其职业相适应并表现出来的能反映其内在气质和职业特点的外在形象及举止行为。

职业形象并不仅仅指外表长相和穿衣打扮等方面，而是一个人全面素质的一种外在体现，也是一个整体的、动态的对他人印象展现。良好的职业形象，能够展现个体的自信、尊严、力量、专业水平和能力，是事业成功的必备素质。无论职业者的内在素质多高，自我感觉多好，都不能成为职业形象的决定性因素。只有公众通过从业者外在的语言、动作及服饰等外部特征对其做出判断和评价，才能形成对特定职业的总体评价——职业形象。因此，职业形象是特定职业群体在公众印象中形成的具有特定性、标志性的精神面貌和性格特征，是通过职业活动中人的仪表、行为、操守表现出来的，为人们所感知的特定标志，其本质是对特定职业的社会评价。

职业形象对个体和组织都具有重要意义。

对个体而言，拥有良好的职业形象，可以在人际交往的初期打破人们的心理防范，赢取对方的信任，为今后建立良好的合作关系打下基础。良好的职业形象，展示的是自身的专业素养和能力，能带给客户或服务对象以信任和安全感，有利于合作的成功和目标的达成，从而提升个人的绩效水平。良好的职业形象，还可以帮助人们建立自信，从而保持积极的心态，调整自身的不良行为。此外，良好的职业形象，还可帮助个体在组织内部赢得上级和同事的好感，为自身的职业发展铺平道路，打开职业晋升的阶梯。

对组织而言，组织成员个体的形象直接代表着组织的整体形象，反映着组织的整体素质、管理规范程度和组织文化，代表着组织产品和服务的质量和信誉，直接影响着组织的社会认可度和美誉度，并最终影响着组织目标的实现，这也是许多大公司、社会组织及政府部门非常注重设计和培养员工职业形象的原因。通过员工个体的职业形象所传递和表达的信息，反映了企业和组织的实力和水平。

当代大学生具有很多优点，他们年轻、好学、积极、乐观、充满朝气、奋斗上进，然而也会带给人们不成熟、想法幼稚、不稳重、不可靠的感觉。如何扬长避短，就成为现代大学生在自身职业形象设计时所必须掌握的一种基础技能。例如，什么样的性格最适合做什么样的工作，什么样的职业需要什么样的穿着打扮、行为举止，这些都是大学生需要了解和学习的。专业的职业形象设计对于职场成功具有重要的意义，基于这一点，职业形象设计已经成为大学生职业生涯教育中不可或缺的重要环节。现代大学生是否具备良好的职业形象，将会对其今后的职业生涯产生深远的影响，将使他们更加明确自己的职业目标，促使大学生在面试过程中更好地发挥自身特点，并提升他们在职场中的自信心。因此，职业形象设计对现代大学生至关重要。

## 二、职业形象的要素

职业形象总体可分为两个方面：一是内在美，即人的内在素质。内在素质是我们日常生活、学习、工作中所表现出的气质、道德、人格、心理、修养、文化、才学等方面的基本品格，是一种以人的生理条件为基础，在自然环境、社会生活中逐渐发展而形成的"生理、心理、社会、环境"相互融合的品格特征。二是外在美，即人的外在形象，是借以显现个人内在的意蕴和特性的东西，实际上外在美是内在美的载体。

个人职业形象的范畴可以引申为外在形象和内在素质两个方面，共6个要素。

外在形象：包括视觉形象（外貌形象和仪表形象）和社交形象（礼仪形象和人际形象）。

内在素质：包括政治形象、人格形象、心理形象和才能形象等。

**（一）视觉形象**

视觉形象是指一个人通过其外貌、服装及饰物、举止、言谈、礼仪等方面表现出来的形象。它主要由下列要素构成。

1. 外貌形象

外貌形象是由神韵、年龄、相貌、身材、表情等因素表现出来的形象。神韵，就是一种气质魅力，气质魅力是职业形象之源。如年轻人仪表堂堂、英姿勃勃、性格开朗、体魄健壮、情绪乐观、身材健美等，都是给他人留下良好的第一印象并建立人格魅力的要素。

2. 仪表形象

一个人的仪表形象可以体现出他的文化素养、审美观和欣赏水平，而仪表形象通过服饰、发型、妆容等形式表现出来。不同的服饰、发型、妆容，会让他人感觉出不同的形象，同时，也给他人传递着交往的信息。

**（二）社交形象**

在多变的社交场合，人们的仪表礼节、言谈举止都有一定的规范，这是人的仪表形象的又一表现形式。

1. 礼仪形象

这是指从一个人的仪态、言谈、举止和讲究礼仪、礼貌表现出来的尊重他人和自身修养水平的形象。讲究礼仪、礼貌是我国人民的传统美德，也是尊重他人的具体表现。

2. 人际形象

作为社会人，我们并不是被动地被社会制约、塑造着，当我们在进行自我完善时，也改善了人与人的社会关系，塑造着整个社会。

**（三）政治形象**

政治形象是我们在生活和工作过程中表现出的政治立场坚定，政治观点鲜明，遵纪守法，热爱祖国，热爱人民，把祖国命运、社会发展与个人前途、事业紧紧相连，在大风大浪面前，在大是大非的问题上，坚持真理，深明大义，维护国家利益的形象。

**（四）人格形象**

人格是个体的立身之本，没有人格也就失去了形象。人格形象，是一个人通过自己的言行表现出来的品格形象。人的言行是由其思想观念决定的，因此人格形象也主要是由其世界观、人生观、价值观决定的。人格形象是职业形象之魂。

1. 品德形象

品德形象是指一个人在道德品质方面的形象。道德是做人的基础，是一个社会、一个阶级中处理个人与个人之间、个人与社会、个人与自然之间各种关系的一种特殊的行为规范。职业道德是人格的一面镜子，是事业成功的保证。简单地讲，作为一个人，第一是学做人，第二是学做事。"做事"和"做人"毕竟是两回事：做好了"事"，并不等于做好了"人"；要做好"事"，必须先做好"人"。

**2.价值形象**

价值形象就是一个人所拥有的价值观的外在映射，具体表现在个人的理想追求和人生目标上。臧克家先生曾写过这样的诗句："有的人活着，他已经死了；有的人死了，他还活着。"很多青年都曾思考过死与活的辩证哲理，对以上名言理解之后，会产生心灵上的震撼。一切希望实现人生价值的人都应记住：由于我们赖以实现人生价值的手段是从社会中获得的，而我们的成就和作为也只有对社会有用才能被认为有价值，因此，我们只有一种选择：在社会实践中完善自己，实现自己的人生价值。

**（五）心理形象**

提高个人形象的关键，是个人应具备良好的心理素质和健全的心态。要做好3点：一是坚定自信心，敢于进取，敢于创新，勇于实践；二是提高自身的观察力、决断力，克服"没主见"的缺点，敢于决策；三是克服心理障碍，调整自己的性格，让社会接受自己。

**1.意志形象**

大学生应选择一个目标，树立起一种"不到长城非好汉"的信念，还要付出锲而不舍、百折不挠的努力。成功主要取决于一个人的意志。意志在坚持目标和克服困难的行动中表现出来，又在坚持目标和克服困难中得到磨砺、考验。意外、逆境、危机是产生发展机会的新起点，不能气馁、沮丧，更不能放弃。这个世界上没有被淘汰的人，只有自动退场的人。

**2.个性形象**

良好的个性形象是良好的、积极向上的学习态度、工作态度和生活态度的外在反映。保持良好的心态，养成优良的性格，通过具体分析自身气质来塑造个性形象。应锻炼自己的心理承受能力，当遇到不如意的事情或者无法克服的困难时，仍能够保持正常的心态和行为。我们既要有永不放弃的信心和毅力，又要有海纳百川的胸怀和气度。应增强心理适应能力，遇到突发的环境变化、情况变化等状况时，要能及时调整自己的心理状态，并能尽快适应新环境和新情况。

**（六）才能形象**

外在形象是一个人步入社会、取得公众认可并达到自身目的的基础，但在现代社会中，人们更看重的是人的才能等内在素质。一个人既要外表美，又要心灵美，更要能力强。

今天的人才竞争已不仅仅是专业素质的比较，而是综合素质的竞争。个人内在素质是个人综合素质的主要组成部分，个人内在素质决定了个人的才能形象。

在社会中生存的每一个人必须具备各种才能，这是构成个人形象核心的内在素质，一个人的内在素质也往往通过人的才能表现出来。一个人才能的大小，决定了其未来扮演社会角色的轻重、主次。

### 1.直观才能形象

个人直观的才能形象是由人的学历、职务、职称、个人经历等构成的形象，它不同于内在素质，而是一个人学习、工作、生活的经历的外在展现。

### 2.专业才能形象

工作形象是一个人对待工作的态度、责任心，以及创新精神和工作效率等方面表现出来的形象。专业才能形象，是一个人从事自己专业工作所必须具备的特殊能力，也就是工作的角色能力。专业才能形象不仅表现为敬业爱岗，也表现为对自己从事的专业精益求精。不同的专业有不同的专业能力要求，在不同的工作岗位上也要具备不同的工作能力。

### 3.一般能力形象

一般能力是从事每一项工作中应具备的基本能力，如创新能力、组织能力、学习能力、表达理解能力等。一般能力形象展现了一个人的基本能力。

## 三、职业形象的功能

职业形象是社会、公众对特定职业与职业者的总体评价。关于这种评价的作用，有专家指出："形象是当今社会的核心概念之一，人们对形象的依赖已经成为一种生存状态。"也就是说，形象可以决定发展，形象直接决定效益。良好的个人形象可以使一个人走向成功和富裕；相反，不良的个人形象则可以毁掉一个人的事业和前程。据统计，女性的工作失败有35%是因为形象不良所致，公认的有魅力的职业女性应该拥有良好的气质和优雅的风度。为什么职业形象具有如此巨大的社会、经济效应呢？这是因为良好的职业形象具有下列功能。

### （一）引起注意

由于人类是一种视觉占主导地位的高级动物，因此我们对事物的印象，源于自己之所见。一个人的外表，比如种族、年龄、性别、身高、体重、肤色、形体语言、穿着和打扮等在个人印象中占55%。另外，说话的声音和方式则占个人印象的38%，而信息或说话的内容仅占7%。因此，形象与引人注意之间有特定关系，而引起注意是人类认识活动过程的开始。某特定认识对象只有进入人们的注意领域，才可能被人们进一步认识，直至最后接受。因此，一个人的职业形象如何，直接关系到能否引起他人的注意，正如一位著名时装设计大师可可·香奈尔所说："当你穿得邋遢不堪时，人们注意的是你的衣服；当你穿得无懈可击时，人们注意的才是你。"

### （二）便于沟通

任何职业活动实质上都是人与人之间传递信息、思想交流与情感沟通的活动，而影响人们沟通的因素从职业者角度来说，主要涉及职业者的态度、知识程度、传播技术等，包括语言表达能力、思考能力，丰富的知识、社会经验，以及沟通中的手势、表情、自信程度等。这些要素综合起来，就是良好的职业形象。职业形象不佳，如盛气凌人、虚伪，不仅不能给交往对象带来美的感受，而且会让交往对象对职业者和职业活动产生排斥、逆反心理，而良好的职业形象能够拉近交往者之间的心理距离，给交往对象带来美的享受，让交往对象身心愉悦，交往对象也会更认同和接受相应的职业活动。所以，只有强化职业形象，才能消除逆反心理产生的诱发因素。

### （三）建立公信力

公信力即公众对职业的信任程度。职业形象直接关系到职业的公信力，良好的职业形象更易引起公众对该职业活动的信任，从而认同和接受该职业活动。否则，公众就会拒绝。

### （四）实现职业目标

人的形象在人与人的相互关系中施加了一种影响力，并能形成推动事物发展的氛围。良好的职业形象可以消除心理隔阂，建立交往对象之间的沟通与信任，由此才能更好地实现职业目标。

**案例**

#### 10 分钟的面试

张先生准备去一家知名的杂志社面试，如果进入这家杂志社工作，将意味着他达到同样的成绩要比在现公司少奋斗 5 年，所以，他相当重视他人生中的这一重要抉择。面试前，他特意找到在这家杂志社工作的一名曾经的同窗好友，问她这次面试他可以准备些什么。好友的回答让他不知所措：这家杂志社的面试总共就有 10 分钟，应该没什么准备的。张先生不解，10 分钟怎么够，还没介绍完自己、证明自己的能力就结束了。作为一家著名的杂志社怎能这么不负责任呢？

好友笑道："其实 10 分钟就够了，从应聘者走进杂志社的大门，敲门进入主管的办公室，有礼貌地问声'您好'，开始做个简短的自我介绍，也就 5 分钟的时间，再回答几个主管的问题，总共也不超过 10 分钟。而这 10 分钟的时间就足以判断你是否符合杂志社的基本标准。有 10% 的人去面试衣装不整，表明对他人缺乏应有的尊重；有 5% 的人进门不懂得敲门；8% 的人连句'您好'也没有，便单刀直入地推销自己……像这些人连 10 分钟也不用，也就一两分钟就被淘汰出局，因为他们缺乏最起码的修养。"张先生听了，倒吸了一口气，原来最容易被人忽视的一言一行成了该杂志社衡量人的基本标准之一。

正如故事告诉我们的一样，一滴水折射太阳的光辉，10 分钟衡量一个人的修养。职业形象正如这样，在不经意间展现出职业人的内在素质，左右着他人的评价。职业形象不仅仅是个人形象，它已经成为生活、工作中不可或缺的一部分，它不仅可使你在激烈的职场竞争中胜出，而且可以潜移默化地在你的心中树立成功的信念，成为你成功的铺路石。

## 四、职业形象设计的标准

个体的形象主要表现为留给他人的印象，这些印象包括一个人的容貌、气质、服饰、语言、行为举止、礼仪等。如何塑造一个人良好的职业形象，关键是要明确职业形象的标准，也就是要了解人们对不同的职业形象的评判规则和预期希望，有了"标准"，了解了"规则"，按要求去做就容易多了。

那么，什么样的形象是成功的职业形象呢？除了要具备良好的品质和修养外，还要在外在气质、服饰、语言、行为举止、社交礼仪等方面与职业相联系，体现职业的特点。

### （一）与职业相契合

良好的职业形象都需要诸如专业、诚信、自信等基本素质和要求，但是由于职业有差异性，不同职业在外在形象的要求上会有所不同。比如公务员应该是公正廉洁的形象；银行职员应该是稳重大方、办事果断的形象；律师需要专业可信的形象；记者需要敏锐迅捷的形象；教师应该是端庄沉稳的形象；化妆品推销员应该是时尚美丽的形象等。不同的职业反映在从业人员的服饰、气质、语言等外在形象方面一定要有所不同，塑造职业形象首先要明确所从事职业的特点和评价标准。

### （二）与身份相契合

即使从事同一种职业，由于不同的年龄、性别、个性上的差异，在职业形象设计上也要有所差异，不能千篇一律，特别是在着装等方面要与个性因素相吻合。另外由于在组织中的不同位置，使人拥有了不同的身份，尤其是高层管理者，其职业形象就要有一定影响力和感召力，能够影响和带动组织内的其他成员。

### （三）与企业文化相契合

不同的组织有不同的文化，反映着组织管理者的理念和价值标准，对组织成员的职业形象也有不同的要求。个体要想融合在组织中，其外在形象和行为标准就要与企业文化相一致，才能得到组织认同和接纳，获得归属感。反之，与组织文化相悖，就会被组织孤立，阻碍职业的发展。

### （四）与周围环境相契合

即使是一个职业人，其活动的空间也不局限于办公室内。由于工作、生活的需要，经常会处于不同的场合和环境中，扮演不同的社会角色，其外在形象就要随着不同的角色和场合进行适当地调整，做到与周围环境、场地相一致。

## 五、职业形象的自我修炼

现代大学生职业形象设计应该内外兼修，注重综合素质的提高，为职业发展做好准备。职业形象的自我修炼应从以下 4 个方面着手。

### （一）加强修养，提升人格魅力

大量的研究和实践证明，在决定人们成功的主观因素中，智力因素仅占大约20%，而80%的因素则属于非智力因素。这里的非智力因素就是我们通常所说的情商，是一种了解、控制自我情绪，理解、疏导他人情绪，通过情绪的自我调节、控制，以提高生存质量的能力。情商虽然是一种内在的能力，但是可以通过有意识地训练和自我暗示达到把握与控制。因此，加强自身的修养，建立高尚的价值观，培养积极乐观的心态，就会展示出动人的人格魅力；而内在的修养又会通过外在的形象自然表达与展示，为职业形象的塑造增添迷人的色彩。

### （二）不断学习，提高专业素养

在今天这个变化的社会中，要想跟上时代的步伐，就要有开放进取的意识，并培养学习的习惯。既要学习和积累丰富的生活经验，增加个人阅历，提升个人生活的质量，又要学习专业的知识和技术。成功的职业形象毕竟是以职业为基础的，具备良好的职业素养和技能水平是职业形象的基本特征。所以必须掌握一定的专业技能，了解本行业特定的行为规范或行为标准，培养自己的职业素养，养成良好的职业行为规范，这是塑造成功职业形象不可缺少的途径。

### （三）精心包装，打造个人品牌

由于人类是一种视觉占主导的动物，因此我们对事物的印象，源于自己之所见，要给人留下良好的印象，首先就要对自己的外在形象进行设计和包装。拥有一个整洁的仪表，穿戴与职业、身份相符的职业化服饰，恰当地运用人际交往的礼仪、适度的肢体语言和有个性的声音，这些都是特有的形象标志，能够共同构筑出职业形象的品牌。

### （四）注重细节，提升个人品位

细节决定成败，职业形象的塑造，也同样适用于这句话。个人的修养、内涵、品位，往往在不经意的细节中体现出来。华丽的衣饰掩盖不了粗俗的举止，盲目的消费体现不了高尚的品位，强词夺理的气势体现不了真正的实力，一些不经意的细节，往往能破坏你精心建立起来的形象。所以，要经营好自己的形象品牌，需要从内到外、从小到大全方位不断地充实、调整和完善自我。

## 第二节　职业形象设计风格

风格一词在中外都源远流长。汉语的风格一词最早出现在晋代，当时就是指人的风度品格，后来推广到文学创作领域，用于评价一篇文章的风范格局。近现代以来，人们广泛地在文学、艺术、文艺评论等领域使用该词。

## 一、个人风格构成要素

我们知道不同的造型特点形成了物体的不同风格。人也是有"型"的,人体的"型"是由脸型与体型共同构成的,即个人风格主要取决于脸型和体型特征。

### (一)脸型

当我们面对一个人时,我们能从她(他)的面部解读出不同的心理感受,或圆润,或硬朗;或成熟,或稚气;或大气,或精巧,而我们的参照标准主要是脸的轮廓和量感,正是这些不同的脸型特征在很大程度上决定了一个人的风格。在此仅以女性为例进行说明。脸型的轮廓曲直比较如图 2-1、图 2-2 所示。

圆形脸　　　　　　　　正三角形脸　　　　　　　椭圆形脸

图 2-1　曲线型脸型

倒三角形脸　　　　菱形脸　　　　方形脸　　　　长形脸

图 2-2　直线型脸型

脸的轮廓是指面部骨架的形状及五官线条的倾向性。通常把女性脸的轮廓划分为直线型脸、曲线型脸和中间型脸,直线型脸的骨骼和五官线条比较硬朗、中性;曲线型脸的骨骼和五官线条比较柔和、有女人味儿。

脸的量感(含比例)是指面部骨架的大小及五官在面部所占比例的大小。量感大的脸表现为骨架大、五官夸张、立体感强;量感小的脸则表现为骨架小,五官小巧紧凑。如图 2-3 所示。

| 量感大 | 量感中 | 量感小 |

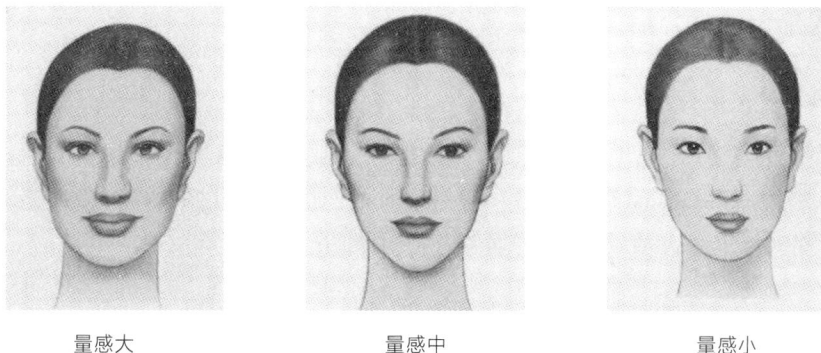

图 2-3　脸型的量感大小比较

## （二）身型

当我们观察身边的女性时会发现，不同的人在身型特征方面存在很大差异，有的高大，有的小巧；有的宽厚，有的纤细；有的曲线玲珑，有的女性特征却不突出，而在进行判断时主要参照的同样是身型外现出的轮廓和量感特征。

身型的轮廓是指肩部与整个身体的骨架线条的倾向性。通常把女性的身型轮廓划分为直线型、曲线型和中间型。直线型的身型特征表现为肩部平直，骨架线条偏直、硬，整体呈H形；曲线型的身型特征表现为肩部圆润或自然下滑，骨架线条柔和，正面整体呈X形，侧面呈S形，如图2-4所示。

身型的量感（含比例）是指身体骨架发育成熟后整体形态的大小、轻重、薄厚程度。

量感大的身型表现为骨架宽、大、厚，偏成熟，有夸张感；量感小的身型则表现为骨架细、小、薄，偏年轻、精致；量感中的身型为看起来和实际身高，体重相差不多。如图2-5所示。

图 2-4　身型的轮廓曲直比较　　　图 2-5　身型的量感大小比较

脸型和身型轮廓的曲直、量感的大小共同构成了一个人的风格。

## 二、个人形象风格介绍

### （一）女性风格介绍

根据女性脸型和身型特征的不同可以把女性风格分为8类，即甜美型风格、优雅型风格、华丽型风格、简约型风格、自然型风格、前卫型风格、高贵型风格、艺术型风格。下面对标准的8种风格类型的特征进行详细介绍。

1.甜美型风格

甜美型风格又称为少女型风格。甜美型风格的人面部线条柔和，轮廓比较圆润，五官可爱、稚气，没有距离感，显年轻；身材娇小、曲线感强，整体量感小。标准甜美型风格的人不论年龄大小，都显得比较天真、可爱、活泼。

2.优雅型风格

优雅型风格又被称为小家碧玉型风格。优雅型风格的人面部线条柔和，轮廓偏圆润，五官精致、内敛、偏成熟；身型量感适中，女性特征明显。标准优雅型风格的人举止尽显女性的优雅魅力，性格一般比较温婉、安静。

3.华丽型风格

华丽型风格的人面部极具女性的柔媚、性感特征，眼神比较散，五官、身材的立体感、曲线感都比较突出，量感偏大，显成熟。标准华丽型风格的人女人味儿十足，性感，大气。

4.简约型风格

简约型风格的人面部线条比较硬朗，五官精巧，身型量感居中或偏小，整体有较明显的直线感，显年轻。标准简约型风格的人举止比较干练、利落、潇洒、中性化，性格比较外向、好动。

5.自然型风格

自然型风格的人脸型及身型偏直线，但棱角并不明显，量感适中，面部神态比较自然，有亲和力。标准自然型风格的人显得朴实、亲切、大方，没有距离感。

6.前卫型风格

前卫型风格的人面部线条明朗，五官比较个性、精巧，身材偏骨感，量感居中，整体直线感较强，显年轻。标准前卫型风格的人显得比较时尚，都市感强，性格好动。

7.高贵型风格

高贵型风格的人面部偏明朗、直线化，五官精致、端庄，身材曲直特征不明显，气质好，偏成熟。标准高贵型风格的人显得严谨、知性，有较强的距离感。

8.艺术型风格

艺术型风格的人面部线条清晰，五官夸张、大气，量感大；身材偏骨感，一般比较高大。标准艺术型风格的人有很强的存在感和视觉冲击力，显得比实际身高要高，偏成熟。

### （二）男性风格介绍

男性风格的分类标准同女性一样，主要依据也是脸型、身型的轮廓曲直及量感大小。据此，将男性风格分为艺术型风格、自然型风格、严谨型风格、华丽型风格和前卫型风格五大类。

1. 艺术型风格

艺术型风格的男性面部线条硬朗，五官夸张、大气，立体感强，眉毛比较粗、浓，脸型、身型的骨感、直线感都比较强，身材一般比较高大、宽厚。标准的艺术型风格的男性整体上有很强的气势和存在感，显成熟。

2. 自然型风格

自然型风格的男性脸型和五官棱角都不明显，面部神态比较亲切、随意，量感适中，举止比较随意、潇洒。自然风格的男性整体呈现出比较朴实、随意，亲和力较强。

3. 严谨型风格

严谨型风格的男性五官端正、精致，面部神态偏严肃、庄重，甚至显得有些古板。整体量感适中，有较强的距离感，性格比较稳重。

4. 华丽型风格

华丽型风格的男性面部线条偏柔和，五官不够硬朗，眼神较有吸引力，身型量感适中，比较饱满，整体散发一种风度翩翩的成熟男性魅力。

5. 前卫型风格

前卫型风格的男性面部线条比较明朗，五官偏立体化，时尚感、都市感强，偏年轻。其中，根据整体氛围和感觉的不同，又可以细分为阳光前卫型和新锐前卫型，前者的直线感比后者弱，量感也比后者小。标准的阳光前卫型风格的男性呈现出的是调皮、帅气、时尚，而标准的新锐前卫型风格的男性表现出的主要是酷、锋利感、标新立异。

以上是对标准型男、女个人风格特征的概括，而在现实生活中我们会发现，相当一部分人的风格很难单纯界定为哪一种风格。例如，一个人的脸型比较符合一种风格特征，但是身型却可能属于另一种风格；或者脸型本身就属于两种甚至三种风格的结合，另外加上性格对一个人的风格也有一定的影响，由此需要我们在判定一个人的风格时，灵活运用风格的相关理论。一般而言，在身材不高的情况下，脸部的风格特征在个人整体风格的判断中会占据60%以上的因素，身型特征约占20%的因素，性格占10%。另外身材胖瘦、气质好差也会对整体风格产生一定的影响。但如果身材偏高，量感会随之增大，这时身材因素在整体风格判断中所占比例会逐渐增大，而且身材较高且比较完美的人对风格的驾驭能力会比较大。如果一个人的脸型风格与身型风格发生冲突，一般以脸型所属风格为准，因为它是一个人风格形成的主要依据。对脸部亦存在两种甚至两种以上风格冲突的时候，在进行服饰装扮时就要综合考虑将这些风格进行灵活的融合。

# 第三节 部分职业（岗位）形象设计

每个人都有自己特定的社会角色。由于在不同的交际场所"扮演"的角色不同，因此，装扮或表现也要相应有所区别。每一个角色都有一个自己的定位。凸显角色是一种行为选择，也是一个人在自我定位时，决定哪一个角色比其他角色重要的过程。

## 一、高级主管的职业形象

当一位新的部门主管走马上任，人们在观察他时，通常会较多地注意那些无形的价值，如个人形象、人际沟通能力、人品及性格等。因此，身为部门主管应注意自己的职业形象。

### （一）仪容规范

女性主管要在工作中做到真正与男性处于同等地位，必须从自信与装扮上提升自己作为一个独立人格存在的水准。要尽可能打扮得端庄得体，发型、妆容、首饰和衣服应该和谐统一。装扮要尽可能优雅、完美。在工作中，优雅的仪态大方的举止可以透露出自己良好的修养。

男性主管个人卫生是非常重要的。每天都应更换衬衣，早晨要洗淋浴，每天都要刷牙3次。要去设计一个符合职业的发型，眉毛间杂乱的毛发看上去不整洁，要设法修整。手指甲应每两个星期就修剪一次。

### （二）服饰规范

（1）修饰性饰品的佩戴以少为好，不带宜可，两件以上的首饰色彩要一致，质地相同；在佩戴首饰上除根据个人喜好外，更要符合自己的身份，并且以不影响工作为宜。

（2）实用性饰物佩戴，如眼镜、丝巾、围巾、帽子、腰带、女士包、男士公文包等的搭配，都应充分、客观地反映出高级主管的素养。

（3）佩戴的饰物无论是修饰性的还是实用性的，都要避免出现一些无意义的图案，或出现一些有歧义性的图案，更不能出现一些不健康的图案或图形。

### （三）仪态规范

（1）站姿是一种静态的美。保持正确规范、挺拔笔直的站姿，给人舒展俊美、自信大方的感觉。

（2）端庄优美的坐姿，给人以文雅、稳重、自然、大方的美感。坐立时挺胸收腹、身正肩平、头正目光平视、四肢摆放规矩，显现商务人员优雅大方、自信练达的感觉，并传达出积极热情、尊重他人的信息和良好风范。

（3）行姿是一种动态的美。行姿是人们生活中主要的动作。应当是轻而稳，头要抬，胸要挺，步直行，匀速、无声，有节奏感，做到头正肩平，双目平视，表情自然平和。

（4）保持自然大方、神情专注、目光友好、微笑得体的面部表情。

（5）在商务活动中，握手、介绍、递接名片、指引方向等商务交往中应采用正确规范的手势（即手掌式手势），并且与人交往时不可缺少眼神、表情和其他体态的配合使用。

## 二、接待人员的职业形象设计

每个公司都应该注意公司形象与员工形象之间的协调，因为公司通过宣传等其他方式建立起来的形象，最终要由员工来体现和强化。公司应制定出一整套员工形象标准，以帮助他们维护公司的形象。

公司接待人员通常多为女性，公司应该让她们了解作为接待员是代表公司接待宾客的，给来访者的第一印象非常重要。一个最佳的接待人员通常就是公司形象的代言人。因此，人事部门在招聘接待人员时必须严格筛选，并制定出严格的用人规范。

**（一）服饰规范**

选择服装要符合自己的性别、年龄、肤色、形体等，也就是必须做到量体裁衣，因人而异。着装应与自己所面临的环境保持和谐与一致。应能体现出一定的时代特征，但不能追求时髦，在公司或企业办公室上班时不宜穿太过新潮、怪异的时装或太过随意的休闲装。

**（二）仪容规范**

（1）女性应淡妆上岗，化妆与发型应整齐、清洁、端庄，不宜在接待宾客时整理头发或补妆。

（2）珠宝首饰佩戴不宜超过3件，应选用无声响、不夸张、不招摇的饰品。

（3）手和指甲必须随时保持整洁。

特别值得注意的是，不要把流行的"酷妆"带到工作岗位上来。因为在职场工作的每一位员工，都应按照职场礼仪规则要求自己，到公司接受服务的可能都是有业务关系的朋友或服务对象，因此，绝不能将私人化的职业形象带到职场上来。一个人的形象应随着环境的变化而变化，在休闲环境下是良好的形象，到了职场环境下可能就不合时宜了。

**（三）仪态规范**

1.站姿要稳重

站立时，臀部紧收、脊背挺直、挺胸收腹、两臂自然下垂。给人以挺拔、优美之感。切忌东张西望、东倒西歪、缩肩驼背、上下不稳等。那样给人以缺乏自信的感觉，而且有失仪态的庄重。

2.坐姿要稳重、文雅

坐姿要腰背挺直，肩放松，双手自然摆放在膝盖和椅子的扶手上。给人以温和、端庄、雅观之感。切忌摇腿跷脚、弓腰驼背、前俯后仰等。这些都是缺乏教养和傲慢的表现。

3.走姿要自然、大方

接待中的行姿，需抬头胸挺、轻盈稳健、手臂自然摆动，保持自己行姿的优美自然，给人以轻捷、欢悦之感。切忌摇肩晃膀、步履蹒跚、横冲直撞等。给人以不佳的视觉效果。

4.蹲姿优雅美观

下蹲时，不可正面或者背面对着他人，应侧身他人蹲下，下蹲时将两个膝盖并起来，臀部向下，上身保持直线。在正式场合，如无必要，尽量减少下蹲的动作。

5.神态要安详、自然，笑容可掬

接待人员要给他人以热情洋溢、亲切友好之感。切忌脸色阴沉、神情不安、心不在焉等。

## 三、销售人员的职业形象设计

一位名人曾经说过："人的一切都应该是美好的，美的仪表、美的服装、美得心灵……"销售人员在职业活动中要加倍注重个人职业形象，因为他推销的是产品，但展现给客户的是自身的形象，"细节之处见精神，举止言谈见文化"。所以销售人员的职业形象根据以下 3 点进行设计。

### （一）保持清新整洁的仪容

销售人员在商务交往的过程中要想给他人留下良好的第一印象，必须注重自己的仪容。在仪容礼仪方面，营销人员应该遵循清新、干净、整洁的基本原则。

第一，仪容要注意讲究分寸，注意个性特色适度。女性可以化淡的职业妆来修饰自己。注意化妆不宜太浓，要给交往对象留下一个"秀于外"与"慧于中"并举的感觉，使自己显得端正大方，健康自然，富有个性。

第二，销售人员不可忽视个人的清洁卫生，应每天洗脸，经常沐浴。头发要干净，长度适宜，发型不宜太新潮、也不要太古怪。注意选择适合自己肤色、脸型、发型和体形，给人以容光焕发，充满活力的精神面貌，让客户满意。

第三，手部可以说是销售人员的"第二张名片"。要对自己的手部进行修饰，指甲长短合适、干净，手部饰物不要戴得太多。一双干干净净的手，会给人以美感。

### （二）着装规范、整洁，适合职业环境

人们常说："穿着成功不一定保证你成功，但不成功的穿着保证帮助你失败。"从这个意义上来说，服装一直被视为传递人的思想、情感等文化心理的"非语言信息"。

第一，着装应符合职业角色。销售人员在工作中，应穿比较正式的服装。满足客户对销售人员的形象的期待：热情有礼、衣着整洁、洒脱端庄、精明干练且富有责任心。因此，利用得体的着装，满足他人对自己社会角色的期待，促使事业的成功。

第二，应规范着装。在现代企业管理中，对于销售人员的着装都有一定的要求。正式隆重的场合，男士必须穿着整洁、得体的西装，女士穿着套裙；普通工作时间中按要求规定着装。切记不要戴着墨镜面对客户。

### （三）仪态举止端庄稳重，充满职业活力

销售人员应给客户一种亲切感和信任感，而不要给人以奸诈或精明之感，会引发客户高度的戒备心，在仪态举止方面要注意以下几点。

第一，推销产品时，仪态举止端庄大方，要求站有站姿，坐有坐相。走路脚步要轻，走路时不要大幅度摆动，坐下时不要跷二郎腿等。

第二，销售人员在介绍产品时，可以有适当的手势，但动作不宜过大。还要特别注意不能当着客户的面打哈欠、伸懒腰、掏鼻孔、挖耳朵、脱鞋纳凉等。咳嗽和打喷嚏时，应当用手帕捂住口鼻并面向一旁，尽量避免发出很大声音。

第三，在和客户交谈时，表情要自然、大方，语音、语调柔和、轻松。确保客户对销售人员满意，就是将客户满意放在首位。

## 四、职业运动员的形象设计

运动员的形象不仅代表个人，还代表着国家的形象。

良好的运动员形象，不仅能体现个人修养、增加个人魅力，还能赢得观众、竞争对手的认同和尊重。因此要塑造职业运动员的职业形象，规范自己的行为，不断提高自身素质和个人修养，使自身社会活动逐步纳入文明的轨道。从而改变社会对运动员的传统认识，树立当代运动员的新形象。

### （一）运动员的服饰设计

比赛中，运动员的服装以其直观性、实用性和展示性为特征，明示可辨地装扮着运动员的仪表形象，它凭借多姿多彩、各具特色的外部形象，折射出时代的文化背景和运动员的个性特征，它是运动员内在精神和意识的象征。

运动服装色彩的选择，首要因素是与场合、环境、季节和周围气氛相协调，要充分考虑到不同色彩在不同环境与背景下对人产生的不同心理效应。比如，红色象征着吉庆，具有调节神经系统使之兴奋的作用，但又易引发狂躁、情绪波动等症状，夏季天热，体育场馆内人多嘈杂，应避免使用红色服装。

运动服装款式的时尚性和新颖别致性，能有效地衬托出运动员体型的健与美，以满足人们审美需求的视觉快感，并以此传递生活理念和价值观念。以浓郁的时代特色和流行款式来包装队员，更能吸引观众的注意。例如，2002年世界女篮锦标赛中，巴西、澳大利亚等国家队的运动服装，采用了弹力、紧身、连体式的服装款式，引领了女篮服装的新潮流，不仅为比赛增添了丰富的感情色彩，同时也树立了女篮队员的新形象。

### （二）运动员的仪容规范

运动员仪容需干净，整洁。有时可适当修饰自己的仪容。比如，参加颁奖仪式、面对记者采访、出席新闻发布会是运动员经常遇到的礼仪性活动，它是向观众展示个人形象、树立个人形象的窗口。此时女运动员面部可淡妆修饰，男运动员需剃须，面容干净；头发要保持干净；手和指甲必须随时保持整洁，以饱满的精神状态出现在观众面前，无论技术水平发挥如何，要把自信和希望永远留给观众。

### （三）运动员的行为规范

运动员的高尚职业道德和崇高敬业精神，可为社会起到示范和榜样的作用，并由此受到人们的尊敬。在比赛中运动员要面对各种各样的关系：对手关系、个体与集体关系、运动员与教练员之间的关系、运动员与裁判员之间的关系、运动员与观众之间的关系，以及运动员与新闻媒体之间的关系等。而这些特殊的关系总是在某种程度上被包含在更广泛的社会关系之中。运动员若想得到大家的支持、社会的认可和观众的爱戴，就应主动协调好以上各方面的人际关系。掌握这种"合群"的社会素质，遵循"可行与不可行""应该与不应该""恰当与不恰当"的行动原则是树立形象的关键。特别是遇到观众的过激行为时，要学会控制自己情绪，用宽容争得支持，以胜利换取尊敬的比赛方法，切忌一时冲动、放纵自己，在场上出现恶语伤人、辱骂观众等不良行为，这不仅是运动员良好心理素质的表现，也是运动员良好形象的体现。

运动员在赛场上禁止出现违反体育运动精神的非正常技术动作和赛场暴力行为，如恶意肘击或伸脚、打架、群殴，以推、撞、击、打、踢、踩等暴力方式故意伤害相关人员等。面对记者采访时，应保持自然大方、谦虚乐观的态度，不要因胜利的喜悦或失败的烦恼而失态。因故不能接受采访时，应坦诚地告诉记者，获得对方的谅解。

## 五、志愿者的形象设计

志愿者，是爱心传递的火炬手，是先进文明的传播者，是和谐风尚的宣传大使，更是慈善互助的实践者。志愿者，担负着志愿者所赋予的使命，也托起了志愿者的光环，一言一行都代表着"志愿者"的公众形象，是容不得半点玷污的。下面从5个要点来设计志愿者形象。

### （一）志愿者仪容自然大方

仪容是一个人精神面貌的外在表现，它与人的道德修养、文化水平、审美情趣和文明程度密切相关。对于志愿者而言，端庄整洁的仪容不仅表现了自重、自信、敬业等个人内涵，更直接体现了对接待对象的尊重。

干净整洁是志愿者仪容的第一要素，是树立志愿者良好形象的基础和前提。

志愿者要养成良好的卫生习惯，保持面容整洁，保持指甲的干净。男志愿者保持面容的干净清爽，胡子务必刮干净，不能让别人看见鼻毛与耳毛，不能有文身，尤其注意不要留长指甲。女志愿者的妆容要清新自然，不可浓妆艳抹。如使用指甲油，就要注意保持其完整，不能任其斑斑驳驳，还要特别注意在志愿服务场合不使用鲜艳的指甲油。同时应牢记"修饰避人"。

志愿者经常需要近距离为游客提供服务，所以要注意体味的清新。要保持口腔的卫生，餐后要刷牙。参加重要活动前不要吃大蒜、韭菜等食物，避免过重的异味。烟味和酒气都不宜带进工作场所。女志愿者要注意恰当使用香水，过于浓烈的香味在较正式的场合是不适宜的。

志愿者的发型要得体大方，男志愿者一般要求"前发不覆额，侧发不掩耳，后发不及领"。女志愿者也应该根据自己的年龄、身份和服务岗位选择恰当的发型，梳理得当，不盲目跟风，也不追求怪异。志愿者的发型应该具有干练、简约、清爽的风格，从而透露出健康、阳光的气质。戴帽女志愿者，需扎马尾，并让发辫从帽口处穿出，志愿者原则上是不能染彩发的。如图 2-6、图 2-7 所示。

图 2-6　女志愿者妆容与发型规范

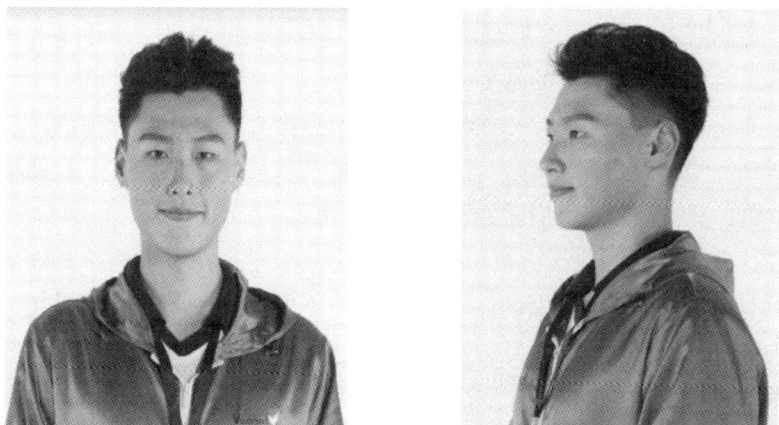

图 2-7　男志愿者妆容与发型规范

### （二）志愿者着装整洁规范

由于志愿者有着重要作用和特殊地位，通常组委会会提供统一的服装。服装不仅能表现一个人的身份，而且能体现穿着者的修养、风度，因此志愿者应该注意服饰统一、规范，要穿出志愿者的精神，亮出志愿者的风采。

志愿者要保持着装的整齐。有扣子的上衣必须扣上纽扣，还要注意不能漏扣、掉扣。

夏装如配有帽子，帽檐应保持端正，不要歪戴、斜戴、反戴。裤子不要过于松松垮垮，过长的裤腿要及时改制，不要随意挽着。鞋袜要注意与服装风格一致，光着脚、穿着凉拖就不符合志愿者的着装要求。女志愿者如穿裙装，还要注意丝袜颜色统一、没有破损。

志愿者要注意服装的干净。志愿服务工作再繁忙、再劳累，也要注意以整洁的服装出现在服务对象面前。若由于工作的需要弄脏了衣服，也应该及时更换或设法弥补。志愿者的鞋，大部分着小白鞋，鞋子也是志愿者最容易被忽视的环节，每天务必将其打理干净再上岗，不要让它破坏了志愿者的整体形象。志愿者原则上不配搭首饰，若佩戴首饰一定要注意与身份相符，与统一服装的风格相符，做到恰如其分，宁缺毋滥。过度的装饰不仅会给工作造成不便，也与志愿者角色要求相去甚远。志愿者着装有场合要求，一般状态下，要坚持穿着统一服装。如因工作需要，需要到特定的场合提供服务，就要及时调整自身装束和妆容，按规定着装。

世游赛志愿者仪容及着装穿戴规范

### （三）志愿者仪态端庄稳重

志愿者是最直观的民族形象代言人，志愿者的仪态举止不仅应完美体现东道主的热情、友好，还应展示中华民族的文化内涵和时代风采。

志愿者站立时要头正、肩平、躯挺、腹收、腿直，给人一种挺拔、健康和稳重的美感。站立时不要倚靠墙或柱子。如站立时间较久，男志愿者可以将两脚分开，但不超过肩宽，女志愿者可以呈"V形脚位"站立，但不可双腿交叉。双手不要叉着腰或扶着墙，更不要两手抱胸。健美的站姿会给人精力充沛、积极向上的印象。

志愿者的坐姿应该是端正、文雅、大方，上身挺直以显示精神饱满。切忌跷着二郎腿上下抖动，更要注意不将脚底对人。双手抱于脑后、抱住膝盖、抚腿摸脚等动作都要尽量避免，女志愿者入座后需始终将膝盖并拢。

志愿者行走时应当洒脱、稳重，抬头挺胸，双眼平视前方。整个身体的摆动要自然、和谐而有节奏，迈步不大不小，恰到好处。不要弯腰驼背，摇摇晃晃，也不左顾右盼，忽快忽慢。体现轻松、矫健的自然美。

志愿者如要捡拾地上的物品，最好采用高低式下蹲而不是弯腰。下蹲时上体保持正直，微微前倾。两腿一高一低。下蹲时尽量不要面对或背对别人，以在他人侧方为好。女士下蹲还要特别注意，下蹲时双腿靠拢，捂住领口。

志愿者与同伴共处时，请注意避免勾肩搭背。这种过于随意的动作不仅影响你的体姿优美，还会引起外国朋友的误会。

**（四）志愿者微笑真诚动人**

微笑是各民族人民都能读懂的世界性语言。正如美国著名的礼仪大师罗杰·E.艾克斯泰尔所说的："有一个世界通用的动作，一种表示，一种交流形式，它存在于所有的文化与国家中，人们不分国别、不分种族地使用它，并理解它的含义。它可以帮助你与各种关系的人交往，不论是业务伙伴，还是朋友，它是人们交流中唯一最有用的形式，那就是微笑。"

对志愿者来说，微笑是必备的通行名片。微笑展示的是一种温馨、亲切的表情，它缩短了人与人之间的心理距离，形成融洽的交往氛围。微笑之所以动人，不仅在于它在外观上造成的美感，更在于它总是带给别人友好的感情，给对方留下美好的心理感受。

志愿者的微笑必须发自内心，这样的微笑最自然大方，最真诚友善，也最具有亲和力。真诚的微笑还可以表现出你的自信，表现出你的能力，表现出你的乐业敬业的态度。

如果不是特定的礼仪场合，微笑并不一定要拘泥于露出几颗牙齿，"诚于衷而形于外"，真正的微笑渗透着自己的情感，表里如一，毫无包装或矫饰的微笑是最有感染力的。

志愿者们，展露你真诚的笑容吧，世界需要和谐，需要爱！让我们用微笑滋润来自各地朋友的心田，用微笑展现中华民族宽广的胸怀。

**（五）志愿者讲话谦和有礼**

语言交往是志愿者服务最基本的需要。每一位志愿者都应该做到声音悦耳，语言文雅，态度谦和。

志愿者说话要注意语态，即交谈时的神态。自己既要亲切友善，又要舒展自如，做到不卑不亢，恭敬有礼。在听对方讲话时则要专心致志，不要心不在焉，敷衍了事。

志愿者说话要注意语音，即控制音量。在国际交往中，语音被视为一个人教养和素质的直接体现。志愿者如果是近距离为游客服务，采用对方听得清楚的音量就可以。如果需要招呼多名游客，则可以适当提高音量，并以动作、表情等辅助语言加强信息的表达。如有人站得较远或一时没有注意你传递的信息，最好是前行几步，走近对方再说一遍，尽可能不要拉大嗓门叫唤。

志愿者要注意说话的语调，同样的语句用不同的语调表达，流露的心境和情绪会不同，甚至可以造成完全不一样的语义。语调运用得当，会使你的语言增添无穷魅力。志愿者在工作中要尽量避免使用命令语气，咄咄逼人的口气会拒人于千里之外，而真诚热情、谦和稳重的语音语调必定能为你赢得尊重和欣赏的目光。志愿者要注意语言文明，多采用"您""请"之类表示尊敬、礼貌的词语，使用这些敬语，即使是指令性的话语，也会变得委婉而礼貌，使对方乐意接受你的指挥或你所提供的服务。志愿者绝对不可使用粗话、黑话、脏话，这些语言不仅证明说话者的格调低下，也是对交谈对象的不尊重。

**（六）志愿者行为文明自律**

行为文明是现代社会对人们最起码的要求，志愿者应该是文明行为的示范者。要求行人走人行道，志愿者自己就不能在车行道上晃。要求骑车者不闯红灯，志愿者的车轮就应该在黄灯亮时止步于停车线内。指挥游客有序入场，志愿者就不能让自己的熟人"近水楼台先得月"。希望游客互相谦让，志愿者自己就得礼让在先。此时，志愿者的服装不仅是一种身份标志，更是一种对志愿者的行为约束。

志愿者应该十分注意个人卫生和环境卫生，一旦有垃圾就应该及时处理掉。但是，不论在岗还是不在岗，不论是否有人看到，志愿者都不能为贪图方便而随意乱扔垃圾，也不要为了少走几步而远距离投掷垃圾。

有一些在日常生活中司空见惯的行为动作，事实上都在扰乱他人的安宁或污染我们的环境。比如在公众场合修剪指甲，在人群之中猛搔头皮，留着长长的指甲随时随地掏耳朵等。这些动作全属私人行为，应该在浴室，至少是在自己家里处理。

有人喜欢没完没了地嚼口香糖，并发出阵阵声音，这绝对是一种缺乏修养的表现。口香糖的作用是清洁口腔，清洁完毕它的作用也就告终。因此最好不要当众吃口香糖，至少应该闭着嘴咀嚼，不能发出声音。口香糖的渣不可乱吐，务必用纸包起来并及时扔进垃圾箱。

还有人会在众人面前肆无忌惮地打哈欠、惊天动地地打喷嚏、大声持续地清喉咙或没遮没拦地咳嗽甚至吐痰，这些行为都是不良举止，有教养的人们，尤其是志愿者都应该与之绝缘。

## 课堂讨论 /

1.什么是职业形象？

2.用什么途径来进行职业形象设计？

3.谈一谈如何塑造个人的职业形象？

## 课后练习 /

1.大学生在校园的个人形象与在职场中的个人形象有无差别？具体表现在哪些方面？

2.针对本专业需求，设计一个你认为的优质的职业形象。

## 学习拓展 /

阅读"人物形象设计专业教学丛书"之《整体形象设计》（周生力主编，化学工业出版社2012年版）一书，了解更多的关于形象设计的知识，提高自己的设计能力。

第三章

CHAPTER 3

# 职业仪容设计

　　仪容是指一个人的外在容貌，即头部、面部、手部等直接裸露在外的部位的样貌。

　　一个人的仪容集中了用于观察、体验事物的重要器官。所以，在商务交往中，仪容最容易引起交往对象的注意。如果仪容端庄秀丽，看上去赏心悦目，就会使对方产生愉悦的心情，产生良好的第一印象。在这一章中，我们将分享面部皮肤的性质及面部皮肤基本护理、女士化妆的原则及方法，男士面部保养及修饰方法，职业人员的发型选择等。

学习目标

1. 掌握面部的基本护理方法。

2. 了解面部和发型修饰的基本要求。

3. 掌握化妆的一般程序。

# 第一节　皮肤护理

　　皮肤护理是指要对皮肤，尤其是面部皮肤进行长期护理和保养，这是实现妆容美的首要前提。正常健康的人皮肤应具有光泽，且柔软、细腻洁净、富有弹性；而当人处于病态或衰老的时候，其皮肤就会失去光泽、弹性，出现皱纹或色斑。对皮肤进行经常性的护理和保养，有助于保持皮肤的青春活力。

## 一、皮肤的构造

　　皮肤是由表皮、真皮和皮下组织三部分构成的。表皮就是我们眼睛能看得见的部位，它能防止体内水分过分蒸发，并能阻止外界有害物质的侵入，尤其是防止紫外线的侵入；真皮位于表皮的内侧，与表皮弯曲相连，真皮的机能如果衰退，皮肤就会呈现老化。真皮的弹力缩小，皮肤的皱纹就会增加。人们受伤后，皮肤的再生力也来源于真皮层；皮下组织是皮肤的最下层，含丰富的皮下脂肪。全身皮肤含脂肪量各不相同，其中，眼周的含量最少，所以眼周肌肤最显脆弱。因为缺乏皮脂膜保护，加班、熬夜过多，作息不正常，眼周就容易出现黑眼圈、细纹等症状，看上去精神不济，并会给职场、社交带来困扰。眼周最易松弛，也最易老化。职业人为保持良好的精神风貌，应特别注意保护眼周肌肤。

为了让皮肤的新陈代谢正常运作，我们应在晚上10点至深夜2点这一段时间睡觉休息。因为这段时间是细胞分裂最旺盛的时候，此时人如果处于睡眠状态，心跳平缓，血管扩张，血液循环遍及全身，营养及能量较易供给细胞分裂时使用，就能促进新陈代谢。反之，此时人如果熬夜，对皮肤的保养最为不利。

## 二、皮肤的类型

皮肤是人体最大的体表器官，它覆盖全身，是人体抵御外界有害因素侵入的第一道防线，具有调节体温、吸收、排泄、分泌、免疫和参与代谢等多项生理功能。同时，皮肤也是人体最大的感觉器官和最引人注目的审美器官，传递着人体的美感信息。尤其是面部皮肤的健美，它是整个人体健美的一面镜子。

皮肤保养品和化妆品可以使皮肤感觉舒服、看上去漂亮，但如果你的皮肤生有较多面疱（青春痘或囊肿）、湿疹（发痒的红斑）、牛皮癣、脂溢性皮炎、色素失调（色斑），一定要先到正规医院的皮肤科诊治，千万不要懒得去医院而乱用化妆品，以免造成不可挽回的损失。

### （一）皮肤的五大基础类型

1. 干性皮肤

干性皮肤毛孔不明显，皮脂腺分泌较少，因而比较干燥，但却显得清洁、细嫩。这种皮肤经不起外界刺激，易老化起皱褶。夏天易患日照性皮炎，冬天遇冷容易干裂。因此干性皮肤最需要美容保养。

2. 油性皮肤

油性皮肤比较粗厚，毛孔粗大，皮脂腺分泌较多，因而皮肤油腻、易污，这种皮肤虽不十分美观，却更能经受风吹日晒，也不易老化，面部皱纹也比干性皮肤出现得晚一些。但是，由于皮脂较多，容易阻塞皮脂腺分泌的出口而使细菌繁殖，所以，易生痤疮导致化脓性感染。

3. 中性皮肤

中性皮肤组织紧密，厚薄适中，光滑柔软，富于弹性，这是最理想的皮肤类型，但在成年人中并不多见，仅在发育期的少女中可见。

4. 混合性皮肤

混合性肌肤就是具有油性皮肤和干性皮肤两种皮肤特点的肤质，在一张脸上会同时出现干性肌肤和油性肌肤的特性，一般表现在面部的T字区是油性皮肤，面部两颊为干性皮肤。这种皮肤一般需要分区护理，才能让皮肤调整到比较平衡的状态。

常见的混合型皮肤又进一步细分为两类：混干型和混油型。

（1）混干性肌肤：T字区非常油，而脸颊又特别干。

（2）混油性肌肤：T字区稍微有一些油，脸颊也不是特别干，偏向于中性。

5.敏感性皮肤

敏感性皮肤肤质细腻，光泽适中，肤质较薄，缺水敏感，多伴有毛细血管破裂等情况，易过敏。

5种类型皮肤的特点及优缺点如表3-1所示。

表3-1　5种类型皮肤的特点及优缺点

| 皮肤类型 | 特点 | 优点 | 缺点 |
|---|---|---|---|
| 中性皮肤 | 细腻、有光泽、有弹性、湿润，皮脂膜健全 | 皮肤健康，有弹性、有光泽 | 不易护理 |
| 干性皮肤 | 毛孔细腻，缺乏光泽，缺乏弹性，缺水，皮脂膜较薄 | 年轻时皮肤最好，较细腻 | 易老化、易缺水，长皱纹，较敏感 |
| 油性皮肤 | 毛孔粗大，不易衰老，分泌油脂多 | 弹性好，皮肤健康，皮脂膜厚，免疫力强 | 易长粉刺、青春痘，形成暗疮性皮肤 |
| 混合性皮肤 | 脸颊、眼周偏干，额头、鼻侧偏油 | 皮肤肤质适中 | 眼周、嘴角易长皱纹、斑，脸颊、额头、鼻侧易生粉刺 |
| 敏感性皮肤 | 一种高度不耐受的皮肤状态，皮肤外观正常或伴有轻度的脱屑和红斑，皮肤较干燥 | 无 | 毛细血管易破裂，脱皮发痒，易过敏 |

## （二）不同肤质的护理技巧

1.干性皮肤护理技巧

干性皮肤在洗脸后15分钟就觉得干干的，眼睛两旁出现小细纹，脸上觉得粗糙；在寒风、烈日、空气干燥及空调环境中，皮肤缺水情况会更加严重，脸上可能有脱皮的现象。干性皮肤的优点是肤质较细腻，油脂分泌少，给人干净的感觉，但是缺乏光泽，容易产生皱纹。所以，干性皮肤的女性必须通过适当的护理，使皮肤恢复正常的生理功能，以防出现"未老先衰"的假象。

护理的技巧是补水还要补油。

很多朋友不明白，为什么补水后还是干呢？其实，你的皮肤不能分泌足够的油脂，只单纯补水，肌肤没有"锁"水能力，补得快，蒸发也快，陷入越补越干的恶性循环中。所以不要一看到自己满脸油光，就盲目控油，用强性控油产品或吸油纸。

保湿的重点是早晚清洁后，使用柔和保湿型、补水锁水型、营养型的护肤产品。

2.油性皮肤护理技巧

油性皮肤的女性都深有体会，有些满脸油光光的，有些T字部位（额头到鼻子）特别油，特别是夏天，天气稍热一点，汗多一点，脸上就像抹了一层油，皮肤油亮，且容易粘上灰尘，引起皮肤感染，易长粉刺和小痘痘，毛孔越来越大，甚至出现坑坑洼洼，真让人烦不胜烦。

油性皮肤附着力差，化妆后容易掉妆。这类皮肤的优点是能经受外界刺激，不易老化，面部出现皱纹较晚。只要注意科学保养，可以保持一副健康自然的面容。

油性皮肤的保养原则是，既要使油脂成为肌肤的润滑剂，又要避免不停冒油。不要总想着除油，这样做是不对的，也是有害的，你要做的是控制出油。

护理的技巧是洁面、补水。

要多注意自己的生活习惯，多饮水，多吃新鲜的绿色蔬菜、水果，多吃豆腐、洋葱、黄瓜、香菇、牛奶、海带等，少饮酒，控制进食动物性蛋白和脂肪，最好不吃巧克力、奶油、冰激凌等。还应放松身心，避免精神上有太大的压力。

### 3. 中性皮肤护理技巧

中性皮肤是女性最理想的肤质，既不会像油性皮肤一样长痘，又不会像干性皮肤一样脱皮。中性皮肤平滑细腻，有光泽，毛孔较细，油脂、水分适中，看起来红润光滑，汗腺、皮脂腺排泄通畅，少有瑕疵且富有弹性。中性皮肤对外界刺激不是太敏感，不易起皱纹，化妆后不易掉妆，多见于青春少女，是十分理想的肤质，但也需要精心呵护，以保持其良好的状态。

护理的技巧是，只需要注意水分和油分的调理，保持平衡。平时使用爽肤水、乳液，眼霜宜选用油分不多的产品。春天和夏天注意毛孔的护理，秋天和冬天应注意保湿和眼部护理。避免过多地使用化妆品。

洁面一般每日两次为宜，早晨洗脸后用收敛性化妆水收紧皮肤，再涂上营养霜。晚上用中性洗面奶洗脸后用霜或乳液润肤，皮肤具有弹性。此外，每周选择适合中性皮肤的面膜敷面一次，每次15~20分钟。

饮食上注意多吃水果、蔬菜、牛奶、豆制品等，注意补充所需要的维生素和蛋白质。控制烟酒及辛辣食品。

多做户外活动，保持心情愉快，使肌肤健康自然，充满青春活力。外出注意要用防晒霜及遮阳帽、遮阳伞、墨镜，避免被紫外线损伤皮肤和眼睛。

### 4. 混合性皮肤护理技巧

混合性皮肤的人越来越多，有的人是天生的，有的人随着年龄、环境、压力等因素逐渐演变为了混合性皮肤。

混合性皮肤的保养方法比干性或油性皮肤复杂，要对症下药。可选择适合混合性肌肤的洁面产品，调理容易出油的T部位，使用温和型洗面乳在额头、鼻子两侧、下颌容易出油的部位反复清洗。同时可使用控油性化妆水轻轻拍打在T字部位。脸部其他部位用普通收敛性化妆水即可。这样既可避免油脂阻塞毛孔，又不至于太干燥。在出油的地方，每3天可用一次磨砂膏深层清洁。

### 5. 敏感性皮肤护理技巧

敏感性皮肤是易受刺激而引起某种程度不适的皮肤。如果你的脸庞常常发红，尤其在天热、天冷、刮风时，红得格外明显，那你就是属于敏感性皮肤。这种皮肤的表面常可见到血管浮现，较为脆弱、娇嫩，对外界环境抵抗力差。当过敏性物质与皮肤接触，体内的抗体就会与它发生特异性结合，引起过敏反应，出现红斑、脱皮、红肿等现象。引起过敏的物质有很多，如食物类的有虾、鱼、牛奶、水果等；空气中有花粉、螨虫、灰尘等；药物类的有磺胺类药物、青霉素等；化学制品类有蚊香、橡胶、塑料、香精、油漆等，还有化妆品、金属饰品、动物皮毛、化纤织物等。敏感性皮肤对气候、季节的变化适应性差，会出现皮肤发痒，起皮疹等现象。

敏感性皮肤在清洁、保养时，最好能经常用冷水洗面，以增加皮肤的抵抗力。如果不适应，可用20℃左右的温水，洗完后用冷毛巾敷，不要用太刺激性的洁面用品，不能含有香料、酒精、防腐剂，宜选用温面乳洗脸时，轻轻按摩，使洁面乳深入肌肤，将皮肤中残留的化妆品、灰尘、污渍等清洁出来。不要过度刺激皮肤，如用磨砂膏，或强力按摩等。

爱化妆的女性应该选择纯天然、无刺激的粉底液作为底妆。

敏感性肤质的人要注意以下事项：吃的方面要注意营养平衡，多吃新鲜蔬菜水果，增强皮肤抵抗力。煎炸食品、烧烤不要吃，辛辣食物、烟酒类等少碰为妙，这些东西会使敏感性皮肤变得更糟糕。

用品要常清洁，如毛刷、粉扑等要保持干净，否则容易落满灰尘，滋生细菌，用后敏感性皮肤会恶化。

要注意防晒。紫外线对敏感性皮肤是最要命的损害，一定要做到全年防晒。

染发时要格外谨慎。

## 三、面部基本护理

面容是仪容里最引人注目之处，脸面对人的自尊心具有无与伦比的重要性。男士要养成每日剃须修面的好习惯。女士在保养护理方面应更为讲究。

### （一）洁肤

大家都清楚，pH值是来表示物质的酸碱性的。当pH值＞7时，表示物质为碱性；当pH值＜7时，表示物质为酸性；当pH值=7时，表示物质为中性。

人的皮肤是弱酸性的，其pH值为5~7，这种皮肤环境有较好的杀菌护肤作用。

洁面时，如果选择碱性较强的洁面用品，这些用品虽然清洁效果明显，却改变了皮肤的环境，还会刺激皮肤分泌更多的油脂。所以，选择中性洁面用品才是比较科学的。

洁面时，取适量洗面奶或其他洁面用品于手掌，将其打成泡沫状，按照由下向上、由内向外的方式打圈按摩，之后，用流动的清水将泡沫洗净，再用软毛巾将水轻轻吸干即可。

洗脸的正确方法

### （二）面膜

我们除了每天晚上卸妆，每日1~2次的洁面外，还要定期对皮肤进行深度清洁，市面上有各种各样的面膜，有补水的，有清洁的，有营养的，还有美白的等。我们把具有补水、营养、美白等起到补充皮肤能量作用的面膜，叫作加法面膜；而把具有深度清洁、温和去角质这些作用的面膜叫作减法面膜。每周可做两次加法面膜、两次减法面膜，两次休息，按照减、加、休这样的护肤顺序，就能够让我们的皮肤在补充营养的同时，更好地促进新陈代谢，还能获得充分的休息，当然这只是用于健康的肌肤。敏感肌和问题肌肤要先从修复皮肤的皮脂膜开始。

**（三）爽肤**

在做完清洁之后，我们要立马用爽肤水轻拍脸部，爽肤水的作用在于再次清洁以恢复肌肤表面的酸碱值，并调理角质层，使肌肤更好地吸收营养，为使用保养品做准备。注意在选择爽肤水时摇一摇瓶身，如果出现很多很细的泡沫但很快就消失了，说明其中含有酒精。这类爽肤水偶尔使用可以起到消炎的作用，但是不要长期使用，因为酒精挥发时会带走皮肤中的水分，从而破坏皮肤中的蛋白质，加速皮肤老化。

**（四）润肤**

爽肤后还应为肌肤补充营养，白天用日霜，夜间用晚霜，眼周使用眼霜。一般来说，润肤油和润肤霜比较适合冬天使用，润肤露则比较适合全年使用。

因为我们的毛孔是呈鱼鳞状半打开状态的，所以在涂抹护肤品的时候，我们要逆着毛孔生长的方向，从下到上，从内到外的涂抹。两颊打大圈，额头打小圈。嘴周的肌肉因为是呈环形生长的，所以嘴周以括号的形式涂抹儿，鼻子的毛孔是向上的，所以鼻子的手法是向下涂抹。当然鼻翼也不能忽略。使用防晒霜来阻挡日晒很重要，提倡全年防晒。

男士的皮肤护理要特别注意清洁的步骤，男士皮肤多数偏油性，可以使用泡沫洗面奶，充分打起泡沫之后再使用，将面部洗干净之后，男士还要注意耳毛、鼻毛、胸毛不要外露，应该每天剃须，保持脸部清洁。

# 第二节　发型设计

按照一般习惯，人们注意、打量他人，往往是从头部开始的，正所谓"上看头，下看脚"。而头发位于人体的"制高点"，所以就更容易先入为主，引起大家的重视。发型美是妆容美的一部分，头发整洁、发型大方是个人礼仪对发型美的基本要求。有位美容学家曾经说过："发型是人的第二面孔。"恰当的发型会使人容光焕发、风度翩翩、生气勃勃。发型的设计要与脸型、体型、年龄、职业、气质等因素相适应，体现和谐的整体美。

成功的发型设计，充分体现了设计者对于设计对象理性的认识程度和发型艺术美化水平的表现能力，它是设计者理性认识的情感体现。发型是一种造型艺术，以其独特的美影响着人们的文化生活，它是人们美化自身，表现自我的生活艺术。它必须与人们的生活习俗相宜，必须准确地体现人们的文化内涵、审美要求及其职业特点。成功的发型设计应具有相应的艺术内涵，和谐的轮廓线条，明晰的发纹质地，强烈的感染力，并透视出设计对象的人格魅力。

# 一、发型与形象

## （一）发式与个性

个性保守的人，发式通常中规中矩，变化不大，或者数十年来烫的是统一卷发，剪的是同一发式。有些人可以接受一些细小的变化，但基本上很难有戏剧性的大变化。还有些人则一头乱发，看起来不修边幅。这些人大体可分为两种：一种是从心里放弃自己的人，他们对活着已没什么盼头，也失去了兴趣，哪里还顾得上自己的头发呢？所以就随它去长、随它去乱吧！另一种是很随意或不拘小节的人，在他们看来头发的整理是小事一桩，整理与否都无所谓。但作为职业人，如果不能把自己的头发整理好，怎么使人相信你有能力处理繁忙的公务呢！

女性中有人偏爱留长发，也有人偏爱留短发。长发可以给人很飘逸、楚楚动人的感觉，也可以给人很邋遢、随便的感觉。就女性而言，短而直的发式，表现个性自信、独立、果断，给人以明朗、活泼的感觉；短而卷曲的发式，会给人成熟、稳重的感觉；短而新潮的发式，表明这个人的思路比较开放，并勇于尝试新事物，体现标新立异的作风，与男性留长发有异曲同工之妙：从心理上希望别人注意她。

有些学艺术的男性偏爱留长发，是为了表达自己与众不同的艺术感。

## （二）发式与情感

当你看到一个一直留长发的女孩，突然变成短发，这有可能是由于她要对过去的一段感情说"再见"了，用改变发式来表决心；也许是因为她一直很不顺心，头发常常被忽略，没有好好整理、清洗，所以希望通过改变发式来改变运气。总之，改变发式可以改变别人对你的看法。

# 二、发式的设计原则

## （一）发式与发质的协调

### 1.直而黑的头发

直而黑的头发适合于直发发式。发式设计应尽量避免复杂的花样。

### 2.柔软的头发

柔软的头发适宜剪成俏丽的短发。头发宜向后梳，要注意将耳朵露在外面。

### 3.自然卷发

自然卷发如果留短发，卷曲度就会不明显；而留长发才有助于显出自然卷曲的美。

### 4.粗硬的头发

发质粗硬的头发很难定型。在发型设计上，应尽量避免复杂。选择易于用梳子梳理的发式比较合适。

5.稀少的头发

稀少头发的发质缺少弹性，如果梳成蓬松式的发式很快就会复原。但其比较伏贴，适宜留长发或梳成发髻。

**（二）发式与体型的协调**

发式与体型之间的关系，应是相互依存、相互衬托的。如能掌握这一准则，根据个人的具体条件选择相应的设计方案，就可获得与整体形象和谐的完美发式。

1.矮胖体型

矮胖体型的弱势在于身材体积比较大，横、竖的比例接近，缺少灵秀之气。发式造型要避免再增大体积。因此，不要选择披肩长发、卷发或蓬松效果的发式，而适于采用短发、直发且有修剪层次的发式。这样的发式可以强化头部清爽、利落的感觉，增加整体形象的曲线美。

2.上大下小体型

上大下小体型的特点是体型上部比较发达，腿部比较瘦、短。给人以上重下轻、不稳定、沉重、压抑的感觉。这种体型比较适合短发或直发发式。若能修剪成不对称的短发，则更为适宜。因为这种发式显得活泼、俏丽，能有效改善体型的沉重感。

3.高大体型

高大魁梧对于男士来说是非常好的体型条件，选择发式范围广泛；而对于女性则不然，需慎重选择发式。中长的直发，线条流畅，有秀气感；短发具有彰显头颈部曲线的效果，也可以选择。最好不要采用长发发式，因为它会有夸张原有体型的作用。

4.头部偏大体型

头部偏大体型的人，头部比例偏大，给人以沉重、不灵敏、不秀气的感觉。发式的选择一定要避免卷发或长发，尤其不要选择盘发发式。否则，其效果不仅不会体现发式的优点，还会增加头部的负担，给人以头重脚轻之感。这种体型适于选择短发或超短发式。

5.头部偏小体型

头部偏小体型的人，头部比例偏小，给人以不够大方、没有朝气、缺乏潇洒的感觉。这种体型最好选配长发、中长发式（直发、卷发均可）。选用这种发式，既可以塑造出无拘无束、潇洒飘逸之感，又无须担心会加大头部的体积。如果一定要选择短发发式，则应用外翻发式。这种发式能强化头部的曲线效果，使整体具有活力。超短发式对这种体型最不适宜。因为它会完全暴露头部轮廓造型，显现头部偏小的缺憾。

6.瘦长体型

瘦长体型的特点是，身形细长、头小、颈细、肩窄等，整体效果比较平板，缺少生气。长卷发、中长的外翻发式或编穗发式，均能适当改善这类体型的缺憾。长卷发的效果最好，蓬松的曲线发丝披在肩、背上，既掩饰了形体的单薄，又可增加潇洒、飘逸之感，富有表现力。

#### 7.菱形体型

菱形体型的特征是上、下偏窄，中间偏宽，感觉像是枣核，所以有人又称为枣核体型。这种体型的人，外观形象效果缺少曲线，有笨拙感。这种体型不宜选择短发或超短发式。否则，会更加重上部偏窄的感觉，而中部则会显得更宽。因此，宜选中长发式。头顶部位要修剪得相对蓬松一些，发梢可烫一下，做成外翻式，也可以修剪成发梢参差层次的虚发。这样的发式整体感觉活跃，富于变化，在一定程度上能弥补菱形体型的缺憾。要注意的是，发型轮廓造型及曲线、弧线的流畅应与体型轮廓自然融合，以使整体效果富有生气。

### （三）发式与脸型的协调

头发与脸部处于相邻状态，利用发式来修饰脸部缺陷，改善脸部的视觉形象，具有非常重要的意义。如果能使发式设计与脸型有效协调，则脸部的形象就会在发式的映衬下，获得更为生动、更有魅力的表现。

#### 1.圆形脸

圆形脸，又叫娃娃脸。其具体特征是脸形偏短，下巴浑圆。在设计发式时，要注意交替运用衬托法和遮盖法。设计这样脸型的发式，一方面，要设法将头顶部位的头发梳高，避免头发遮住额头，使脸部视觉拉长。另一方面，应巧妙地利用头发遮住两颊，使脸颊宽度减小。发线的设计最好是选择侧分式。对于圆形脸男士，选择短小型发式效果比较好，鬓角可以修剪成方形，头顶部位可选择平面造型的寸发。

#### 2.长形脸

长形脸最适于设计优雅活泼的发式，以缓解由于脸形偏长而形成的严肃感。在设计发式时，应注意适当加厚脸部两侧的头发，以增加量感，同时，应将前额部分散发剪成发帘以适当遮盖前额，使脸部显得丰满。发分线宜采用侧分式。对于男士，应避免短小型发式或向后梳理的后背发式，否则，脸会显得更长。

#### 3.方形脸

方形脸的发式设计要点是：切角成圆，以圆盖方。宜在颈部结低发髻，以强调优雅感，或让头发披在两颊，以减少脸的宽度。发线侧分，并使其向头顶斜伸。亦可选择长直发式，以前额部分的散发帘遮盖两个额角，层次参差、长短变化的发梢将会掩饰两腮部位，表现效果自然、和谐。

#### 4.菱形脸

菱形脸上下偏窄，中部偏宽。通常颧骨较高。女士适合选择蓬松的大波浪发式来增加侧面头发量感，以便于遮盖颧骨，增加脸型柔性。发线侧分，自眉上斜伸向外。男士发式不适宜过短，两侧的轮廓宜圆顺、丰满，前额最好采用侧分发式，以利掩饰。这种脸形不适宜中长发式。

#### 5.椭圆形脸

椭圆形脸又称鹅蛋脸，是中国标准脸型，很多发型都适合，可以把头发卷成波浪状，也可以修剪成半长发，或短发；椭圆形脸完全可以轻松的驾驭，主要是突出脸型协调的美感就可以。

6.正三角形脸

正三角形脸适于采用表现前额较宽的发式。如采用中分或侧分发式，头发蓬松向左或向右分披，强化侧部头发的量感，以发稍微遮两颊。女士以中长或长发发式为宜。前额修剪成自然垂下的发帘，发梢层次参差，以掩饰偏窄的额头。发型两侧至后部要修剪出参差层次，发梢从两侧向后逐渐变长，后部呈V形。两侧参差的发丝对于宽阔的腮部具有同样的修饰效果。表现风格活泼，富有动感。发线自中心向外侧斜伸。男士发式上部应造型饱满，两鬓略厚，整体轮廓的线条从腮部圆顺下去，可减缓原有脸形的缺陷。

7.倒三角形脸

倒三角形脸的特点是前额较宽，两颊及腮部内收，下颌窄尖，显得单薄，缺少生气。这种脸型可选择短发或中长发式。上部剪成贴伏发式，两侧头发长至下颌处或是下颌之下，下部蓬起。发线采用直线中分发式。

**（四）发式与服饰的协调**

头发为人体之冠，为体现服饰的整体美，发式必须根据服饰的变化而改变。如女性穿礼服和制服时，可选择盘发和短发，以显得端庄、秀丽、文雅。服装色彩与发式色彩具有明暗对比及冷暖对比两种因素。强烈的明暗对比，常用于需要强调发型效果，表现风格比较活泼。较弱的明暗对比，用于整体感强的形象设计，表现风格比较沉稳。但即便是明暗对比较弱的效果，其区别也是相当明确的，只不过是柔和、自然些罢了。在发式色彩与服装色彩的冷暖对比中，也有强弱之分，值得注意的是，当色彩对比弱时，明暗对比就要增强；当冷暖对比强时，明暗对比则可以自由选择。

**（五）发式与职业的协调**

发式是一个人文化修养、社会地位、精神风貌的综合反映，职业是发式设计的重要参考因素。不同职业有不同的环境氛围。只有设计与之相适应、相协调的发式，才能更好地体现职业的风度美。

1.职业女士的发型选择

职业女士发型的选择应注意庄重大方。女士如短发，头发长度不宜超过肩部，最短不宜短于2寸。如果是长发，应将其挽束起来，不要任其披散。如果要配上雅致的发卡饰物，不能选择那些闪亮的或带有动物或卡通形象的发卡饰物，可以选用一些自然色或深色的发饰，而它们的功能也只是帮助你维持整洁的形象。发带与工作场所不太协调，容易给人天真和没有经验的感觉，所以最好不用。另外，你还可以选择职业发型的名牌形象——盘发，如图3-2所示。盘发非常庄重，更适合正式的穿着打扮，比如西装、小礼服等。总之，要时刻记住商务发型的指导原则：整洁、干

侧分式盘发

后背式盘发

练、美丽、大方。

图 3-2　女士盘发

2.职业男士的发型选择

职业男士在发型的选择上不要过分时髦，更不要标新立异。长度标准，要做到"前不覆额，侧不掩耳，后不及领"，如图 3-3 所示，更不要剃光头。另外，恰当的鬓角修饰可以使男士显得更加精神，鬓角一般不要低于耳朵的中部。

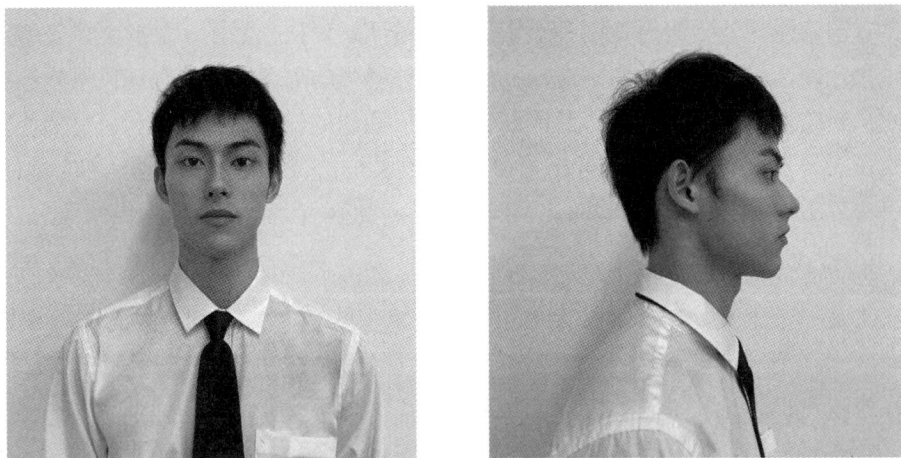

图 3-3　男士发型

**（六）发式的保护与修饰**

1.发式的保护

（1）洗发

洗发要定时进行。洗发的作用是：避免头屑、污垢堵塞头皮的皮脂分泌孔，使头皮不致发痒，避免头发产生枯燥和脱发现象。洗发间隔要根据发质等因素灵活把握，以保持头发柔润、光泽与卫生。

（2）护发

头发可以通过它的鳞状表层进行呼吸和吸收养分，尤其对于长发，其鳞状表层功能就显得更为重要。最好的护发方法就是焗油。

（3）梳发

每天早晚用梳子梳理头发，每次 3 分钟，约 100 下，有保持头发润泽柔丽的作用，可以刺激头皮活力，有助于头发的良好通风，可防止脱发及头皮屑。

（4）摩丝和发胶

头发除了要保持清洁以外，还要有美丽的形态。发式固定以后，在日常生活中还需用摩丝发胶和啫喱等给予经常保护，以保持原型美。职业发式应定期做头发护理。

2.发式的修饰

（1）要永远保持干净、整齐，4~8 星期至少应修剪一次。

（2）一般而言，不要把头发染得过于花哨，尽量避免标新立异。

（3）不管选择何种发式，都不宜在头发上再去刻意添加花哨的发饰。

（4）不能不分身份、不分场合地乱戴帽子。

（5）职业男性的发式以简单、利落的款式为好。如果自己没有时间每天吹头发，就应尽量避免修剪那种每天都需要吹的发式。

求职中发型的重要性

# 第三节　四肢修饰

在日常社交中，四肢也是使用频率较高的部位，而且常常需要肢体动作来传达一些信息。四肢的健康、美观与否会在一定程度上影响到社交效果。

## 一、上肢的修饰

上肢具体包括手和肩臂，在社交活动中，它们都有相应的健康标准和礼仪规范。

### （一）手部

手是进行肢体语言表达的重要组成部分，符合社交礼仪要求的手部应具有以下特征。

1.干净、卫生

要保持手部的干净，一方面要养成勤洗手的卫生习惯，如吃东西前后、去过卫生间后、上班前后、外出归来等情况下都要先洗手，不要用手掏耳朵、抠鼻孔、搔头皮等，在一些特殊岗位上还需戴上专用手套；另一方面勤剪指甲，从卫生角度而言，留长指甲有弊无益。很多女性从爱美的角度出发，留长指甲未尝不可，但一定要长短适度，过长既易给人不庄重之感，也容易藏污纳垢。男士绝对忌讳留长指甲，否则极不雅观、卫生。

2.健康

要保证手部健康，首先要对手部进行合理保养。例如，干家务时，避免手部直接接触洗衣粉、肥皂、清洁剂等洗涤用品。平时尤其是秋冬季节要多做手部按摩，防止生冻疮，并用护手霜加以滋润。发现死皮后，可用指甲剪将其修剪掉，同样要注意避开他人。若手部出现长癣、生疮、发炎等不良状况时，在及时治疗的同时要避免接触他人。其次，要尽量保持指甲的自然状态。虽然今天对指甲的美容、修饰方法多种多样，但很多美甲产品如果长期使用都会给指甲的健康带来损害，另外彩色指甲油、指甲彩绘等也不适合一般的工作及社交场合。

### （二）臂膀

修饰肩臂，最重要的就是这一条：着装时肩臂的露与不露，应依照具体场合而定。在非常正式的政务、商务、学术、外交活动中，人们的手臂，尤其是肩部，不应当裸露在衣服之外。也就是说在这些场合不宜穿着半袖装或无袖装。非正式场合不限制。

### （三）汗毛

因个人生理条件的不同，有个别人手臂上汗毛生长得过浓、过重或过长，特别有碍观瞻，最好采用适当的方法进行脱毛。

在他人面前，尤其是在外人或异性面前，腋毛是不应为对方所见的。根据现代人着装的具体情况，女士要特别注意这一点。在正式场合，一定不要穿着会令腋毛外露的服装。而在非正式场合，若打算穿着暴露腋窝的服装，则务必先行脱去或剔去腋毛。

## 二、下肢的修饰

下肢虽然一般不在人的视觉中心，但它仍然是个人仪容的重要组成部分，而且在整体仪容装扮中所占比重较大，如果修饰不当仍然会让个人形象大打折扣。腿部的修饰礼仪主要是对脚部和腿部装扮的规范与要求。

### （一）脚部

修饰脚部，要注意以下两方面。一是注意脚部裸露的场合。在正式的社交场合一般女士不允许光着脚穿鞋子，不宜穿过于暴露的鞋子（如拖鞋、凉鞋等），但一些晚宴场合除外。男士除了休闲、家居外，其他场合穿凉鞋都会有太随便之嫌。二是保持脚部的清洁。要坚持每天洗脚，勤剪脚趾甲，保证脚部无异味，忌讳在公众场合脱鞋。

### （二）腿部

首先，在正式的社交场合，不允许男士暴露腿部，即不允许男士穿短裤。其次，在正式场合，女士可以穿长裤、裙子，但不宜穿短裤，或是暴露腿部过多的超短裙。女士在正式场合穿裙子时，不允许光着腿不穿袜子，而且一定要避免袜子上边缘露在裙外，形成"三截腿"。女士的腿部汗毛如果过于浓密，可以用脱毛膏将其脱去，或选穿深色丝袜，加以遮掩，避免直接裸露。

# 第四节　化妆设计

## 一、职业妆的原则

作为职业人，女性化妆的目的是为了美化自己，是为了表达对他人的重视，是尊重他人的一种表现。但是不考虑自己的身份，不考虑所处的环境，自行其是，就会事与愿违。在职场中应该化职业妆，在化职业妆时要把握以下 3 个原则。

### （一）化妆要自然

"清水出芙蓉，天然去雕饰"，化妆的基本要求是自然。一些行业对职业女性化妆的要求一般是化妆上岗、淡妆上岗，也就是化妆之后有自然而然没有痕迹，给别人造成天生丽质的感觉。

### （二）化妆要协调

和谐才是美。在化妆时，应使整个妆面协调，并且应与全身装扮协调，与所处的环境协调、与当时的身份协调。

自身整体的协调，主要包括 3 个部分：第一，最好使用系列的化妆品，因为不同的化妆品品牌的香型往往不一样，有时会造成冲突，达不到好的效果；第二，化妆的各个部位要协调，比如面部与脖颈的颜色要过渡好，做到肤色一致；第三，妆容要与服饰协调，比如妆面可以和服饰或者丝巾的颜色做到色彩一致与协调。

### （三）化妆要避人

化妆或补妆是一种个人隐私行为，应该遵循修饰避人的原则，如在公共场合，可选择无人的地方，如化妆间、洗手间等，切忌在他人面前肆无忌惮地化妆或补妆，这样既显得缺乏修养使自己的形象失分，也是不尊重他人的表现。

## 二、化职业妆的基本程序

要根据自己的工作性质和出席的场合来决定画什么样的妆，大多数职业我们选择生活淡妆。职业妆的化妆基本步骤如下。

职业妆的
化妆步骤

### （一）清洁面部

用温水及洗面奶彻底洗去脸上的油脂、汗水、灰尘等污垢，以使妆面干净清爽。注意T形区、C形区、鼻翼、额头、脸颊都要清洁干净，如图 3-4 所示。

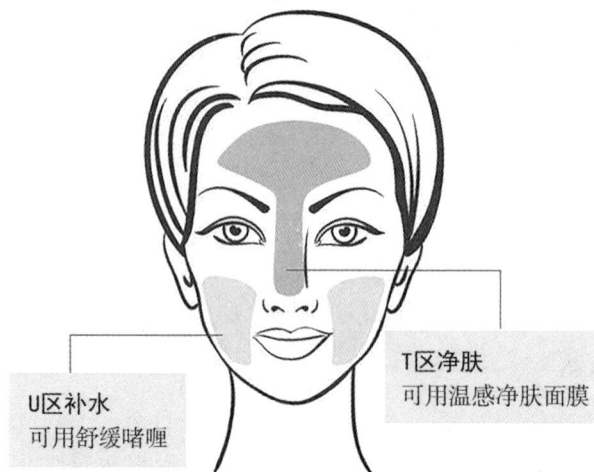

图 3-4　面部清洁

**（二）护肤**

将适量收缩水或爽肤水倒入掌心，然后轻拍在前额、面颊、鼻梁、下巴等处，然后根据肤质抹上护肤霜（液）或美容隔离霜（液）。

**（三）修眉**

修整眉形可以在美容或美发时，让美容师或美发师完成，之后，隔一段时间将多余的眉毛拔掉即可，不需要天天修整。

**（四）底妆**

底妆的目的是调整肤色，遮盖毛孔和瑕疵，从而使皮肤达到细腻亮丽，颜色均匀的作用，尽管我们有一白遮百丑的说法，但是还是建议大家尽量选择与自己肤色接近的粉底，避免造成面具脸或挂霜脸的感觉（具体流程如图 3-5 所示）。

📹 涂底液 "CCTV" 手法

图 3-5　打粉底

**（五）定妆**

在打完粉底之后使用干粉定妆，如图 3-6 所示。哑光的干粉适合所有人，感觉自然清爽，珠光的干粉适合皮肤好的人群，光泽度好，使用时用粉扑或刷子蘸取少量干粉，从上到下，由内到外地清扫，然后用刷子将多余的浮粉刷掉。

### （六）画眉

脸盘宽大者，眉毛不宜修得过长过直；相反，应描地适度弯一些、柔和一些。五官纤细者，不宜将眉修饰得太浓密。描眉时，应将眉笔削成扁平状，沿眉毛的生长方向一根一根地描画，这样描出地眉毛会很自然，而不是又浓又粗画成一片。具体流程如图 3-7 所示。

图 3-6　定妆粉

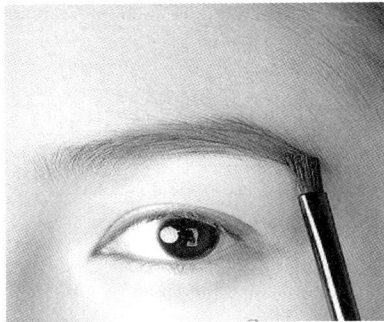

图 3-7　修饰眉毛

眉毛的画法

### （七）涂眼影

生活妆和职业妆的眼影可以选择大地色系打底，眼影面积不宜过大，控制在眼窝以内，如图 3-8 所示。选择与当天所穿的衣服同色系的颜色为强调色，涂抹于双眼皮褶皱线以内，会使眼睛显得立体而明亮，而且整体色彩搭配统一和谐。

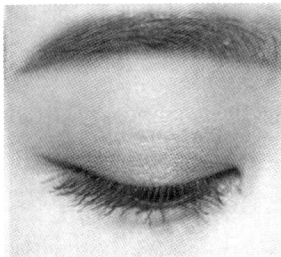

图 3-8　涂眼影

1.内双眼皮涂眼影的方法

先将亮色眼影涂在眼窝上，然后将暗色眼影涂抹在双眼皮内侧，最后在下眼睑据眼梢 1/3 处涂抹一层暗色眼影，与上眼皮暗色眼影自然衔接。

2.双眼皮涂眼影的方法

先将亮色眼影涂在眼窝上并在眼梢处稍稍延长，然后在眼边缘涂暗色眼影，注意要涂抹成在睁开眼睛时能够露出 1~2 毫米的亮度的样子。

### （八）画眼线

要紧贴睫毛根部画眼线，不要在外眼角处将眼线画得太长，太挑。眼线要淡，要细，尤其是下眼线。眼线画好后，可以用手指或棉签轻轻晕染开，使其产生自然柔和感。上下眼线的颜色要一致。眼线笔一般采用黑色，也可以使用棕色，如图 3-9 所示。

### （九）夹睫毛

眼睛往下看，将睫毛夹夹到睫毛根部，使睫毛夹与眼睑的弧线相吻合（夹时勿夹到眼皮）。第一次夹根部，第二次夹中段轻轻向上弯，第三次夹尾端，如图 3-10 所示。

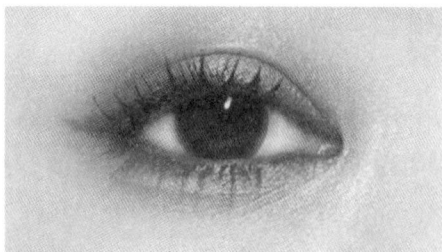

图 3-9　画眼线

图 3-10　夹睫毛

### （十）涂睫毛膏

👥 腮红的打法

涂睫毛膏能使眼睛炯炯有神，给人以精神焕发的感觉。涂睫毛膏时，眼睛稍微往下看。刷上睫毛时，横拿睫毛刷；刷下睫毛时，则将睫毛刷直拿，利用前端，刷上睫毛膏。

### （十一）抹腮红

腮红不能涂得太厚太多，要晕染开。腮红的颜色要与肤色和谐，与口红颜色一致，颜色不要过深，过艳，不然会显得很俗气，如图 3-11 所示。

👥 口红的涂法

### （十二）涂口红

涂口红可以加深嘴的轮廓，让脸部更加生动，富有魅力。口红的颜色要淡雅，可以采用浅红色、亮度较低地棕红色和比较淡的玫瑰色等，如图 3-12 所示。要避免用太艳丽、明亮的红色。

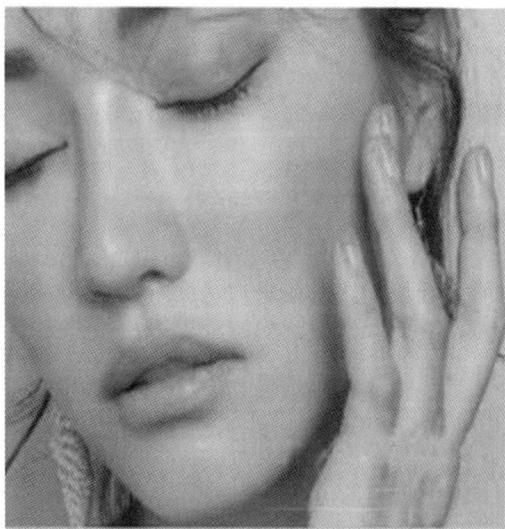

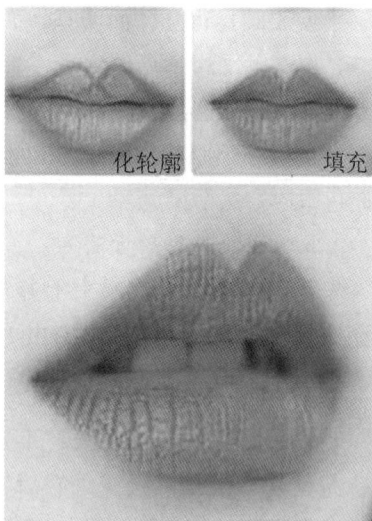

化轮廓　　　填充

图 3-11　抹腮红

图 3-12　涂口红

**礼仪小故事**

### 化妆的"三庭五眼"原则

"三庭五眼"是中国古代关于面容比例关系的一种概括,可作为化妆的着色定位参照尺度,强调的是整体和比例搭配的美学原则。

三庭:指脸的长度比例,把脸的长度分为 3 个等份,从前额发际线至眉骨,从眉骨至鼻底,从鼻底至下颌,各占脸长的 1/3,如图 3-13 所示。

五眼:指脸的宽度比例,以眼形长度为单位,把脸的宽度分成 5 个等份,从左侧发际至右侧发际,为 5 只眼形。两只眼睛之间有一只眼睛的间距,两眼外侧至侧发际各为一只眼睛的间距,如图 3-14 所示。

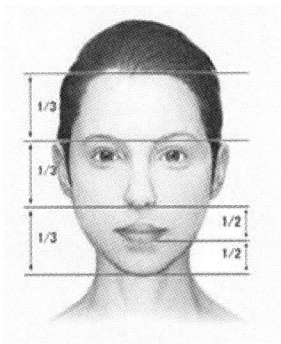

如图 3-13　"三庭"结构示意　　　　如图 3-14　"五眼"结构示意

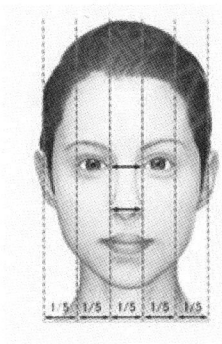

## 课堂讨论

1.为什么要提倡"女士参加社交活动要化妆"?
2.和朋友会面,发现朋友的妆花了,你会怎么处理?

## 课后练习

1.请尝试正确的洗脸方法,并分享这种方法带来的效果。
2.请检查自己的护肤用品选择的是否恰当,并改造。
3.请确定自己的脸型是否符合"三庭五眼"规律。如果不符合,请选择合适的化妆或发型进行美化。

## 学习拓展

1.在网上收集与自己肤质相匹配的护肤产品。
2.观看相关职业妆容教程的视频。

第四章

CHAPTER 4

# 职业仪态设计

　　仪态，又称"体态"，是指人的身体姿态和风度。姿态是身体所表现的样子，风度则是内在气质的外在表现。人的一举手、一投足、一弯腰乃至一颦一笑，并非偶然的随意的，这些行为举止自成体系，像有声语言那样具有一定的规律，并具有传情达意的功能。人们可以通过自己的仪态向他人传递个人的学识与修养，并能够以其交流思想、表达感情。正如艺术家达·芬奇所说："从仪态了解人的内心世界、把握人的本来面目，往往具有相当的准确性和可靠性。"通过本章学习，学会理解、掌握并灵活运用仪态这类无声语言，对我们认识自己、了解他人有着特殊的意义。

▶ **学习目标**

1. 了解个人仪态的重要性。

2. 掌握站姿、坐姿、走姿、蹲姿等训练要点。

3. 掌握手势、表情训练要点。

# 第一节　站姿

　　站姿指人的双腿在直立静止状态下呈现出的姿势，是一切姿态的基础，一个人想要表现出得体优雅的姿态，首先要从规范的站姿开始。优美、典雅的站姿是一种静态美，是仪态美的核心和基础，也是一个人良好气质和风度的展现。

## 一、标准站姿

标准站姿需做到"九点法"的规范要求。

（1）头正。让面部朝向正前方，下颌微收，两眼平视前方，表情自然，面带微笑。

（2）颈直。脖颈挺直，好像有直线在头顶往上拉的感觉。

（3）肩平。两肩向后打开，注意不能耸肩，保持放松。

（4）胸挺。胸部挺起。

（5）腹收。做深呼吸，使腹部肌肉紧张起来。再轻轻将气体呼出，但腹部肌肉还要保持收紧，不能松懈。

（6）臀紧。臀部向内向上收紧。

（7）膝提。膝盖绷直，好像向上提的感觉。

（8）腿并。两腿立直，贴紧。

（9）双脚成V字形。脚后跟并拢，脚尖打开成V字形，打开的角度以能容下自己一个拳头大小为宜。如图4-1所示。

图 4-1　标准站姿

按照以上要领站好后，从侧面看，头部、肩部、上体与下肢应该在一条垂线上。从正面看，应该保持头正、肩平、收腹、身体直立，两臂自然下垂。这样做会给人带来挺拔、稳重、美好的感觉。还要经常检查自己的站姿是否符合上述要领，及时纠正不良的姿态，将良好正确的站姿保持下去。

## 二、女士规范站姿

### （一）直立式站姿

这是最基本的站姿，要求上半身挺胸、立腰、收腹、精神饱满，双肩平齐、舒展，双臂自然下垂，双手放在身体两侧，中指贴于裤缝或裙缝。头正，两眼平视，嘴微闭，下颌微收，面带笑容；下半身双腿应靠拢，双脚并拢。这种站姿适用于庄重严肃的场合。

### （二）前搭手式站姿

女士站立时，要将双手四指并拢，右手在外，左手在内，将右手食指处于左手指的指根处，并双手拇指交叉放于手心，双臂自然下垂，置于腹前，注意收紧小腹，手与小腹之间应有1厘米左右的距离，如图4-2所示。

图 4-2　前搭式站姿

### （三）仪式手式站姿

仪式手式站姿属于女士在仪式场合所用的一种站姿。女士在前搭式手位的基础上，将双臂向上提，让双手拇指的交叉点置于肚脐，两肘与上体处于一个平面。在标准站姿脚位的基础上，左脚不动，脚尖继续朝向正前方，将右脚往后撤，使右脚的足弓处于左脚的脚后跟，两脚脚尖分开 30 度，形成女士丁字脚位。最后保持后背挺直，身体立直，挺胸抬头，下颌微收，双目平视，如图 4-3 所示。

图 4-3　仪式手式站姿

## 三、男士规范站姿

### （一）直立式站姿

直立式站姿是最基本的站姿。它要求上半身挺胸、立腰、收腹、精神饱满，双肩平齐、舒展，双臂自然下垂，双手放在身体两侧，头正，两眼平视，嘴微闭，下颌微收，面带笑容；下半身双腿平行分开，但分开宽度不超过肩的宽度，身体重心落在两脚中间。采用这种站姿显得自信、自然，一般用于参加企业的重要庆典、聆听贵宾的讲话、商务谈判后的合影等正式的场合，如图4-4所示。

图 4-4　直立式站姿

## （二）前搭手式站姿

男士站立时，要将右手半握拳，左手五指并拢搭于右手背处，需要注意精确到我们左手的小指处于右手的指根处，不要抓到手腕上来，双手自然下垂在小腹前。然后我们把双脚打开，不能超过肩宽，保持后背挺直，身体立直，挺胸抬头、下颌微收、双目平视。这种站姿，能很好地体现职业人谦恭和严谨地形象，适合在工作中与客户和同事交流时使用，如图4-5所示。

图 4-5　前搭手式站姿

### （三）后搭式站姿

男士在标准站姿的基础上，右手握虚拳放在身后，左手轻握右手手背，自然搭放于尾骨处，然后把双脚打开，不能超过肩宽，保持后背挺直，身体立直，挺胸抬头、下颌微收、双目平视。这种站姿可以给人权威与英姿飒爽的感觉，如图4-6所示。

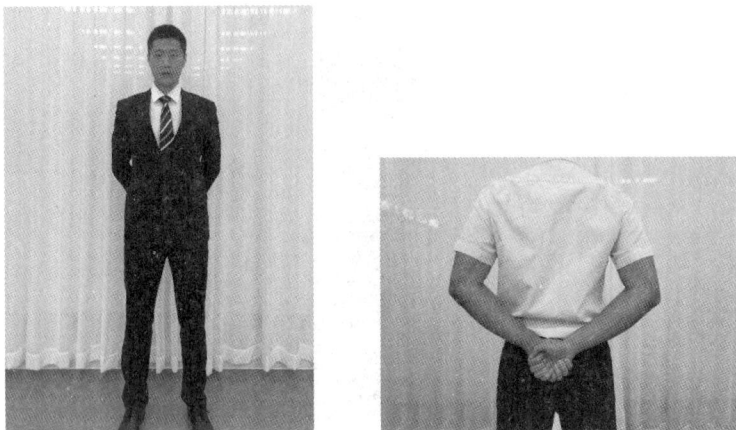

图4-6　后搭手式站姿

## 四、有效的站姿训练

### （一）九点靠墙站立

后脑、双肩、臀、小腿、脚跟九点紧靠墙面，并由下往上逐步确认姿势要领。脚跟并拢，脚尖分开不超过45度，两膝并拢。立腰、收腹，使腹部肌肉有紧绷的感觉；收紧臀肌，感觉整个身体在向上延伸。平视、面带微笑。

### （二）顶书站立

将书放于头顶，头、躯体保持自然平衡。该方法可纠正仰脸、低头、歪头及左顾右盼的毛病，如图4-7所示。

图4-7　站姿训练

站姿是仪态举止的基础。训练好站姿，可以使仪态举止更加优雅，站姿训练应当是科学的、积极的、循序渐进的。练习站立，更容易培养人们多方面的素质。每次坚持 15 分钟左右，养成习惯。可配以音乐，使人心情愉快，也能够减少疲劳。

（三）特别提示

（1）为了使站姿规范、完美，还可以配合健美训练，通过科学而系统的训练，可以增强体质、改善形体和姿态，陶冶情操。站姿训练要靠日积月累，除了坚持训练外，在日常生活中，应处处自觉地要求自己保持正确的站姿。长此以往，形成习惯，才能真正做到站姿优美。

（2）在站姿的训练中，如果双膝无法并拢，可以继续努力收紧臀肌，不断地训练会使双腿间的缝隙逐步减小，最终拥有笔直的双腿，收到满意的效果。

（3）坚持每天训练 20 分钟！刚开始你可能会汗流浃背，难以坚持。7 天后，你一定能领略它带来的神奇改变——健康、明媚、挺拔、自信。

## 五、站姿的禁忌

每个人在公共场合出现时都应该遵守站姿的规范。不良的站姿要么姿态不雅，要么有失敬人之意。下列不良站姿应当禁止。

第一，体位不正。在站立时如果身体东倒西歪，不仅破坏人体线条的优美，而且还会给人以消沉颓废、萎靡不振、自由放纵的感觉，有损个人形象。

第二，浑身乱动。长时间站立，身体可以稍做体位变动，但不可过于频繁，浑身上下乱动不止的情况更要避免。手臂挥来挥去，身躯扭来扭去，腿脚抖来抖去，都会使站姿变得非常难看。

第三，双腿大叉。无论何种站姿，站立时双腿分开的幅度应越小越好。在可能的情况下，双腿并拢最好。即使分开，双腿的距离也不可超过肩部的宽度，切勿在他人面前双腿叉开过大，女士尤其应当谨记，如图 4-8 所示。

图 4-8　不良站姿

**背手问好并不礼貌**

住在宾馆的董经理外出后回到客房，走出电梯时，有一位女服务员倒背着双手，面带微笑地向他问好。董经理也很客气地答复了服务员的问候，但感觉总是怪怪的。

# 第二节　坐姿

## 一、基本坐姿

坐姿是指人在就座以后身体所保持的一种姿势，其基本要求是端正、稳重、自然、亲切，给人一种舒适感。"坐如钟"是说人的坐姿应该保持头正、腰背挺直、肩放松的状态。基本坐姿也称为正襟危坐式坐姿，其基本要领为：上身与大腿、大腿与小腿，小腿与地面，都应保持直角，女士应双膝并拢，男士双膝、双脚并拢或双腿有一拳距离。女士双手掌心向下相叠（右手在上，左手在下）轻放在腿面上，男士双手放在膝盖上，手指并拢。

## 二、女士坐姿

女士坐姿

**（一）标准坐姿**

上身直立，身体重心垂直向下，两腿相靠，两脚并拢，双手自然相握叠放于大腿之间，上体与大腿成第一个90度，大腿和小腿成第二个90度，这种坐姿一般用于比较庄重严肃的场合。

**（二）交叠式坐姿**

在标准坐姿的基础上，一只脚垂直于地面，另一只向后撤与这只脚的脚踝交叠在一起。这种坐姿适合于各种正式场合。

**（三）开关式坐姿**

在标准坐姿的基础上，让自己的一只脚向前移半步，脚掌着地，另一只脚向后移半步，脚掌着地。两只脚的脚尖略向外侧打开。这种坐姿适合于各种正式场合。

**（四）侧放式坐姿**

在标准坐姿的基础上，两脚并拢，平行斜放于一侧，这种坐姿适用于社交场合，在比较重要的场合，这是女性最得体、最优美的坐姿，如图4-9所示。

| 标准坐姿 | 交叠式坐姿 | 开关式坐姿 | 侧放式坐姿 |

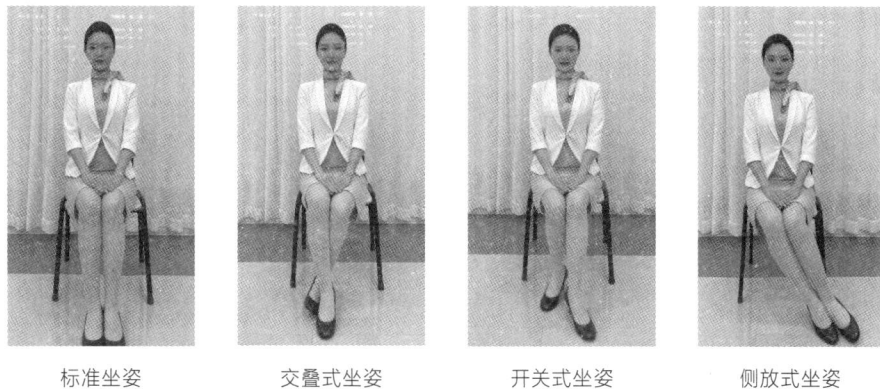

图 4-9　女士的几种坐姿

## 三、男士坐姿

### （一）标准式坐姿

上身正直上挺，双肩平正，两手放在两腿或扶手上，双膝打开不超过肩宽，小腿垂直地落在地面，如图 4-10 所示。

### （二）重叠式坐姿

右腿叠在左腿膝上部，右小腿内收、贴向左腿，脚尖自然地向下垂，如图 4-11 所示。

图 4-10　标准式坐姿　　　　图 4-11　重叠式坐姿

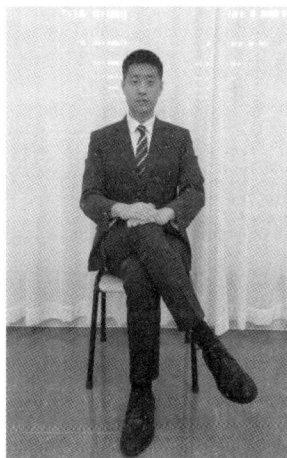

**案例**

### 被抖掉的生意

老王是某大型外贸企业的董事长，有一家前景不错的公司想与老王的公司合作。与对方约好了洽谈时间与地点后，老王带着秘书如期而至，经过近半小时的洽谈之后，老王做出了这样的决定：不和这家公司合作。

为什么还没有深入洽谈，老王就放弃和该公司合作？秘书觉得很困惑。

老王回答说："对方很有诚意，前景也很好，但是和我谈判时，不时地抖动他的双腿，我觉得还没有跟他合作，我的财富就都被他抖掉了。"

## 四、坐姿的要领

坐姿中最重要的是膝盖的位置。无论采取哪一种坐法，双膝都要紧靠在一起。除了注意腿、脚的摆放外，手和臂的摆放姿势也很重要。除两臂自然弯曲内收、两手呈握指式放于腹前外，还可以根据坐姿的变化，将两手呈握指式放于一腿上。若椅子有扶手，女士可将两手重叠或呈握指式放于扶手上，也可以一手放在扶手上，掌心向下，另一只手横放在双腿上。男士可以双手掌心向下放在扶手上。若前面有桌子，可以将两臂弯曲，双手相握放在桌子上。

无论采用哪种坐姿，都不要满坐。与德高望重的长辈、上级谈话时，为表示尊重、敬意，可坐椅面的1/3，越是软的椅子或沙发，越不可满坐，否则人就会整个陷进去。但也不可坐得太靠前，坐满2/3即可。总之，坐下时不能太松懈，腰要立，上身要保持正直。与人谈话时要目视对方。若对方不是与你对面而坐，而是有一定角度或坐于你的一侧，那么你的上体和腿应同时转向一侧，面对对方。

## 五、坐姿的禁忌

第一，上身不直。入座之后，上身不应前倾后仰，歪向一侧，或趴伏在桌椅上。

第二，双手乱动。入座之后，双手要尽量减少不必要的动作。不应双手端臂，双手抱住膝盖，双手抱于脑后，摸腿、摸脚，将手夹在腿中间。不要用手敲打身前的桌子，不要将手肘支于桌上，或将双手放在桌下。

第三，头部乱晃。入座之后，不应将头靠在座位背上，或是低头注视地面。左顾右盼、闭目养神、摇头晃脑都在禁忌之列。

第四，腿部乱摇。入座之后，腿部不可叉开过大，不要将双腿直伸出去，不要将双腿架在高处，不要反复摇晃抖动双腿，不要在尊长面前架二郎腿。

第五，脚部失态。入座之后，不要将脚抬得过高，使对方看到鞋底；不要以脚尖指向他人；不要蹬踏他物；更不要用脚自脱鞋袜，或用手摸脚。

**孟子欲休妻**

　　孟子妻独居，踞，孟子入户视之，向母其曰："妇无礼，请去之。"母曰："何也？"曰："踞。"其母曰："何知之？"孟子曰："我亲见之。"母曰："乃汝无礼也，非妇无礼。《礼》不云乎？将入门，问孰存。将上堂，声必扬。将入户，视必下。不掩人不备也。今汝往燕私之处，入户不有声，令人踞而视之，是汝之无礼也，非妇无礼。"于是孟子自责，不敢去妇。

# 第三节　走姿

　　走姿是指人们在行走过程中的姿势，也称步姿、行姿。它以站姿为基础，始终处于运动中。每个人都是一个流动的造型体，优雅、稳健、敏捷的走姿，会给人以美的感受，产生感染力，反映出积极向上的精神状态。

## 一、走姿的要求

　　走姿的基本要求是轻松、矫健、优美、匀速。正确走姿是以端正的站立姿势为基础，通过四肢和髋部的运动，以大关节带动小关节，使身体移动。正确走姿的要领是：头正肩平，挺胸收腹，立腰直背；起步前倾，重心在前；脚尖前伸，步幅适中；双肩平稳，两臂摆动；全身协调，匀速前进。同时还要注意步位、步速、步度、步高和摆臂。

　　（一）步位

　　步位是指两脚落到地面的位置。男子行走，两脚跟交替前进在两条平行线上，两脚尖稍外展。女子行走，两脚内侧落在一条线上，脚尖正对前方，形成"一"字步，以显优美。

　　（二）步度

　　步度是指跨步时两脚间的距离，大约为一只脚长或一只半脚长，即前脚的脚跟距后脚的脚尖以相距一只脚或一只半脚的长度为宜。步度的大小跟服饰与鞋有一定的关系。男子穿西装时，行走的步幅可以略微大些，以体现出挺拔、优雅的风度；女子穿旗袍和高跟鞋时，步度应小些，否则旗袍开衩过大，露出大腿，显得不够文雅；女子穿长裙行走时要平稳，步度可稍微大些，显得飘逸、潇洒。

　　（三）步高

　　步高是指行走时双脚抬起的高度。行走时步高要适宜。

## （四）步速

步速是指行走的速度。男子每分钟 108~110 步，女子每分钟 118~120 步。遇有紧急事情，可以加快步速，但尽量不要奔跑，否则有失优雅。

## （五）摆臂

摆臂时，手臂向前，距离身体为 30° 左右，向后距离身体为 15° 左右，摆臂的时候需要注意双臂不要向外甩。

我们在日常行走中时刻注意步位、步高、步度、步速和摆臂这 5 个方面的规范，相信大家一定能够走出自信大方的气质。

**礼仪小常识**

### 步行快慢在心理学上的解释

心理学家发现：走路时，步幅大，步子有弹性，方向感强，摆动手臂，能显示一个人的自信、快乐和精力充沛。走路时，步幅小，速度时快时慢，缺乏方向感，不摆动手臂，则相反。女性走路时，手臂摆得越高，越能显示她的自信和快乐。沮丧、苦闷、恼怒、思绪混乱时，人很少摆动手臂。

# 二、走姿的禁忌

第一，抢道先行。行进时，应注意方便和照顾他人，在人多路窄的地方务必要讲究"先来后到"，对他人礼让三分。

第二，声响过大。走路时，要有意识地不发出过大声响。在行走时用力过猛、弄得声响太大，就会妨碍他人。

第三，步态不雅。在行走时，走成"八字步"或"鸭子步"，都非常不雅。像低头驼背、摇头晃脑、肩部晃动、扭腰摆臀、左顾右盼等现象在行走中都不应该出现。

**礼仪小故事**

### 周总理第一次亮相的魅力走姿

1954 年，日内瓦会议上，周恩来第一次亮相国际舞台，总理带来的绝对是超乎想象的精彩。看当时照片，那种自信和傲视一切的动作和走姿就连当今好莱坞的影帝也模仿不出来！他能走出那样的雄姿是因为他身后有祖国这一坚强的后盾。那种气势，那种矫健，那种稳重，那种自信，那种在不经意之间散发出来的傲气令所有人都忍不住望过去，被他所吸引，为他而着迷，这就是我们总理的魅力所在！

# 第四节　蹲姿

下蹲的时间虽然不多，但下蹲姿势特别显示一个人的风度、形象和教养。稍有不慎，特别是穿裙子的女性很容易"走光"，所以要特别注意。

## 一、正确蹲姿

（1）正确的蹲姿要求。

（2）下蹲拾物时，应自然、得体、大方，不遮遮掩掩。

（3）下蹲时，两腿合力支撑身体，避免滑倒。

（4）下蹲时，应使头、胸、膝关节在一个角度上，使蹲姿优美。

（5）女士无论采用哪种蹲姿，都要将腿靠紧，臀部向下。

## 二、交叉式蹲姿

交叉式蹲姿适用于女性，尤其是穿短裙的人员，它的特点是造型优美高雅，基本特征是蹲下后双腿交叉在一起。

这种蹲姿的要求是：以左脚侧前为例，左脚置于右脚的右前侧，上体保持与地面垂直并下沉，以左手手背抚裙，左脚小腿垂直于地面，右脚后脚脚跟提起，并使臀部落在小腿上。将右手搭在左手上，放于高位腿的大腿上，然后将膝盖并拢，如图4-12所示。

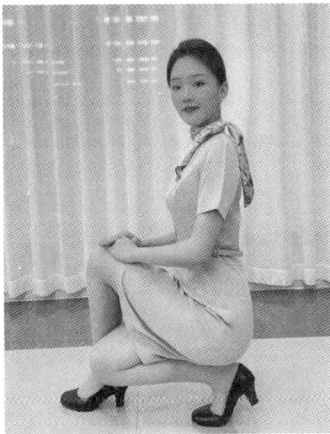

图 4-12　交叉式坐姿

## 三、高低式蹲姿

### （一）男士高低式蹲姿

以左脚侧前为例，男士下蹲时左脚在前，右脚稍后，两腿靠紧向下蹲。左脚全脚着地，小腿垂直于地面，右脚脚跟提起，脚掌着地。

### （二）女士高低式蹲姿

以左脚为例，身体向左侧身45度，左脚向后撤一步，上体保持与地面垂直并下沉，同时以左手手背抚裙，前脚脚掌落地，小腿垂直于地面，后脚脚跟提起，并使臀部落在小腿上。将右手搭在左手上，放于高位腿的大腿上，最后将膝盖并拢。起身时要保持上体与地面垂直，将身体转向正前方，如图4-13所示。

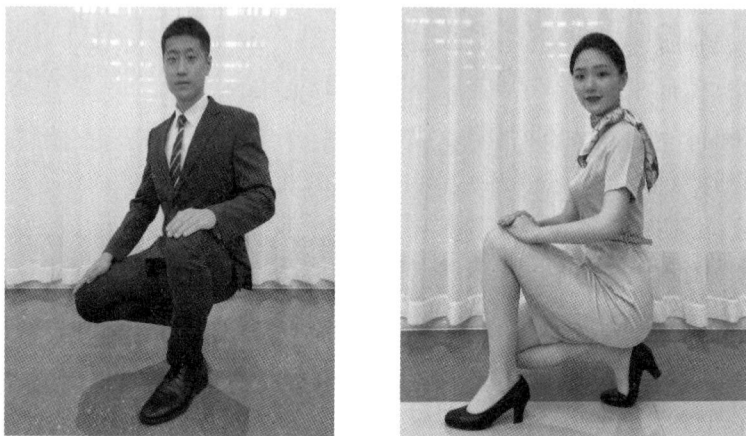

图4-13 高低式蹲姿

## 四、蹲姿的禁忌

第一，不要突然下蹲。蹲下来的时候，不要速度过快。当自己在行进中需要下蹲时，要特别注意这一点。

第二，不要离人太近。在下蹲时，应和身边的人保持一定距离。和他人同时下蹲时，更不能忽略双方的距离，以防彼此"迎头相撞"或发生其他误会。

第三，不要方位失当。在他人身边下蹲时，最好是和他人侧身相向。正面他人或者背对他人下蹲，通常都是不礼貌的。

第四，不要毫无遮掩。在大庭广众面前，尤其是身着裙装的女士，一定要避免下身毫无遮掩的情况，特别是要防止大腿叉开。

第五，不能蹲在凳子或椅子上。有些人有蹲在凳子或椅子上的生活习惯，但是在公共场合这么做的话，是不能被接受的。

**案例**

### 弯腰失风采

张小姐是总经理办公室秘书，年轻、貌美、积极热情，因此深得公司管理层的赞许。有一次，公司来了一位重要的客户，总经理跟他在办公室洽谈。

不久，会谈结束，总经理叫张小姐准备一份合同文件。不料，张小姐在推开门时，把文件撒了一地。张小姐没有多想，赶紧弯下腰去收拾文件，而她那向后翘起的臀部令客人感到非常不好意思。

<h1 style="text-align:center">第五节　手势</h1>

手势是日常生活中必不可少的动作，也是一种灵活方便的体态语言。它不仅对口头语言起到加强、说明、解释等辅助作用，而且还能表达某些口头语言所无法表达的内容和情绪。正如古罗马政治家西赛罗所说："一切心理活动都伴有指手画脚的动作，手势恰如人体的一种语言，这种语言甚至连野蛮人都能理解。"手的动作非常丰富，就如同人的第二张脸一样。手势的美是一种动态的美，优美的手势能够让你成为一位"手美人"。

## 一、手势的基本规范

手势的标准是：四指并拢，拇指略内收，不要紧贴在食指上，掌心向斜上方，手掌和地面形成135°，手掌与前臂形成直线，并平行于地面，再让小臂和大臂的肘部呈弧线，肘部关节不要有过于明显的凸起，肘部和身体要形成三拳的距离。使用手势时必须遵守规范、适度的原则，不宜过多，幅度不宜过大。使用手势的动作规律是：欲扬先抑，欲左先右，欲上先下。运用手势的曲线宜软不宜硬，速度不能太快。要注意手势与面部表情和身体其他部位的配合，上体略前倾，注视他人，面带微笑，这样才能真正体现出尊重和礼貌。

## 二、引导手势

在引导宾客时，我们通常会用手势来引导。常用的手势有3种，分别是低位手势、中位手势和高位手势。用手势时还需要说出礼貌用语（"这边请""请坐""在那边"等）。身体侧向宾客，目光兼顾来宾和所指方向。

### （一）低位手势

身体略向前倾15°，手臂伸直从身体一侧抬起，手指不低于髋部，指向目标方向，眼神不需要盯着自己的手掌，望向手指的这个方向即可。适用于请人入座，请来宾入座等。

### （二）中位手势

身体直立，左手手臂自然下垂，将右臂从体侧抬起，注意自己的手臂与上体是在一个平面上，四指并拢，拇指略内收，不要紧贴在食指上让手掌和地面形成135°，小臂平行于地面，小臂和大臂的肘部呈弧线，肘部关节不要有过于明显的凸起，肘部和身体要形成3拳的距离。指尖指向被引导或指示的方向，适用于指示方向。

### （三）高位手势

在中位手势上，手臂抬高，指尖高度与头顶要保持在一条平行线上。适用于指示较远的方向。

低位、中位、高位等引导手势如图4-14所示。

低位手势（请坐）　　　　中位手势（这边请）　　　　高位手势（在那边）

图4-14　低位、中位、高位引导手势

## 三、不同手势的含义

### （一）"OK"形手势

"OK"形手势在我国表示数字"3"或"可以"，在英国、美国表示"同意""顺利"，在日本却表示钱，在法国表示数字"0"或"没有"。

### （二）竖起大拇指

竖起大拇指通常表示"好""了不起"，多用于表扬。另外，在英美等国表示搭车，在意大利表示数字"1"，在希腊表示"够了""让对方滚蛋"。拇指向下一般表示"厌恶"。

**案例**

### 丧失友谊的手势

一位美国工程师被公司派遣到他们在德国收购的一家分公司。一天，一位德国工程师向这位美国工程师提出改善新机器的建议时，这个美国工程师便用美国的"OK"手势给予回答。没想到德国工程师放下工具就走，并拒绝和这位美国人做进一步交流。后来这个美国工程师从一位主管那里理解到，他的那个"OK"手势在德国人眼中是极具冒犯和侮辱性的。

### （三）竖起食指

竖起食指一般表示数字"1"，在法国表示"请求提问"，在新加坡表示"最重要"，在澳大利亚表示"请再来一杯酒"。如果食指到嘴唇，表示"请保持安静"。

### （四）V形手势

V形手势在我国表示数字"2"，在英美等英语为母语的国家表示"胜利"，这个"胜利"手势有全球化的趋势。但是当掌心向内时，表示侮辱人的意思。

**礼仪小故事**

#### V形手势的渊源

V字形手势表示英文victory（胜利）的第一个字母V。

二战期间，德国法西斯侵入西欧各国，许多人纷纷流亡英国。当时有一位叫维克多·德拉维利的比利时人，每天利用电台向比利时进行广播，号召同胞们奋起抗击德国入侵军。

1940年末的一天晚上，他在广播里号召人们到处书写V字，以表示对胜利的坚定信心。几天时间里，在比利时首都布鲁塞尔和其他城市的大街小巷，甚至在德军军营、岗楼和纳粹军官的住宅里，都出现了V字。

由于形式简单明了，V字很快流传到欧洲各沦陷区，用这种无言的方式，表达自己的心愿，成为当时的一种时尚。当时英国首相丘吉尔，也常常做这个手势激励国民。

### （五）禁忌

忌用食指指人，或掌心向上，用弯曲的手指召唤人。社交场合不宜出现的手势有：搔头、掏耳朵、抠鼻子、擤鼻涕、拭眼泪、剔牙齿、修指甲、咬指甲、用手捂嘴、用手指在桌上乱写乱画、玩笔等。

# 第六节　表情

表情是人体语言最丰富的部分，人们通过喜、怒、哀、乐等面部形态的变化来表达内心的情感世界。美国心理学家艾伯特·梅拉比安把人传达信息的效果总结了一个公式：信息的传达＝语言（7%）＋声音（38%）＋表情（55%）。在人际交往中，每个人几乎时时刻刻都在运用面部表情交流信息或表达感情。

构成表情的主要因素包括眼神和微笑。

# 一、眼神

眼睛是心灵的窗口，能表达复杂、微妙、细腻、深邃的感情。它能真实地反映人的内心思想感情和思维活动。

眼神应保持坦然、和善、热情、乐观。冷漠、傲慢、贪婪的眼神都是不健康的，也是不会被他人接受的，只能使别人在内心产生抵触情绪；左顾右盼、挤眉弄眼、用白眼或斜眼看人，是不礼貌的。

## （一）注视角度

在注视他人时，角度能够反映与交往对象的亲疏程度。

（1）平视，也叫正视，即视线呈水平状态。一般用于普通场合与身份、地位平等的人进行交往，表达平等、自信、坦率的含义。正视别人是一种最起码的礼貌。

（2）仰视，即目光向上注视他人，表达尊重、敬畏、期待的含义，一般用于面对尊长之时。

（3）俯视，即目光向下注视他人。它可以表示对晚辈的宽容、怜爱，也可以表示对他人的轻蔑、歧视。

## （二）注视位置

在人际交往中，注视他人的位置不同，说明自己的态度不同，也说明双方的关系不同。在不同的场景下应注视不同的位置。

（1）公务注视区。目光注视的部位是以对方的双眼为底线、额头为顶点的三角形区域。一直注视这一区域，给人以严肃、认真的感觉，适用于谈判、磋商等公务场合。

（2）社交注视区。目光注视的部位是以对方的双眼为底线、唇心为顶点的倒三角形区域。这种注视令人感到舒服、有礼貌，能营造一种和谐的社交氛围，适用于各种社交场合。

（3）亲密注视区。目光注视的部位应该在对方双眼到胸部之间的区域，适用于亲人、恋人之间的注视区域。

目光注视区域，如图 4-15 所示。

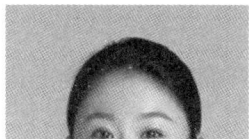

公务注视区 社交注视区 亲密注视区

图 4-15　目光注视区域

### （三）注视时间

在交往中，注视时间的长短反映了对交往对象的态度。心理学家的研究表明，人们目光接触的时间通常占交往时间的 30%~60%。如果超过 60%，表示对对方的兴趣可能大于谈话；若低于 30%，则表明对对方或对谈论的话题不感兴趣；若完全不看对方，则表示听者或是自卑、紧张，或是心中有鬼，不愿让对方看到自己的心理活动，或者是表示对对方的漠视。

在交谈过程中，目光连续接触的时间一般为 1~2 秒，注视时间太短，会让人感到受漠视；注视时间过长，会令人觉得不自在，有一种被侵犯的感觉。

**案例**

#### 面试中的眼神

在复旦大学举行的一次模拟面试中，13 位选手并坐一排，面对 4 位资深面试官，台下有近百名现场观众。

不久，面试官之一的通用电气 FMP 项目（Financial Management Program，账务管理项目）的主管王女士指出：一些选手在回答问题时眼睛总是环顾四周。因此，她提醒同学们，在正式面试时，一定要注意眼神交流，这不仅表示互相尊重，更是坦然无惧地体现。

## 二、微笑

在日常交往中，微笑是交流的"润滑剂"，是善良、友好、赞美的表示。在大多数交往场合中，微笑都是礼仪的基础。亲切、温馨的微笑能使人们迅速缩小彼此间的心理距离，创造出交流与沟通的良好氛围。每年的 5 月 8 日为世界微笑日，这是世界精神卫生组织在 1948 年确立的唯一一个庆祝人类行为表情的节日。

### （一）微笑的作用

微笑是一种令人感觉愉快的面部表情，展示着你的诚意，象征着你的友善，即刻会缩短你与对方的心理距离，为沟通和交往营造出和谐的氛围。具体作用如下。

（1）表现心境良好。面露平和欢愉的微笑，说明心情愉快，充实满足，乐观向上，善待人生，这样的人才会产生吸引别人的魅力。

（2）表现充满自信。面带微笑，表明对自己的能力有充分的信心，以不卑不亢的态度与人交往，使人产生信任感，容易被别人真正地接受。

（3）表现真诚友善。微笑反映自己心底坦荡，善良友好，待人真心实意，而非虚情假意，人在与其交往中自然放松，不知不觉地缩短了心理距离。

（4）表现乐业敬业。工作岗位上保持微笑，说明热爱本职工作，乐于恪尽职守。如在服务岗位，微笑更是可以创造一种和谐融洽的气氛，让服务对象倍感愉快和温暖。

**案例**

### 用微笑开启成功之门

原一平是日本历史上签下保单最多的保险推销员。身高1.45米，其貌不扬的他为什么能取得如此骄人的成绩呢？

在当保险推销员的最初半年里，他没有为公司拉来一份保单。他没钱坐车，没钱吃饭，没钱租房，每天清晨从公园的长椅上"起床"他就向每一个他所碰到的人微笑。终于有一天，一个常去公园的大老板对原一平的微笑发生了兴趣，他不明白一个吃不饱饭的人为什么总是那么快乐，于是便和他交谈起来，最终被原一平的微笑所感动，愉快地答应买下一份保单，这是原一平做成的第一笔业务。后来，这位大老板又把原一平介绍给自己商场上的朋友，原一平的微笑感染了越来越多的人，他的业务越做越大，终于在日本创下了保险业务的最高纪录。

原一平成功的秘诀，就是不管在任何环境下都保持微笑。

请思考：生活中，你的微笑有没有帮助你获得成功？

真正的微笑应发自内心，渗透着自己的情感，表里如一，毫无包装或适当的微笑才有感染力，才能被视作"参与社交的通行证"，如图4-16所示。

微笑操

图4-16　标准的微笑

### （二）微笑训练

（1）对着镜子训练，对着镜子微笑，首先找出自己最满意的笑容，然后不断地坚持训练此笑容，从不习惯到习惯微笑。

（2）情绪记忆法，将生活中自己最好的情绪储存在记忆中，当需要微笑时，即调动起最好情绪，这时脸上就会露出笑容。

（3）借助一些字词进行口形训练，微笑的口形为闭唇或微启唇，两唇角微向上翘。可借助一些字词发音时的口形来进行训练。如普通话中的"茄子""田七""cheese""钱"等，当默念这些字词时所形成的口形正好是微笑的最佳口形。

（4）说"E——"，让嘴的两端朝后缩，微张双唇；轻轻浅笑，减弱"E——"的程度，这时可感觉到颧骨被拉向斜后上方；相同的动作反复几次，直到感觉自然为止。

### （三）微笑三结合

通常，一个人在微笑时，应当目光柔和，双眼微略睁大，眉头自然舒展，微微向上扬起，鼻翼张开，脸肌收拢，嘴角上翘，做到嘴笑、眼笑、心笑，才会自然亲切，打动人心。

（1）嘴笑。嘴笑是面含笑意，但笑容不甚显著。一般情况下，人在微笑之时，是不闻其笑声，先放松自己的面部肌肉，然后嘴角微微上翘，嘴唇略呈弧形。最后，在不牵动鼻子、不发出笑声、不露出牙龈的前提下，轻轻一笑，露出上面6~8颗牙齿。

（2）眼笑。在微笑的时候，眼睛也要"微笑"，否则，给人的感觉是"皮笑肉不笑"。

（3）心笑。微笑时要力求表里如一。真正的微笑，理当具有丰富而有力度的内涵。它应当渗透着一定的情感，在微笑时，内心是高兴的，充满喜悦之情，这样的微笑才具有感染力，这就是所谓笑中有情，以笑传情。

**礼仪小故事**

#### 微笑换得生命

在西班牙内战时，一位国际纵队的普通军官不幸被俘，并被投进了阴森冰冷的单人监牢。

在即将被处死的前夜，他搜遍全身竟发现半截皱皱巴巴的香烟，很想吸上几口，以缓解临死前的恐惧，可是他发现自己没有火。在他的再三请求之下，铁窗外那个木偶式的士兵总算毫无表情地掏出火柴，划着火。当四目相对时，军官不由得向士兵送上了一丝微笑。令人惊奇的是，那士兵在几秒钟的发愣后，嘴角也不太自然地上翘了，最后竟也露出了微笑。后来两人开始了交谈，谈到了各自的故乡，谈到了各自的妻子和孩子，甚至还相互传看了珍藏的与家人的合影。

当曙色渐明，军官苦泪纵横时，那士兵竟然动了感情，并悄悄地放走了他。

微笑，沟通了两颗心灵，挽救了一条生命。

世界著名的希尔顿饭店的总经理希尔顿，每当遇到员工时，都要询问这样一句话：

"你今天对顾客微笑了没有？"他指出："饭店里第一流的设备重要，而第一流服务员的微笑更重要，如果缺少服务员的美好微笑，好比花园里失去了春日的太阳和春风。假如我是顾客，我宁愿住进虽然只有破旧地毯，却处处可见到微笑的饭店，而不愿走进只有一流设备而不见微笑的地方。"正是因为希尔顿深谙微笑的魅力，才使希尔顿饭店誉满全球。

近年来，日本许多公司员工都在业余时间参加"笑"的培训，他们认为这样可以增强企业内部凝聚力，改善对外服务，提高企业效益。根据日本传统，无论男人和女人，遇到高兴、悲伤或愤怒时，都必须学会控制情绪，以保持集体和睦。因为日本人认为藏而不露是一种美德。但自从日本经济进入衰退期后，生意越来越难做，商家竞争日趋激烈。为招揽顾客，日本商家，特别是零售业和服务业，新招迭出，其中之一就是让员工笑脸迎客。在今天的日本，数以百计的"微笑学校"应运而生。日本一些公司的员工一般在下班后去学校接受培训，时间为 90 分钟，连续受训一个星期。据称，经过微笑培训，日本不少公司的销售额"直线上升"。日本许多公司招工时，都把会不会"自然地微笑"作为一个重要条件。

## 课堂讨论

1.你有不良的习惯动作吗？这个动作是否影响了你的社交想象？
2.手势语在不同国家有哪些含义？

## 课后练习

1.读出下面的文字，看能否让你展露笑容：
三七二十一、我要喝七喜、茄子、田七、cheese。
2.按照教程要求练习站姿、坐姿、蹲姿、行姿、手势和表情。

## 学习拓展

1.观看金正昆关于个人形象方面的视频，通过视频了解相关的仪态设计。
2.阅读周思敏的著作《你的礼仪价值百万》。

第五章

CHAPTER 5

# 职业服饰设计

# 第一节　着装基本原则

## 一、着装的 TPO-R 原则

TPO-R 分别代表时间（time）、地点（place）、场合（occasion）和角色（role），一件
被认为美的、漂亮的服饰不一定适合所有的场合、时间、地点和角色。因此，我们在
着装时应该要考虑到这四方面的因素。

**（一）时间原则**

时间原则，即穿着要应时。着装不仅要考虑到早、中、晚时间的变化，春、夏、
秋、冬四季的不同变换，而且要注意时代要求，尽量避免穿着与时代格格不入的服装。

**（二）地点原则**

地点原则，则指环境原则。即不同的环境需要与之相适应的服饰打扮。如在运动
场上西装革履的人，往往给人矫揉造作、不合时宜的印象。所以，服饰选择是否符合
地点原则，直接影响着一个人的形象。

**（三）场合原则**

场合原则，则指场合气氛的原则，即着装应当与当时当地的气氛相融洽和协调。

在我们的一生中，场合基本上有 3 种类型。

第一，公务场合。如上班、庆典、谈判及公关场合等。公务场合要选择比较正式
的服装。

第二，社交场合。如舞会、音乐会、聚会、宴会等。适宜于社交场合的服装是礼服。

第三，休闲场合。如居家、散步、购物、健身等，休闲场合则要选择休闲装。

根据场合选择服装，才会产生美感。

### （四）角色原则

角色原则指身份原则，即着装应符合不同身份的需要。比如在公务场合，如果女士身着无袖上衣、超短裙，男子穿凉鞋，都会给人留下不太严肃的印象。

服饰的TPO-R原则的各要素是相互贯通、相辅相成的。人们在社交活动与工作中，总是会处于一个特定的时间、场合和地点中，因此在着装时，应考虑一下，穿什么、怎么穿？这是你踏入社会并取得成功的一个开端。

**案例**

　　小王和几个外国朋友相约周末一起聚会娱乐，为了表示对朋友的尊重，星期天一大早，小王就西服革履地打扮好，戴上漂亮的领结前去赴约。北京的8月天气酷热，他们来到一家酒店就餐，边吃边聊，不一会儿，小王已是汗流浃背，不停地用手帕擦汗。饭后，大家到娱乐厅打保龄球。在球场上，小王不断为朋友鼓掌叫好，在朋友的强烈要求下，小王勉强站起来整理好服装，拿起球做好投球准备，当他摆好姿势用力把球投出去时，只听到"嚓"的一声，上衣的袖子扯开了一个大口子，弄得小王十分尴尬。

## 二、整洁原则

整洁原则是指整齐干净的原则，这是服饰穿着的最基本原则。一个穿着整洁的人总能给人以积极向上的感觉，并且也表示出对交往对方的尊重和对社交活动的重视。整洁原则并不意味着时髦和高档，只要保持服饰的干净合体、全身整齐有致即可。

## 三、个性原则

个性原则是指社交场合树立个人形象的要求。不同的人由于年龄、性格、职业、文化素养等各方面的不同，自然就会形成各自不同的气质。我们在选择服装进行服饰打扮时，不仅要符合个人的气质，还要突现出自己美好气质的一面，为此，必须深入了解自我，正确认识自我，选择自己合适的服饰，这样，可以通过服饰尽显自己的风采。要使打扮富有个性，还要注意：一是不要盲目追赶时髦，因为最时髦的东西往往是最没有生命力的；二是要穿出自己的个性，不要盲目模仿别人，如看人家穿水桶裤好看，就马上跟风，而不考虑自己的综合因素。

目 东施效颦

"东施效颦"的故事告诉我们，要知道别人的魅力究竟源于何处，切不可自己缺乏条件而胡乱学样，必须了解自己的实际情况，展现出自己的魅力。不能别人穿什么，你也穿什么，要有自己的风格，自己的个性，衣着选择应该在主观爱好、气质修养、审美情趣的支配下进行。比如，同是领袖人物，周恩来同志在衣着上就有自己的风格。正式的场合，他经常穿身合体的中山装，纽扣总是一颗不漏地扣得整整齐齐，皮鞋也是擦得很亮，他在衣着上这种严谨、潇洒的风度，不仅具有鲜明的个性特征，而且还展示了中国人民的精神风貌。而处于战火中的巴勒斯坦解放运动领袖亚西尔·阿拉法特则是另外的风格，他在公共场合总是穿着草绿色的工作服，头戴阿拉伯人的方格头巾，腰后别着马格南左轮手枪。这种个性装束，不论在难民营，还是在国际讲坛上，都给人留下一种坚强不屈、战斗到底的印象。

总之，衣着有个性，即是衣服必须与你的身材的实际条件、你的气质、你的爱好等相匹配，否则，就好像你穿了一件别人的衣服。

## 四、协调原则

### （一）着装要与年龄、形体相协调

超短裙、白长袜在少女身上显得天真活泼。偏瘦和偏胖的人不宜穿过于紧身的衣服，以免欠美之处凸显。

### （二）着装要与职业身份相协调

行政、教育、卫生、金融、电信及服务等行业人士的服饰要求稳重、端庄、清爽，给人以可信赖感；公关小姐的服饰也不宜过分性感，否则会带来麻烦，甚至造成伤害；政治家、公众人物的服饰往往成为媒体关注的话题，更不可掉以轻心。

# 第二节　职业男士着装设计

形象专家有这样一句话："要想成为一个成功者，首先要使自己穿得像一个成功者"。所以着装对职业商务人士来说是十分重要的。

西装，又称西服、洋服。它起源于欧洲，目前是全世界最流行的一种服装，也是职场男士在正式场合着装的优先选择。西装的造型典雅高贵，它拥有开放适度的领部、宽阔舒展的肩部和略加收缩的腰部，穿在男士的身上，会使之显得英武矫健，风度翩翩，魅力十足。不过，俗话说："西装一半在做，一半在穿。"职场男士要想使自己所穿着的西装真正称心合意，就须在西装的选择、西装的穿法、西装的搭配3个主要方面遵守相关的职业男士着装规范。

## 一、正装西装的选择

### （一）面料

面料的选择应力求高档、挺阔，毛料应为西装首选的面料。纯毛、纯羊绒的面料，以及高比例含毛、含羊绒的毛涤混纺面料，皆可用作西装的面料。

### （二）色彩

在职场中，西装的色彩一般须显得庄重、正统，而不过于轻浮和随便。纯黑色西装在西方通常用于婚礼、葬礼及其他极为隆重的场合，而正式的职业场合最常使用西服套装颜色为深蓝色和深灰色（见图5-1）。穿西装时，应遵守"三色原则"，即衬衣、领带、腰带、鞋袜，一般不应超过3种颜色。

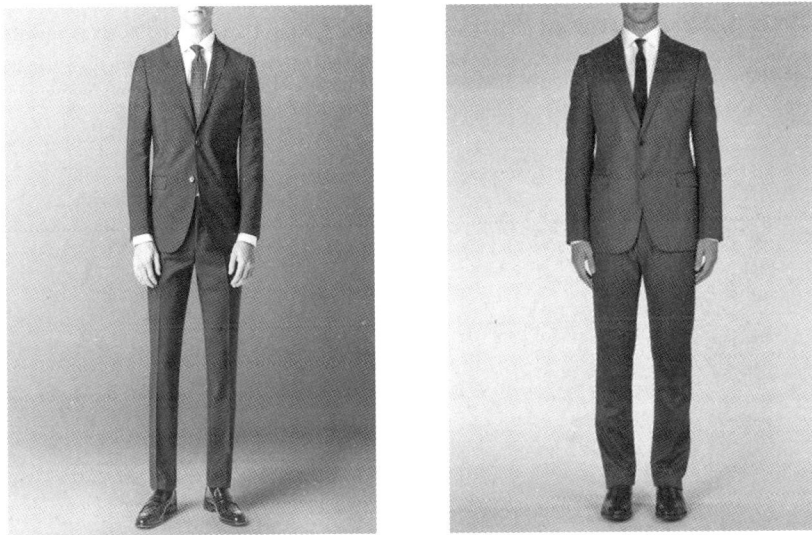

图 5-1　男士常用的职业套装

### （三）图案

职业男士推崇的是成熟、稳重的形象，西装一般以无图案为好。唯一的例外是，图案"牙签呢"缝制的竖或斜条纹西装以条纹细密者为佳，以条纹粗阔为劣，因图案细小显精致。"格子呢"西装一般是难登大雅之堂的，只有在非正式场合才穿。

### （四）款式

按西装的件数来划分，可分为单件西装、二件套西装、三件套西装。职业男士在正式的交际场合所穿的西装，必须是西服套装，在参与高层次的公务活动时，以穿三件套的西服套装为佳。

按西装上衣的纽扣排列来划分，可分为单排扣西装上衣与双排扣西装上衣。单排扣的西装上衣，最常见的有一粒纽扣、两粒纽扣、三粒纽扣 3 种。双排扣的西装上衣，最常见的有两粒细扣、四粒纽扣、六粒纽扣 3 种。

### （五）板型

板型，指的是西装的外观轮廓。目前，世界上西装主要有英式、欧式、美式、日式 4 种板型。

#### 1. 英式西装

英式西装的特点是，在面料的选择上追求高档次，一般会选择纯毛面料；在色彩的选择上突出威严和庄重，多以黑色或深蓝色为主；在整体造型上追求流畅和平坦，从而体现出英国人特有的绅士派头，如图 5-2 所示。

#### 2. 欧式西装

欧式西装实际上是在欧洲大陆的意大利、法国等国家流行的西装样式。双排扣、收腰、肩宽，是欧式西装的基本特点，如图 5-3 所示。

欧式西装追求造型优雅、剪裁得体。选用黑色和蓝色的面料较多，面料质地以精纺毛织物为主。肩部垫得很高，胸部十分挺括。整体造型与英式西装相似，但比英式西装更考究。穿上欧式西装，给人一种自信和挺拔感。

图 5-2　英式西装　　　　　　　　图 5-3　欧式西装

#### 3. 美式西装

基本轮廓特点是 O 形，宽衣大裤，如图 5-4 所示。它宽松肥大，适合于休闲场合穿着。所以美式西装往往以单件居多，多为单排扣，强调舒适、随意的特点。

#### 4. 日式西装

基本轮廓是 H 形的。它适合亚洲男人的身材，没有宽肩，也没有细腰。一般而言，它多是单排扣式，衣后不开衩，如图 5-5 所示。

图 5-4　美式西装　　　　　　　　　图 5-5　日式西装

## 礼仪小常识

### 如何区分衣服的体型代号？

服装系列产品采用国家标准号型，具体表示为：号/型（体型代号），如：170/92A、175/96A。

"号"指人体的身高；"型"表示（净）围度，上装指胸围，下装指腰围；A，B、C、Y指体型分类代号，A为正常体、B为偏胖体、C为肥胖体、Y为偏瘦体。

## 二、西装的穿法

### （一）拆除商标

新买的西服商标一定要拆除，无论多么昂贵的品牌，商标都不能留在衣服上。

### （二）合体

袖长和手腕齐平；胸围以穿一件羊毛衫感到松紧适中为宜；上衣下摆与地面平行；西裤长度以前面能盖住脚背，后边能遮住1厘米以上的鞋帮为宜。如图5-6所示。

合体　　　　　　　　不合体

图 5-6　男士西服的穿着

**（三）整洁**

（1）西服应干净整洁、熨烫平整、挺括无褶皱，尤其是裤子要熨烫出裤线。

（2）袖口、裤边不卷不挽，尽量保持西装的原样。

**（四）正确扣纽扣**

（1）单排扣西服：两粒扣子则只系上边一粒，其原则是"扣上不扣下"；三粒扣子可以系上边两个或只系中间一粒。

（2）双排扣西服：纽扣必须一律都系上。坐下时，可将最下边的纽扣解开，以防服装扭曲走样。

（3）西服马甲：无论单独穿还是同西服配套穿，都必须认真地扣上纽扣。

**（五）正确使用口袋**

西服的口袋只起装饰作用，没有使用价值。不可插笔，只可放装饰手帕、襟花。笔、钱夹、名片可以放在上衣内侧胸袋里，但切记不要放入过大、过厚的东西，下边的口袋和裤兜也不可放东西，以免破坏西服的整体美，一般只放手帕。

**（六）慎穿毛衣**

穿西服讲究有型，上衣内除了衬衣和马甲外，最好不要穿其他衣物。冬季寒冷时，只宜穿一件单色套头的薄 V 领羊毛衫或羊绒衫，既不妨碍系领带，也不显得臃肿花哨。切忌穿开身羊毛衫和羊绒衫，显得里外扣子太多，更不可同时穿多件毛衣、毛衫，既不整齐，又不雅观。

## 三、西装的搭配

### （一）衬衫

与西装搭配的衬衫，应当是正装衬衫，搭配要点及说明如表 5-1 所示。

目 穿西装的程序

表 5-1　西装与衬衫搭配要点及说明

| 搭配要点 | 说明 |
|---|---|
| 领部要高出 | 衬衫领部要高于西装领部 1.5 厘米左右；系领带时，领部一定是闭合状态，否则给人以不正式的感觉 |
| 衣扣要扣上 | 穿西装打领带的时候，衬衫的所有纽扣都要系好；只有在不打领带时，才解开衬衫的领扣 |
| 袖长要适度 | 最美观的做法，是令衬衫的袖口露出来 1 厘米左右 |
| 下摆要放好 | 不论是否穿外衣，均须将衬衫下摆均匀掖进裤腰内 |
| 穿着要合适 | 衬衫要大小合身，其衣领与胸围要松紧适度，下摆不宜过短 |

**礼仪小故事**

**上司是在找茬吗？**

郑先生是一位必须东奔西走的业务人员，按照公司的规定，他必须天天穿着蓝色西装上班，同时配上白衬衫及深蓝色领带。郑先生自认为这身服装让他显得英姿焕发，但是他的上司却经常以手指着他的领结处后说："不及格呀！"

经过同事的提醒，郑先生才明白，原来上司是怪他没扣上第一颗纽扣，但他很不以为然："反正我已打了领带，有它箍着。衬衫的领子固定得很好，何必扣扣子令自己不舒服呢？上司真是找茬！"

其实和郑先生持相同想法的人绝对不在少数，不过，他们的上司是在找茬吗？不是的，那才合"礼"的要求。第一颗纽扣不扣，或许真的比较舒服，但在视觉上并不美观，也容易给他人造成散漫、工作态度不严谨的印象。

### （二）领带

领带是西装的灵魂。正式交际活动穿着西装必须系领带。领带的面料有毛织、丝质、化纤等，花色图案更多。领带选色应与衬衣和西装相配。领带长度以到皮带扣处为宜。如衬衣外面穿背心或羊毛衫时，则应将领带置于背心或羊毛衫内。非正式场合可以不打领带，但应把衬衣领扣解开。领带夹一般夹在衬衫的第四、五粒纽扣之间，当前除制服西装外，一般不流行夹领带夹，领带常见打法如图 5-7 所示。

目 领带的诞生

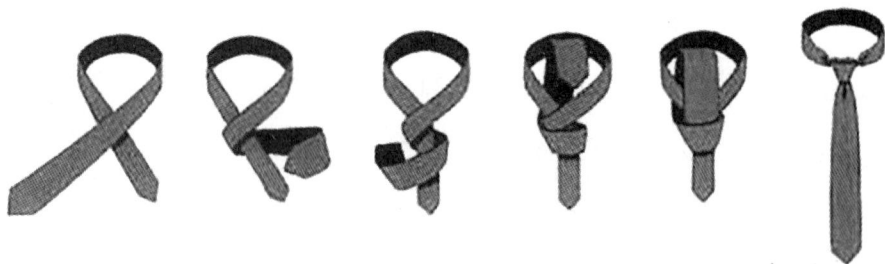

（1）平结

（2）双环结

（3）交叉结

（4）双交叉结

（5）温莎结

（6）半温莎结

图 5-7　领带的不同系法

### （三）鞋袜

穿西装一定要穿皮鞋，即便是夏天，也不能穿旅游鞋、布鞋、凉鞋或拖鞋等，否则显得不伦不类。配西装的皮鞋以黑色、深棕色为好，以系带皮鞋为最正式。皮鞋要上油擦亮，不留灰尘、污迹、如图 5-8 所示。袜子以深色接近西裤的颜色为好，以中长款为宜，质地最好是纯棉、纯毛制品。

图 5-8　与西服搭配的鞋和袜

### （四）皮带

穿着西装时请一定配西式皮带，颜色以黑色为主，皮带扣以简洁的、金属的为佳。浅色、帆布质地、复杂的皮带扣等样式的皮带是在搭配半休闲、全休闲服饰时使用的。

### （五）公文包

由于西装口袋不适宜放东西，所以，公务场合男士应携带一只公文包，将文件、钱夹、名片、手机、笔、本、手表、打火机、钥匙、眼镜等放入包中。公文包以深褐色、棕色皮革制品为上品，切不可随意用布包、塑料口袋、网兜等代替。搭配的公文包以长方形为主，颜色最好与皮鞋和皮带的颜色一致，如图 5-9 所示。

图 5-9　与西装搭配的公文包

## （六）手表与饰品

与西装相配的手表要选择造型简约，颜色比较保守，时钟标示清楚，表身比较平薄的商务款式，如图 5-10 所示。男士在职业场合的首饰要减到最少，至多戴一枚婚戒。

图 5-10　与西装搭配的手表

## （七）手帕

手帕有两种，一种是随身携带用来擦汗、擦手的，至少应备有两块，要每天清洗、擦手也可用纸巾代替。

另一种是装饰手帕，只有装饰作用，没有使用价值，折叠成形置于上衣胸前口袋，应配合领带、衬衫的颜色而变化，以增添男士的气质风度。

## （八）眼镜

选择眼镜除了根据视力外，还要依据脸形。戴墨镜时，墨镜片上不要贴有商标。

# 四、穿西装的"三三"原则

## （一）三色原则

非正式场合穿的便装，色彩上要求不高，往往可以听任自便。而正式场合穿着的正装，其色彩却是有规可循的。三色原则，是选择正装西装色彩的基本原则。它的含义是要求正装西装的色彩在总体上应当以少为宜，最好将其控制在 3 种色彩之内，包括上衣、下衣、领带、皮鞋、袜子。其中，男士的皮鞋、皮带、手提包三者颜色要求一致。这样做，有助于保持正装西装庄重、保守的总体风格，并使它看上去显得规范、简洁、和谐。

## （二）三一定律

男士在穿着正装西装时，对西装的鞋子、腰带、公文包 3 种配饰要统一考虑，合理搭配，要做到同色同质。

## （三）三大禁忌

穿西装不能出洋相，第一大禁忌是西装左袖商标没拆，这在国外会被认为是"氓流"的标志；第二大禁忌是男士穿深色西装着浅色袜子，如一身深蓝色西装，配一双白色袜，另外，男士也不能穿尼龙丝袜；第三大禁忌是指衬衣的下摆不能放在裤腰外。

# 第三节　职业女士着装设计

套裙是工作场合女士服装的首选。

女士套裙由男士西装衍变而来。女士套裙既能体现着装者柔媚、婉约的风韵，又能体现干练、敬业、成熟的职业特点。

## 一、职业女装的选择要点

职业女装指的是女性上班时穿着的服装。职业女装在选择上应注意以下 4 点。

### （一）款式

女士套裙的款式变化，表现在上衣领型的变化上。有枪驳领、一字领、V 字领、U 字领、圆领，还有青果领、燕翅领、束带领等。另一个变化表现在扣子方面，有双排扣、单排扣；有明扣、暗扣。在扣子的数量上也有很多不同。套裙的款式变化还表现在裙子款式的多种多样上。有一步裙、简式裙、西服裙等，还有旗袍裙、百褶裙、开衩裙等。部分女士套裙款式如图 5-11 所示。

如图 5-11　女士套裙的款式

### （二）面料

正统西服套裙所选用的面料应质地上乘，上衣与裙子应使用同一种面料，除女士呢、薄花呢、人字呢、法兰绒等纯毛料外，也可选用丝绸、亚麻、府绸、麻纱、毛涤等面料，但要注意面料的匀称、平整、滑润、光洁、丰厚、柔软、挺括，其弹性一定要好，且不起皱。

### （三）图案

单色、方格花形图案效果最好。各种带有明暗分明，或宽或窄的格子与条纹图案，以及带有规则圆点图案的面料大都适宜选用，但其中格子图案的面料效果最好。职业女装不宜选用斜纹图案和细条子图案，这些图案容易使制服产生很强的消极作用。

### （四）色彩

西服套裙的色彩选择应注意两个方面，一是力求色调淡雅、清新、庄重，不宜选择过于鲜亮、刺眼的色彩。因此应与"流行色"保持一定的距离，以示穿着者的传统与庄重；二是标准的西服套裙色彩，应注意与穿着者所处场所的环境协调，能体现出穿着者的端庄与稳重。一般而言，西服套裙的色彩应以冷色、素色为主，如藏蓝、炭黑、烟灰、雪青、黄褐、茶褐、蓝灰、紫红等颜色，都是西服套裙色彩的较好选择。

## 二、女士套裙的配件及饰品选择

### （一）衬衣

女士衬衣的领口有开领、花领、圆领、V领等。衬衣领口的大小要根据外衣来决定。一般是要小于外衣的领口，还要保证领口不要太低。衬衣的色彩要与外衣的色彩相协调。图案以无图案最为得当，不要太夸张，也不要有繁杂的花边等，也可选择带有条纹、方格、圆点、暗花的衬衫。

### （二）丝巾

选择丝巾时要注意颜色中应包含有套裙颜色。丝巾选择丝绸质地的为好，其他质地的围巾打结或系起来没有那么好看。丝巾的不同系法如图5-12所示。

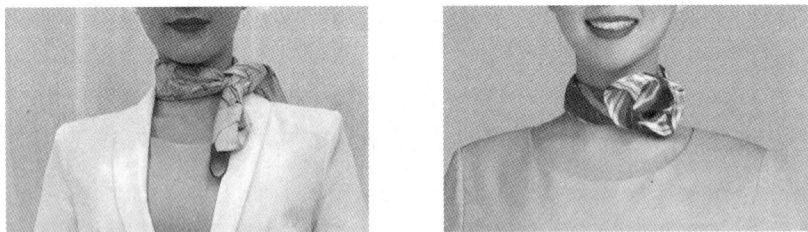

如图 5-12　不同丝巾系法

平结丝巾系法　　　　　　　　　　花式丝巾系法

# 第四节　服装饰物搭配技巧

## 一、服装搭配技巧

要想服装较好地达到扬长避短的效果，需要掌握一定的造型知识，尤其是比例、质感、色彩方面的知识。

### （一）比例

关于人体比例美的标准，古今中外众说纷纭。有关专家综合我国人口的体型比例标准，提出两性不同的体形标准。女性的标准体形是骨骼匀称、适度。男性的标准体形应基本遵循两臂侧平举等于身高的原则。

在现实生活中，并非每个人的体形都十分理想，或高或矮，或胖或瘦。应利用着装使身材看起来接近最佳比例，实现服装美和人体美的和谐统一。

例如，长及膝盖的连衣裙、风衣、开衫等整体感强的服装能使人看起来高挑，加上高腰的设计更是呈现长腿的视觉效果。没有高腰设计的服装可以加上腰带，或者在长外套底下穿短上装，加腰带适合上身瘦的人，后一种方式适用范围更广。

### （二）质感

质感是物品的表面特性，如顺滑、粗糙、厚薄等。质感的搭配至少要考虑3个方面：第一，肤质与服装的质感相协调。假如皮肤光滑，那么适合所有面料的服装；假如皮肤不够光滑，则应避免丝绸这类面料，以免反衬出肤质欠佳，可以选择棉麻、针织等面料。第二，个性与服装的质感相协调。文静秀气者不宜穿牛仔服，外向好动者避免丝绸等顺滑面料，以免格格不入。第三，上下装的质感要协调，不能一个厚重一个轻薄、一个粗糙一个细腻，如一般不将毛呢和雪纺搭配。

### （三）色彩

我们生活在一个色彩斑斓的世界当中，尽管我们有的时候并没有意识到某些颜色的存在，但是这些颜色一直都在悄悄地影响着我们对世界的感受。无论是一幅图画、一种产品，还是一个人，色彩在第一印象当中往往占据着很大的比重。

有人曾经做过一个实验：　个人从远处走来，首先进入观察者眼帘的是服装的色彩，然后才是人的轮廓、面目，接着才是衣服的款式、花纹和其他饰物。

色彩能立即吸引人的注意力，比图形、形态更具功效，而且有效距离更远。因此，塑造成功的职业化形象，还要准确把握自己的服装色彩。

1.色彩三要素

所有色彩都具有三个基本的要素：色相、明度和纯度。

（1）色相：又叫作色名，是指色彩的名称。色相的作用是区分不同的色彩。12 基本色相（按光谱顺序）为：红、橙红、黄橙、黄、黄绿、绿、绿蓝、蓝绿、蓝、蓝紫、紫、紫红。这些都被称为"有彩色"，而黑、白、灰被称为"无彩色"。

（2）明度：色彩的明度指的是色彩的明暗强度。明度高的色彩感觉比较明亮，而明度低的色彩感觉比较灰暗。例如，浅黄色的明度要比墨绿色的明度高。

（3）纯度：又叫彩度，它是指色彩饱和的程度，或是指色彩的纯净程度。纯度降低是因为颜色中加入了黑、灰或白，浊色感觉增强，因而不再鲜艳。拿正红来说，有鲜艳无杂质的纯红，有如"凋零干枯的玫瑰"般的深红，也有较淡薄的粉红。它们的色相都相同，都是红色，但纯度不同。纯度越高，颜色越艳；纯度越低，颜色越深、越浊。纯色的纯度最高。

2.配色三要素

色彩通常并不单一存在，选择合适的色彩进行恰当的搭配，能够产生更好的视觉效果。配色时要考虑以下要素。

（1）光学要素：包括明度、色相、纯度。

（2）存在条件：包括面积、形状、肌理、位置。

（3）心理因素：包括冷暖感、进退感、轻重感、软硬感、朴素感或华丽感。

色彩依明度、色相、纯度、面积、材质、冷暖等要素的不同而不同，而色彩间的对比调和效果则更加千变万化。因此，我们需要了解人们对于不同色彩的心理感觉，如表5-2所示。

表5-2　色彩带给人的心理感觉

| 色相 | 正面的心理感觉 | 负面的心理感觉 |
|---|---|---|
| 红色 | 积极、热情、温暖、前进、热烈、朝气、活力 | 警告、危险、禁止、着火、流血侵略、残忍、骚动 |
| 橙色 | 温暖、活泼、热情 | 警戒、刺眼 |
| 黄色 | 明亮、活泼、阳光、喜悦、光彩、乐观 | 警告、嫉妒、挑衅 |
| 绿色 | 清爽、理想、希望、生长、和平、平衡、和谐、诚实、富足、肥沃 | 贪婪、猜忌、厌恶、毒药 |
| 蓝色 | 沉稳、理智、准确、秩序、忠诚 | 忧郁、疏远、压抑、寒冷 |
| 紫色 | 细腻、温柔、女性化、神秘、浪漫 | 不稳定、偏见、傲慢 |
| 褐色 | 古典、优雅、亲切 | 无个性、平庸、陈旧 |
| 黑色 | 权威、高贵、稳重、庄严、执着 | 压抑、忧郁、沉重 |
| 白色 | 纯洁、无私、善良、信任、高级、科技 | 寒冷、平淡、严峻 |
| 灰色 | 柔和、高雅、科技、沉稳、考究 | 沉闷、呆板、僵硬 |

3.色彩搭配注意事项

常常有人会问："你最近脸色不好，是不是太累了？"之类的问题。

大家知道，我们的皮肤是有颜色的。仔细比较不难发现，有些人皮肤偏黄，有些人皮肤偏红。同样是两个肤色较白的人，一个白得热情，一个白得冷静。同样长着黑眼睛、黑头发的一群人，仔细比较一下便会发现：有的人瞳孔接近于黑色，而有的人瞳孔却是浅褐色！头发颜色亦是如此。当你用同一种颜色的布料衬托两张不同的脸时，有一张脸显得丰润、年轻，连脸上的皱纹、黑眼圈、斑点等似乎都隐没在焕发的光彩里，让你忽视了它们的存在；而另一张脸却在这种颜色的衬托下黯然失色，脸色发黄、发灰，皱纹、黑眼圈、斑点明显可见，看上去似乎不是生了病就是熬了夜。同样，在两种属性不同的颜色的衬托下，一种颜色会使你的脸显得精神焕发，而另一种却使你看上去萎靡不振。

自己喜欢的颜色并不一定适合自己，找到适合自己的颜色十分重要。

目前流行的"四季色彩理论"将生活中的常用颜色按照其基调的不同划分为四大组，由于各组颜色的特征恰好与大自然的四季色彩特征相吻合，故分别命名为"春""夏""秋""冬"。其中，"春"与"秋"属暖色系，"夏"和"冬"属冷色系。

传统观念认为，绿色、蓝色为冷色系，红色、黄色为暖色系。而新的色彩理论认为，当红色中加入了黄色时，这种偏黄的红色（如砖红）属于红色调中的暖色系；而当红色中加入了蓝色时，这种偏蓝的红色（如紫红）属于红色调中的冷色系。同理，黄绿色属于绿色调中的暖色系，而蓝绿色则属于绿色调中的冷色系。

## 礼仪小常识

### 四季色彩理论

春天（见图 5-13）阳光明媚，草木冒出黄绿色的新芽，满山遍野的桃花、杏花、樱花竞相开放，到处都是明亮、鲜艳、轻快的颜色。

春季型人的特征如下。

皮肤：浅淡透明的象牙色。

眼睛：明亮有神、浅棕黄色眼珠。

头发：柔软的棕黄色。

春季型人适合的典型色彩：清新的黄绿色、杏色、亮金色、浅棕色、浅鲑肉色。

图 5-13　春天的色彩

夏天（见图 5-14）春天的新绿已经变成了浅正绿色，阳光照在海面上，周围是一片雾蒙蒙的、浅浅淡淡的水蓝色，一切看起来朦胧和梦幻。

夏季型人的特征如下。

皮肤：细腻而白净、面带冷玫瑰色色晕。

眼睛：眼神柔和、深棕色或黑色眼珠。

头发：柔软的棕黑色。

夏季型人适合的典型色彩：淡蓝色、蓝灰色、薰衣草紫、粉红、浅正绿。

图 5-14　夏天的色彩

秋天（见图 5-15）树林的叶子慢慢变成金黄色，地上铺满了枯黄的落叶，金灿灿的麦穗长满四野，世界的色彩华丽、厚重、浓郁。

秋季型人的特征如下。

皮肤：匀称的深象牙色，皮肤不易出红晕。

眼睛：深棕色的眼珠和沉稳的眼神。

头发：偏黑的深棕色。

秋季型人适合的典型色彩：橙色、金色、褐色系、橄榄绿、芥末黄、深棕色等。

图 5-15　秋天的色彩

冬天（见图 5-16）的色彩有着鲜明的对比。白雪覆盖的大地与黑色的树干，以及漫漫无尽的黑夜都鲜明地存在，人们拿着大红大绿的礼物准备过年。一切看起来都显得纯正、饱和。

冬季型人的特征如下。

皮肤：青白的小麦色或土褐色。

眼睛：眼神锋利、黑色眼珠。

头发：乌黑浓密。

冬季型人适合的典型色彩：银灰色、纯黑色、深紫红、海军蓝、玫瑰粉色。

冬季型人属于冷色系里的重型人。

图 5-16　冬天的色彩

鉴别出自己的色彩属性后，可以参照表 5-3 选择颜色。

表 5-3　四季色彩属性与适合颜色参考表

| 色彩属性 | 春 | 夏 | 秋 | 冬 |
|---|---|---|---|---|
| 红色系中可选的颜色 | 清新的橙红 | 清新的正红 | 橙红 | 正红 |
| 粉红色系中可选的颜色 | 清新的珊瑚色、浅杏桃色、浅鲑肉色 | 所有的粉红色 | 珊瑚色、杏桃色、鲑肉色 | 桃红、鲜艳的粉红、冰粉红 |
| 橙色系中可选的颜色 | 清新的橙色系 | 无 | 所有的橙色系 | 无 |
| 黄色系中可选的颜色 | 清新的柠檬黄，柔和的带金黄色调的黄 | 粉彩的柠檬黄 | 所有带金黄色调的黄 | 正黄、冰黄 |
| 棕褐色系中可选的颜色 | 任何浅且柔和的棕褐色系，如淡棕色、骆驼色、金褐色 | 带玫瑰、烟灰的棕褐色系，如可可色、灰褐色 | 所有的棕褐色 | 黑褐色 |
| 绿色系中可选的颜色 | 清新的黄绿色系 | 各种不鲜艳的蓝绿色系 | 浓郁的暖绿色，如黄绿色、橄榄绿、杉叶绿 | 正绿、鲜艳的蓝绿、深绿、冰绿 |
| 蓝色系中可选的颜色 | 各种清新的蓝、紫蓝 | 任何蓝色，只要不过于鲜艳 | 浓郁的紫蓝、绿蓝 | 任何鲜艳的蓝，如正蓝、宝蓝、水蓝、冰蓝及海军蓝 |

续表

| 色彩属性 | 春 | 夏 | 秋 | 冬 |
|---|---|---|---|---|
| 紫色系中可选的颜色 | 清新的、偏黄的紫色系 | 粉紫、淡紫或不鲜艳的深紫 | 浓郁的、偏黄的紫色系 | 任何鲜艳的紫、冰紫 |
| 黑色系中可选的颜色 | 可将黑色作为点缀色 | 烟黑色 | 铁灰色 | 黑色 |
| 白色系中可选的颜色 | 牛奶白及较浅的象牙白 | 牛奶白 | 任何带有黄调的白，如象牙白、米白色 | 纯白 |
| 金色系中可选的颜色 | 亮金色 | 无 | 所有金色 | 无 |

## 二、饰品搭配技巧

一身美观大方的着装，若有与之相协调的饰品相配，就会起到画龙点睛的作用，使整个打扮更加完美。服装的饰品很多，根据其功能用途的不同，大致分为两类：实用类和装饰类。如手套、鞋袜、帽子、提包、手表、钢笔等属于实用类；耳环、项链、戒指、胸针、胸花、领带、丝巾等属装饰类。

**案例**

### 珠光宝气并没有引来喝彩

公司派小莉去参加一个商务会议。为留下良好印象，小莉精心打扮：戴一条金项链，一蓝一红两个耳环，并分别在食指、中指和无名指戴上戒指。出乎她意料的是，在会上她并没有得到喝彩，人们反而敬而远之。

### （一）女性饰品的搭配要求

在社交活动中，除了要注意服装的选择外，还要根据不同场合的要求适当佩戴一些饰品。

女性的首饰功能。女性的首饰大多是"装饰性"的，如戒指、耳环、项链、胸针、丝巾等饰品。其搭配要求如下。

（1）统一质地、色彩、款式。这样才能有和谐的整体美。

（2）佩带数量：最多佩戴不得超过3款饰品，每款不得超过两件。如耳环，只能是成对戴的两件。

注意：商务场合，一般不允许佩戴胸针、手镯、手链、脚链；也不允许佩戴珠宝首饰，除非是经营珠宝首饰的公司，员工上班可戴展示的珠宝首饰商品。

### （二）男性饰品的搭配要求

男性的首饰功能。男性的首饰大多是"实用性"的，如手表、钢笔、打火机等。其搭配要求如下。

（1）佩带数量：1~2款即可。

（2）色彩：银白色和黑色是商务男性的最佳选择。

注意：商务男士忌讳戴印有"××公司名称"字样的有广告嫌疑之类的手表。

### （三）常用的3种主要饰品的佩戴技巧

1.戒指

一般只戴在左手，而且最好仅戴一枚，至多戴两枚，戴两枚戒指时，一般都戴在左手两根相连的手指上。

戒指佩戴是一种无声的语言，戴在不同的手指上会传递出不同的含义：戴在小手指上，则暗示自己是一位独身主义者，目前无求偶打算；戴在无名指上，表示已订婚或结婚；戒指戴在中指上，表示已有意中人，目前正处于恋爱之中；戴在食指上，表示目前正处于单身，有求偶的想法戴在大拇指上，表明自己是至高无上者。

注意：在人际交往中，是最忌讳戒指戴在大拇指上的。

2.耳环

耳环的使用率仅次于戒指，佩戴时应根据脸型特点来选配耳环。如圆形脸的人不宜佩戴圆形耳环，否则会使圆脸更"圆"；方形脸的人应避免佩戴圆形和方形耳环，因为圆形和方形并置，在对比之下，方形更方，圆形更圆。

注意：戴眼镜的女性不宜戴耳环。

3.项链

项链也是受女性青睐的主要首饰之一。大致可分为金属项链和珠宝项链两大系列。佩戴项链应和自己的年龄及体型协调。如脖子细长的女士佩戴仿丝链，更显玲珑、娇美；马鞭链粗实成熟，适合年龄较大的妇女选用。佩戴项链也应和服装相呼应。例如身着柔软、飘逸的丝绸衣衫裙时，宜佩戴精致、细巧的项链，显得妩媚动人；穿单色或素色服装时，宜佩戴色泽鲜明的项链。这样，在首饰的点缀下，服装色彩可显得丰富、活跃。

4.其他饰品的佩戴技巧

（1）手镯

手镯关键是要和项链协调。可以是一连串宽宽的、也可以是一只细细的手镯，凭个人喜欢。手镯如果是一只，就戴在左手上；如果有两只，通常是一只手一只。

（2）胸花

自古我国就有佩绶和挂饰的习俗，现代服饰则讲究戴胸花。胸花是一种纯装饰性的饰品。胸花的选择主要有以下几方面的考量。

①与服饰的整体色调相协调

胸花色彩的选择要运用对比手段，即"素中带艳""荤中带素"，既要有"画龙点睛"的装饰效果，又不能分散别人的注意力而影响服饰的整体效果。衣服素淡雅致的，胸花色彩宜鲜艳夺目；衣服色彩鲜艳亮丽的，则胸花应淡雅别致，甚至不用。

②与脸型的谐调

圆形脸的人不宜用圆形或弧度较多的胸花，而长形脸的人恰好相反。

③与适用的场合相符

在喜庆的场合，胸花应艳丽；相反，在丧葬的场合则只能佩戴白花以示哀悼。出席宴会和出席正规的社交场合宜选配较为大型的胸花。一般场合下，青年女性宜选用小型精致的胸花；老年妇女则适宜佩戴各种深色的、造型传统、做工精细的宝石镶嵌型胸花。

（3）帽子

帽子除了防寒抗晒的功能外，也是很招摇的服饰搭品，戴上它肯定会引起人们的注意。对于服饰来说，帽子式样、颜色的选用是十分讲究的，它将直接关系到服饰整体效果的好坏，帽子的形状也可以衬托你的脸。帽子的选用主要应考虑到与脸型、身材、年龄和服装之间配套。圆脸型的人选用圆顶帽就会造成脸型过大的视差；而尖脸型的人戴圆帽则比较适宜。但尖脸型的人选用棒球帽就会使脸型显得上大下小，而这种帽子倒非常适宜圆脸型的人选用。身材高大的，帽子宜大不宜小；身材瘦小的，帽子宜小不宜大；矮个子不戴宽檐帽，高个子不戴高筒帽。帽子必须与服装的整体相协调，在风格、色彩、造型上与其他服饰浑然一体，给人以美的享受。

参加正式的宴会而穿晚礼服时，绝对不能戴帽子。在正式的午餐或招待会上，有时又规定必须戴帽。出席鸡尾酒会可以随意选戴各式与服饰相配的帽子。穿着毛料西服应戴礼帽，穿中山装时宜戴圆顶帽，两者都可以选戴前进帽。

（4）围巾

围巾，它既可以保护细腻的皮肤不受寒风的侵害，又阻止了人体部分热量的散失，达到御寒的作用。同时，它还起着重要的装饰作用，点缀在颈部的围巾能使整体的服装的搭配效果更加完美，是画龙点睛之笔。它会使你变化多端，如果你穿同一件衣服，而用4种不同的围巾来配，会给人4种不同的感觉，可以配合不同的场合。如果你穿上一身单色的衣服，配上一块有颜色的、光亮的大围巾，你的形象马上就会改变，你就可以出席酒会了。

这么多不同的围巾，应该怎样搭配才会有最佳的效果呢？

如果身材适中，肤色白皙，颈部修长，那你适合佩戴色彩艳丽的围巾，如桃红色、湖蓝色、明黄色、玫瑰色等。在图案上可选择大朵的花卉，宽大的格子，散点式，或抽象色块的组合拼接的都可以。这样会使您看上去更加有朝气、智慧和干练。

身材苗条的年轻女性可以选有张力的橙色、柠檬色、果绿色，在人群中有跳跃、醒目的感觉。

身材略微丰满的女性，颈部不长，在佩戴围巾时要特别注意。穿无领毛衫时，一条色彩柔和的、小碎花的围巾较好；在穿高领毛衫时，就不要配小方巾，要配一条垂下至胸前的长纱巾较好。色彩不要过明亮，可选紫色、深蓝色、墨绿色、褐色等。

肤色偏黄的女性应避开紫色和黄色，可选择奶白色、湖蓝色、中绿色等的围巾，使自己看上去脸色更白皙。

靳羽西与美国一流的色彩顾问共同研究，建立了以平衡为原则的世界上第一个专为亚洲人设计的色彩系统，她建议我们亚洲女性应尽量选择各种亮宝石色的围巾，比如说，明黄色、大红色、玫瑰红、青绿色，这些颜色的围巾配上黑色、白色、炭灰色、奶油色、海军蓝的服装，使我们的皮肤看上去更白，更年轻。

（5）腰带

腰带是件妙不可言的点缀品，可以尽显女士身材之窈窕。选择一条与服装色彩、身材相协调的腰带，不但能勾勒出腰际乃至臀部的美妙轮廓，使你的身段、线条、甚至运动的姿态更加迷人，使你服装增添个性和新奇感。

配系腰带要根据身材而定，如果你个子不高，腰围又不细，最好不用腰带，除非买的衣服本身带有腰带，或只配与服装相一致颜色的腰带，而且服装上下颜色一致。腰肢粗圆、身材胖大的人更应系扎和衣服颜色一致的腰带，但切忌使用过宽的腰带或半腰扎得太紧。那会使上方多余的肉鼓出来。个子较高的人，就要系与衣服呈对比色的腰带了，如穿黑色的衣服，可配白色的腰带。腰身太长，腿部较短的女士，腰带的颜色应与下身裤或裙装色彩一致。至于那些挂有很多闪亮金属片的链式腰带，虽然外表诱人，但体型不理想的人要慎用，因为那只是那些身材窈窕的女士们的专利。

（6）手提包

小巧新颖，制作精美的手提包已成了女性不可缺少的装饰。手提包有许多品种，手提包的选择有一定的规则。

手提包的颜色应与服装的色彩相协调。手提包的色彩同服装的色彩相一致是一种常用的搭配方法，但是我们不可能有各种各样颜色的手提包去配各种各样的衣服。因此手提包的颜色最好是中性色，比如黑色、白色、棕色，可以配任何色彩的衣服。

体型矮胖的女性应选择一些体积小，造型不过于秀巧的手提包；体型高胖的则应携用体积稍大的手提包；苗条体瘦的应选用小巧玲珑的手提包。

一般女性应准备3个基本的包。一个是大而结实的手提包，上下班和工作时间用的，必须实用，甚至可以放文件；第二个是中等大小的包；第三个是小巧考究的手提包，里面只放少量的化妆品、钥匙、钱等物品，这是你穿上晚礼服，出席正式社交场合时用的。参加宴会时，不要提一个大的包去。

中年女性参加宴会或出席各种社交场合，适宜使用黑色天鹅绒或黑色丝缎做的小提包，提包花纹点缀应传统精致，不宜夸张，以显示中年女性的端庄、大方和持重。青年女性应选用色泽鲜艳，造型美观的羊皮、缎面小包。一般参加鸡尾酒会的手提包选用可随意一些，以色彩鲜艳、装饰轻巧为佳。宴会时手提包可挂桌子底下或座椅靠背上，置于腿上亦可。参加舞会时，小巧玲珑的手提包放在桌上也不显碍事。

（7）袜子

袜子往往为人们所忽略，其实服装对袜子的选用也是非常严格的，尤其是女士穿着裙子时。

有的人很讲究，买很多颜色和款式的袜子。其实，最容易配衣服的是两种颜色：黑色和肉色。因为这两种颜色与什么都好配，而且穿比较深色的或黑色的丝袜，腿显得很苗条。但要注意的是，如果你穿一身浅色的裙子，就不能穿黑色的袜子，这样不但人显得矮，而且显得重心不稳。在国外，穿一身浅色的裙子，配一双黑色的袜子被称为"乌鸦腿"。

在中国，常常有人穿裙子着短袜子，这在国外是看不到的，是一种非常不得体的穿法。穿袜子时，记住袜子的边一定要隐没在裙内。在办公室穿职业套裙时，不能赤脚穿皮鞋，一定要穿上袜子。

夏天穿凉鞋时，可以不穿袜子。如果穿，可以是薄的，透明的。冬天的袜子是厚的，但在国外，如果参加晚宴，不论是夏天还是冬天，袜子都是薄的。

（8）鞋子

鞋子是服装的主要饰品，是用来点缀你整体形象的。黑色鞋子最好搭配，也显得稳重。白色或其他彩色的鞋子根据服装而定。最为普遍的配色方法就是鞋子的颜色与衣服的色彩相同或相似。白色、黑色的皮鞋可以配任何色调的衣服。齐膝马靴可与短裙相配；短靴可与长裙相配。青年女性大多喜穿高跟鞋，高跟鞋不但显得个子高，而且可以使小腿显得细，腿显得修长，看起来亭亭玉立。鞋子还必须与袜子颜色相协调。鞋子尽量不要有太多的装饰品，或式样太复杂，而应该款式大方，否则在整体形象上会给人以喧宾夺主的印象。如果你想让你的腿看上去修长，而且你的鞋子永远不过时，那就挑选样式最简单的黑色浅口皮鞋。

### （四）香水的使用技巧

如果说化妆能增加容颜的华丽，服装能显现体态的优美，那么，所用的香水也同样能够反映出优雅的个性特质。香水就像是一件透明的衣裳，穿上它既可改变一个人的情绪和态度，也能创造出幽微的吸引魅力。

在古代，人们就已经知道了香水的气味可以影响人的心境。他们发现，香料涂在身上或喷洒于室内会对人的情绪产生很大的影响。现代科学证明：人的心理很容易被视觉、触觉、味觉、听觉和嗅觉5种知觉所控制。其中，嗅觉的影响力是最大的。人们对气味通常都会有较强烈的反应。令人厌恶的气味会让人感到不适；而令人振奋、愉悦的气味则能使人消除沮丧和倦怠。

1.香水的分类

（1）香精

香精，源于拉丁文，是"穿过烟雾"的意思。香精浓度高达20%以上，留香时间较长，可持续5~7小时。适宜晚间使用。

（2）香水

香精浓度为15%~20%，仅次于香精，留香时间为3~4小时，香味清新。

（3）梳妆水

梳妆水也称香露水、淡香水。香精浓度为8%~15%，留香时间为2~3小时。现存市场的香水，大多属于此类。适宜白天使用。

（4）古龙水

香精浓度为4%~8%，是最淡的香水。香味持续时间较短，仅在1小时左右。通常适用于梳洗及沐浴后使用。

2.香型的四季倾向

（1）春季香型倾向

春季香型属于自然花香型。花香中掺杂有绿草的香味，清纯而明朗，给人以明快活泼的感觉。适合于运动、旅行或休闲时使用。这是适合在白天使用的香型。

（2）夏季香型倾向

夏季香型属于自然绿草香型。它以浓厚的青苔为基调，调和出青草、柑橘、树木等香味，能给人以清新干爽、温和清凉的感觉。适合在任何时间和场所使用。

（3）秋季香型倾向

秋季香型属于复合花香型。它调和多种花香及植物香味，给人以稳重、成熟及华丽的感觉。富有亲和力，无论是便装或盛装，公务或晚宴场合，都可使用。

（4）冬季香型倾向

冬季香型富有东方魅力，属于东方香型。花香中混合了树木、草香、树脂、麝香等动植物香料，给人的感觉是高雅和神秘。非常适合在晚上使用，但一定要穿着华丽的服饰才能与之相协调。

3.香水的选购

（1）选购香水宜在上午进行，这时人的神经系统最为清醒。但要注意：不可在空腹或吃得太饱时选购。

（2）每次选购香水，只能试闻不超过两种香型。试闻过多，则会影响分辨能力。

（3）香水分头香、中香和尾香。刚散发出来的多含酒精气味，是头香；几分钟后酒精散去，闻到的香味就是中香，是香水的灵魂；再过几小时闻到的则是尾香。中香为购买香水时选择香型的主要依据，头香和尾香则只具有参考意义。

（4）鉴别香水时应注意：不要贴近瓶口，而要擦一点香水在手腕部位，稍候，再闻其自然散发的香味。

4.香水的正确使用

（1）应注意使用的部位

①工作时，香水以喷洒在手腕或太阳穴上为宜。

②用餐时，香水以喷洒在腹部或膝关节内侧为宜。

③运动时，香水以喷洒在臂弯或颈部为宜。

④约会时，香水以喷洒在耳后或颈后为宜。

👥 香水的使用方法

（2）根据气温使用

①冷天，香水不易挥发，可选用香味浓郁的香水。

②热天，宜选用清淡的香水。

③空气干燥时，香水的用量宜稍多。

④空气潮湿时，香水的用量应适当减少，但次数要相应增加。

（3）与服饰及妆容配合使用

①服饰淡雅，香水就要选用清淡香型的；服饰鲜艳或色彩浓重，香水就应选用浓香型的。

②化淡妆，香型就应清淡些；化浓妆，香型就应浓郁些。

5.香水的使用禁忌

（1）勿过量使用。调查显示，在1米左右距离所散发的香味最能令人接受，如在1米之外就能闻到香味，则会有强烈的刺鼻感。

（2）勿使用于汗腺发达的部位。香水如与腋下、额头两侧等汗腺发达部位的体味混合，就会散发出奇怪的味道。

（3）勿使用于阳光照射到的部位。如额前、脸部、手臂等，以免经紫外线照射后发生化学反应，留下色素沉淀，产生色斑。

（4）勿使用于头发上。香水中的酒精会损坏发质。此外，香水若与发胶或发间的汗水混合，也会变味。

（5）勿使用于浅色衣物上，以免留下污渍。

（6）勿使用于金属及珍珠饰品、毛衣及皮件上，因为香水中的酒精成分容易破坏这些物品的质地，同时也会留下痕迹。

（7）香水保质期一般为3年左右，应存放于阴凉、光线暗淡处，且存放温度不宜频繁变化，也不要长时间放在车里。

## 课堂讨论

1.你发现领导的西服纽扣扣错了，你会怎么处理？

2.一个女士双手佩戴了6个戒指，你怎么看？

3.假如你即将参加某公司的面试，你应该如何进行着装准备？

## 课后练习

1.按照教程要求练习男士领带的不同打法。

2.按照教程要求练习女士丝巾的不同打法。

## 学习拓展

推荐观赏关于服饰的电影《穿普拉达的女魔头》和《窈窕绅士》，通过影片了解其相关的服装搭配技巧。

第六章
CHAPTER 6
见面礼仪

见面是交往的第一步。见面礼仪是职场人员留给公众第一印象的重要组成部分。心理学研究成果表明：人们初次见面对他人形成的印象往往最为深刻，而且在以后的人际交往中起着指导性作用。为此，熟悉称谓、介绍、握手等见面礼仪，能给交际对象留下良好的第一印象，为以后顺利开展工作打下良好的基础。

1. 了解称谓礼仪。

2. 掌握介绍、握手、名片礼仪规范。

# 第一节　称谓礼仪

称谓指人们因亲属或其他关系而建立起来的称呼。在日常人际交往、应酬中彼此之间都需要采用称谓语。称谓是交际大门的通行证，是沟通人际关系的第一座桥梁。称谓恰当与否，可以直接影响到双方的交际效果。正确的称谓，可以缩短人们的心理距离，体现对对方的尊重，它反映着双方关系发展所达到的程度，可以使对方感到愉快，为双方深层次交往打下良好的基础；而不当的称谓则会使双方都陷入尴尬境地，影响到交际效果。

## 一、称谓的要求

在与他人交往时，称谓很有讲究，必须慎重对待。在使用称谓时，要遵循以下要求。

### （一）礼貌待人

每个人都希望被他人尊重，在开口讲话前，一定要有称谓，不能以"哎""喂"相称；不能以绰号、歧视性称呼，如"看门的""理发的""洗脚的""打扫卫生的"等称呼别人；对某些情况比较特殊的人，如生理有缺陷者，应绝对避免使用带有刺激性的或轻蔑的字眼；同时，称谓要符合对方的性别、年龄、职业、身份等。

### （二）尊重为本

尊重是礼仪的核心宗旨，也是称呼别人时需要注意的一项原则。交际时，称呼对方时要用尊称，如"贵姓""贵公司"；对副职如副总经理、副处长等，要以正职相称；对于身份地位高者、年长者，可以"先生"相称，其前还可以冠以姓氏，如"何先生"，对德高望重的年长者、资深者，可称之为"公"或"老"。

称呼他人的亲属时，要采用敬称，对其长辈，应在称呼前加"尊"字，如"尊母""尊兄"；对平辈，应在称呼前加"贤"字，如"贤妹""贤弟"；在亲属的称呼前加"令"字，一般可不分辈分与长幼，如"令堂""令尊""令爱""令郎"。

称呼自己的亲属时，应采用谦称。比如，对于辈分比自己高的亲属，可在其称呼前加"家"字，如"家父""家母""家兄"；对于辈分比自己低的亲属，可在其称呼前加"舍"字，如"舍弟""舍妹"；对于自己的子女，可在其称呼前加上"小"字，如"小儿""小女"等。

### （三）讲究次序

在社交场合，需要同时与多人打招呼时，要注意亲疏远近和主次关系，称呼时的基本顺序是先长后幼、先高后低、先女后男、先疏后亲，有时亦可采用由近及远的顺序；若在会议上，遵照"女士优先"的原则，要按"女士们、先生们"的顺序进行称呼。

### （四）入乡随俗

入乡随俗指到了一定的地域或单位，要采用为对方理解并接受的称谓。

## 二、称谓的类别

### （一）正式性称谓

以交往对象的行政职务相称，以示身份有别、敬意有加，这是一种最常见的称呼方法。以职务相称，具体来说又分为3种情况。

（1）仅称职务，例如部长、经理、主任等。

（2）在职务之前加上姓氏，例如李主任、王处长、孙委员等。

（3）在职务之前加上姓名，这仅适用于极其正式的场合，例如陈某某市长。

### （二）职称、学衔性称谓

对于具有职称者，尤其是具有高级、中级职称者，可以在工作中直接以其职称相称。以职称相称，也有3种情况。

（1）仅称职称，例如教授、律师、工程师等。

（2）在职称前加上姓氏，例如李编审、张研究员等。有时，这种称呼也可加以约定俗成的简化，如可将陈工程师简称为"陈工"。

（3）在职称前加上姓名，适用于十分正式的场合，例如某某教授、某某主任医师、某某主任编辑等。

对于具有学衔者，通常称呼博士的学衔，如学衔、姓氏+学衔、姓名+学衔、学科+学衔+姓名。

## （三）行业性称谓

在工作中，有时可按行业进行称呼。对于从事某些特定行业或特定工作的人，可直接以被称呼者的职业作为称呼。也可以在职业前加上姓氏、姓名。称呼职业也有3种情况。

（1）称职业，如"老师""医生""会计""律师"等。

（2）姓氏+职业，如"王老师""李医生""张会计"等。

（3）姓名+职业，如"某某老师""某某法官"等。

## （四）礼仪性称谓

在工作中，对对方的情况不了解，只知道性别时，一般来说，对于任何成年人，均可以将男子称为"先生"，将女子称为"女士""小姐"。

**礼仪小常识**

新人报到后，首先应该对自己所在部门的同事有一个大致了解。对自己介绍后，其他同事会一一自我介绍，这个时候，如果职位清楚的人，可以直接称呼"张经理""王经理"等，对于其他同事，可以先一律称"老师"。这一方面符合自己刚毕业的学生身份；另一方面，表明自己是初来乍到，很多地方还要向诸位前辈学习。等稍微熟悉之后，再按年龄区分和自己平级的同事，对于比自己大许多的人，可以继续称"老师"，或者跟随其他同事称呼。对于与自己年纪相差不多，甚至同龄的同事，如果关系很好，可以直呼其名。

## 三、称谓禁忌

忌用不恰当的称谓，避免错误的称谓，这样才能使交往得以顺畅进行。以下是几种常见的称谓禁忌。

### （一）错误的称谓

常见的错误称谓主要指误读或误会。

（1）误读，即念错被称呼者的姓名。为了避免这种情况的出现，对于姓氏中的多音字、生僻字、复姓等，要特别留心，一定要做好先期准备，必要时不耻下问，虚心请教。

（2）误会，指对被称呼者的年龄、婚姻状况、辈分及其与他人的关系做出了错误判断，如将未婚女性称为"夫人"。

### （二）用过时的称谓

称谓具有社会性、时代性，有些称谓在特定的年代适用，但是一旦事过境迁，若再采用，将会显得迂腐可笑、不伦不类，如"老爷""官人""娘子"之类的称谓。

### （三）用不通用的称谓

有些称谓具有一定的地域性，只适合在特定的地域使用，如果在其他地方使用，就会引起一些误会。如中国人习惯把配偶称为"爱人"，而外国人则将它理解为"第三者"；北京人习惯称人为"师傅"，而在南方人眼中则有可能将其理解为"出家人"。

### （四）用格调不高的称谓

在人际交往中，有些格调不高的称谓在正式场合切勿使用，如"哥们儿""姐们儿""死党""老婆""老公""伙计"等，这类称呼显得低级庸俗。

### （五）用绰号作为称谓

在交际场合，切勿自作主张给对方起绰号，特别是带有明显侮辱性的绰号，如"瘸子""拐子""秃子""麻子"等。

### （六）拿别人的名字开玩笑

姓名是一个人的代号，蕴含着父母、亲人对一个人的美好期望，要尊重一个人，必须首先学会去尊重他的姓名。因此，不要随便拿别人的姓名开玩笑。

# 第二节　介绍礼仪

介绍是一切社会交往活动的开始，是人际交往中与他人建立联系、增进了解的最常见的形式。通过介绍可以缩短人与人之间的距离，扩大社会交往范围，增进彼此了解，消除不必要的误会和麻烦。

介绍分为自我介绍、为他人介绍、集体介绍3种情况。一般介绍有三要素：姓名、单位、职务。

## 一、自我介绍

### （一）自我介绍的时机

（1）初次见面时。

（2）在社交场合，想要结识某人与之建立联系时。

（3）应聘求职或应试求学时。

（4）前往陌生单位进行业务联系时。

（5）在公共场合对公众进行自我推荐、宣传时。

（6）交往对象因健忘而记不清楚自己的名字，或者担心这种情况可能出现时。

（7）应聘求职时。

（8）演讲时。

**(二)自我介绍的要求**

1.选准机会

若想自我介绍引起别人的关注，给对方留下深刻的印象，就要找准合适的时机，如在对方有兴趣、有空闲、情绪好、干扰少、有要求时进行。若对方正忙于工作，与人交谈，或大家的精力正集中在某事上，则不宜做自我介绍。

2.态度得体

人们初次相见时，都希望给对方留下良好的第一印象，自信、大方的自我介绍会让人产生好感与结识的愿望。进行自我介绍时，态度要亲切、自然、和善，可先向对方点头致意，得到回应后再做自我介绍；举止、仪表庄重大方，表情坦然亲切，面带笑容，热情友好，要敢于正视对方的双眼，显得胸有成竹、不卑不亢，讲到自己时可将右手放在自己的左胸上，切忌羞羞答答、慌慌张张，或矫揉造作、满不在乎；语气要自然，语速要适当放慢，语言表达要清晰，语调生硬、语速过快或过慢、语音含混不清都是缺少自信的表现。

3.把握分寸

自我介绍应是对自己基本情况的客观陈述，因此要掌握好分寸，措辞要适度，既不要过分炫耀、自吹自擂、谎报自己的职务，吹嘘自己的才能，给人一种自满自大的印象；同时，也不要过分自谦，丧失展示自己形象的机会，而应实事求是、诚实谦虚，恰如其分地介绍自己，以给人诚恳、坦率、可以信赖的印象。

4.注意时间

自我介绍的时间长度不可笼统地一概论之，但总的原则是力求简洁明了，尽可能地节省时间，以半分钟左右为佳，如无特殊情况最好不要长于1分钟。为了节约时间，在做自我介绍的同时，还可利用名片加以辅助。

**(三)自我介绍的内容**

根据不同的场合、不同的交往对象和不同的社交需要，自我介绍也应有一定的针对性，要注意把握自我介绍的内容、时间和态度。

1.应酬式(寒暄式)

自我介绍只是向对方表明自己的身份，所以介绍内容简单，只介绍自己的姓名即可。

2.公务式

公务活动中，介绍的目的是进一步和对方交往。自我介绍的内容有4个要素：姓名、单位、部门、职务，即除了介绍姓名外还要介绍工作单位和从事的具体工作。例如：您好，我是中国人民大学国际关系学院××教授。此外，自我介绍时务必要使用全称。当你第一次介绍你的单位和部门的时候，别忘记使用全称。

3.社交式

社交式自我介绍一般用于需要进一步的交流和沟通时，所以在介绍姓名、单位和职务后，还应进一步介绍兴趣、爱好、经历，以及交往对象和某些熟人的关系等，以便对方对你加深了解，建立友谊。

4. 特殊情况

如面试、演讲时，为了给对方留下深刻印象，自我介绍的方法可以别具一格。

## 二、为他人介绍

为他人介绍，通常指的是由某人为彼此素不相识的双方相互介绍、引见，或把一个人引见给其他人的一种介绍方式。人与人相互沟通，建立关系，很多时候都从介绍开始。

### （一）为他人介绍的时机

遇到下列情况时，有必要介绍他人，否则即是失礼。

（1）与家人、朋友外出，偶遇自己的朋友、同事时。

（2）在单位接待彼此不相识的来访者与被拜访者时。

（3）在家中接待彼此不相识的客人时。

（4）受到为他人做介绍的邀请时。

（5）打算推介某人加入某一方面的交际圈时。

（6）陪同上司、来宾时，遇见了其不相识者，而对方又同自己打了招呼时。

### （二）为他人介绍的顺序

顺序绝不是可有可无的形式问题，而是涉及个人修养与组织形象，以及社交活动的目的能否如愿达成的问题。先介绍谁，后介绍谁，是一个比较敏感的问题，如果忽略了顺序，则有可能使人不快。在为他人做介绍时，要遵循"尊者有优先知情权"的原则，根据这一原则，为他人做介绍时的顺序大致有以下几种情况。

（1）先将男士介绍给女士。

（2）先将年轻者介绍给年长者。

（3）先将职位低者介绍给职位高者。

（4）先将主人介绍给客人。

（5）先将晚到者介绍给早到者。

（6）先将晚辈介绍给长辈。

（7）先将未婚者介绍给已婚者。

（8）先将个人介绍给集体。

### （三）为他人介绍的类型及内容

1. 标准式介绍

标准式介绍适用于特别正式的场合。例如：尊敬的张××女士，请允许我向您介绍一下××文化公司的经理刘××先生。

2. 休闲式介绍

休闲式介绍也叫非正式介绍，它适用于一般的社交场合，它以礼貌、轻松、愉快、自然为宗旨,介绍时语言应简洁、活泼。例如:"李××,你不是想认识刘××吗?这位就是。"

3.引见式介绍

这种介绍适用于普通的社交场合,这是一个介绍者为不认识的双方提供交流的介绍,介绍者的任务是将被介绍者双方引导到一起,而不需表达更多的实质性的内容。在非正式的聚会中,可以采用一种随机的方式为朋友做介绍,让他们自由沟通。例如:"王××,来认识一下刘××吧,咱们都是校友呢。"

**(四)介绍者的礼仪**

作为介绍者,态度要热情友好,语言要清晰明快,不能含糊其辞,以免被介绍双方听错或记错姓名。介绍时,手势应该用手掌指示,而不能用手指,指示的位置不要太高,更不能指向对方的头部,最佳的位置应该是对方的胸和腰之间,距对方身体约10厘米左右的位置,同时,我们的目光应该落在与之交谈的人的身上,如图6-1所示。

图6-1 介绍礼仪

**(五)被介绍人的礼仪**

当介绍人询问被介绍者是否有意认识某人时,被介绍者一般不应加以拒绝,而应欣然接受。

当介绍到自己时,一般应起立,目视对方,面带微笑,不要让其他事情分散注意力,东张西望,以免给对方留下心不在焉、不重视或不欢迎的印象。

介绍完毕,应问候对方并复述对方姓名,视情况与顺序与对方握手,并彼此用"您好,很高兴认识您""久仰大名"等问候对方,还可以在此时交换名片。此刻,被介绍者不可有意端架子、拿腔捏调,显得瞧不起对方,或者面露倦色,敷衍应付。

**(六)为他人介绍应注意的问题**

(1)中间介绍人突然忘记被介绍者的姓名时,不要因此中断介绍,此时应立即诚恳道歉,并马上询问对方。

(2)为他人介绍是双方彼此认识的桥梁,因此,不应该仅停留在对双方基本情况的客观陈述上,还要在介绍时注意内容的选择要突出被介绍者的相关特点,为双方进一步的了解与顺利交往提供条件。

(3)作为介绍人,在介绍他人时,应使用恰当的手势、不可拍打对方的肩部,或者用食指指示。

(4)介绍时,对被介绍者的评价要把握好尺度,不可夸大其词,以免有阿谀奉承之嫌。

(5)介绍时条理要清楚、重点突出,内容不可过于冗长,以免使听者心生厌烦。

110

### 三、集体介绍

集体介绍，其实是我们为他人介绍时，其中一方或双方不止一人的一种特殊情况。

**（一）集体介绍的顺序**

（1）在被介绍者双方地位、身份大致相似，或者难以确定时，应当使人数较少的一方礼让人数较多的一方，一个人礼让多数人。先介绍人数较少的一方或个人，后介绍人数较多的一方或多数人。

（2）若被介绍者在地位、身份之间存在明显差异，特别在年龄、性别、婚否及职务有别时，则地位、身份为尊的一方即使人数较少，甚至仅为一人，仍然应被置于尊贵的位置，最后进行介绍。

（3）在演讲、报告、比赛、会议和会见时，可向大家主要介绍重要人物。

（4）若需要介绍的一方人数不止一人，可采取笼统的方法进行介绍。例如，可以说"这是我的家人""他们都是我的同事"等。

（5）如果对多方进行介绍，需要对被介绍的各方进行位次排列。排列的方法为：以其单位规模为准，以其负责人身份为准，按其企事业单位的字母顺序排列，以抵达时间的先后顺序为准，以距介绍者的远近为准，以座次顺序为准。

**（二）集体介绍注意事项**

（1）切忌使用让人误会的称呼，在首次介绍时要准确地使用全称。

（2）介绍时要庄重、亲切，切勿开玩笑。

# 第三节　握手礼仪

国握手礼的起源

握手是一种见面的礼节，流行于许多国家，它是人们见面时相互致意、表达问候的一种普遍的交际方式，也是人们在一些特殊场合下表达感谢、祝贺、安慰等的一种礼节。

握手看似简单，却有着复杂的礼仪规则，表达着丰富的交际信息。握手的力量、姿势与时间的长短，往往能够表达出对对方不同的礼调与态度，显现出交往双方的个性。不同的握手方式会给人留下不同的印象，通过握手，可以了解对方的个性，从而赢得交际的主动权。

## 一、握手的时机

（1）被介绍与人结识之时，握手以示自己乐于结识对方，并为此深感荣幸。

（2）在家中、办公室及其他一切以自己作为东道主的社交场合，迎接或送别来访者时，握手以示欢迎与欢送。

（3）他人给予自己一定的支持、鼓励或帮助时，握手以示衷心感谢。

（4）向他人表示恭喜、祝贺时，如祝贺生日、结婚、生子、晋升、升学，或获得荣誉、嘉奖时，要握手，以示贺喜之诚意。

（5）拜访他人后，在辞行时要握手，以示"再会"。

（6）遇到较长时间未曾谋面的熟人，握手以示久别重逢而万分欣喜。

（7）得悉他人患病、遭受其他挫折或家人过世时，握手以示理解与慰问。

## 二、握手的要点

### （一）握手的顺序

1.一般握手顺序

在交际应酬时，握手的先后次序要符合礼仪规范。具体而言，握手时应遵循"尊者决定"的原则，其大致情况如下。

（1）长辈与晚辈握手，应由长辈首先伸手。

（2）女士与男士握手，应由女士首先伸手。

（3）上级与下级握手，应由上级首先伸手。

（4）已婚者与未婚者握手，应由已婚者首先伸手。

（5）社交场合的先至者与后来者握手，应由先至者首先伸手。

（6）老师与学生握手，应由老师首先伸手。

2.特殊握手顺序

在一些特殊场合，握手时的伸手顺序如下。

（1）一个人需要与多人握手，应讲究先后次序，由尊而卑，即先长辈后晚辈，先女士后男士，先上级后下级，先已婚者后未婚者，先老师后学生。

（2）在公务场合，握手时伸手的先后次序主要取决于职位、身份；在社交休闲场合，握手时伸手的顺序则主要取决于双方的年纪、性别、婚否。

（3）在接待来访者时，应由主人首先伸出手来与客人相握，以示"欢迎"，而在客人告辞时，则应由客人首先伸出手来与主人相握，以示"再见"。

### （二）握手的方式

握手的标准方式是：行至距离对象约 0.7 米处，双腿立正，上身略向前倾，伸出右手，四指并拢，拇指张开下滑，与受礼者握手。握手时，双目注视对方，面带微笑，相互问候并致意。如图 6-2 所示。

图 6-2　握手礼

握手的礼仪

在握手时，切勿显得三心二意、敷衍了事、左顾右盼、心不在焉、傲慢冷淡，给人不真诚的感觉。如果在此时迟迟不握他人早已伸出的手，或是一边握手，一边东张西望，目中无人，甚至忙于跟其他人打招呼，都是极不礼貌的。

**（三）握手的力度**

握手要用力适度，一般以不握疼对方的手为限度，握得太紧或过猛，会有过分热情或故意示威之嫌；如果只碰一碰对方的手就立刻分开，会有缺乏热情、敷衍了事之嫌；与初次见面者握手，不可太用力；如果是久别重逢的老友，力气可稍大些，以示内心的欣喜之情。

**（四）握手的时间**

握手时间的长短可根据握手双方的亲密程度灵活掌握。初次见面者，握手时间一般应控制在 3 秒钟之内，可上下晃动三四次，随后松开手来，恢复原状；老朋友或关系亲近的人则可以握得时间长些；异性之间切忌握住久久不肯松开，即使同性之间时间也不宜过长，以免对方尴尬。

与他人握手时间过久，尤其是拉住异性的手长久不放，则显得有些虚情假意，甚至会被怀疑为"想占便宜"；相反，两手稍触即分，时间过短，好似在走过场，又像是对对方怀有戒心。

## 三、握手的禁忌

在行握手礼时应努力做到合乎规范，避免违反下述禁忌。

（1）使用左手。

（2）握手时戴着手套或墨镜，只有女士在社交场合戴着薄纱手套握手，才是被允许的。

（3）握手时另外一只手插在衣袋里或拿着东西。

（4）握手时面无表情、不置一词或长篇大论、点头哈腰，过分客套。

（5）握手时仅握住对方的手指尖，好像有意与对方保持距离。正确的做法是要握住整个手掌。即使对异性，也要这么做。

（6）握手时把对方的手拉过来、推过去，或者上下左右抖个没完。

（7）拒绝和别人握手时，如有手疾，或汗湿、手脏了，也要和对方说一下"对不起，我的手现在不方便"，以免造成不必要的误会。

（8）坐着握手。

# 第四节　名片礼仪

名片是社会交往的工具和个人身份的象征，是当代社会私人交往和公务交往中一种最为经济实用的介绍性媒介。交换名片已成为社交场合中一种重要的自我介绍的方式。恰到好处地使用名片，可以显示自己的涵养和风度，有助于人际交往和沟通。同时，名片也是个人形象和组织形象的有机组成部分。

## 一、名片的种类

名片种类比较多，没有统一标准。以名片用途为标准，主要分为社交名片、职业名片和商业名片3种。

### （一）社交名片

社交名片主要用于朋友之间交流情感、结识新朋友。这种名片设计个性化，名片上的内容包括姓名、地址、邮编、电话等，也可以印上个人照片、个人爱好等。

### （二）职业（公务）名片

职业名片是政府或社会团体在对外交往中所使用的名片，其使用不以赢利为目的，这种名片不涉及个人家庭信息。名片上的内容包括姓名、地址、邮编、电话，有时还要有单位、职称、社会事务头衔等。

### （三）商业名片

商业名片通常是公司或企业进行业务活动时使用的名片，通常以赢利为目的。这种名片的内容包括姓名、地址、邮编、电话、单位、职称、社会事务头衔，另外一般会在背面印上单位业务范围、经营项目等。

## 二、名片的样式

当今社会使用的名片通常都是由长方形的硬质卡片纸制成，规格多为6厘米×9厘米。

### （一）横排名片

横排名片是指以宽边为底、窄边为高、字序由左向右、行序由上而下的名片，这种名片设计、排版方便，易辨识，易收藏，成为目前使用最普遍的名片印刷方式。

### （二）竖排名片

竖排名片是指以窄边为底、宽边为高、字序由上而下、行序由右而左的名片。这种名片设计风格古朴、别致，但排版复杂，不易辨识，故多用于个性化的名片设计。

### （三）折式名片

折式名片是可折叠的名片，比正常名片多出一半的信息记录面积。

## 三、名片的印刷

### （一）色彩

一般情况下，名片宜选白色、米色、淡黄色、浅灰色等庄重朴素的颜色，忌用艳丽的色彩或者杂色。

### （二）文字

在国内使用的名片，上面的文字采用通用推行的规范汉语简体字，字体采用标准、清晰、容易辨识的印刷体，不宜采用行书、篆书或草书。

### （三）图案

名片上可以印制本单位的标志等，但不提倡使用人像、宠物、漫画或其他花里胡哨而又无说明意义的图案。

### （四）材质

印制名片最好选用耐磨、大方的纸张，不宜选用布料、塑料、皮革等其他材料印制。

## 四、名片的用途

### （一）方便自我介绍

在自我介绍时，适时递上名片可以避免口头介绍时所造成的误听、误解等麻烦，使对方更清楚地记住自己的名字等信息，加深印象。

### （二）通报身份

前往单位拜访时，先呈上名片，作为通报之用，为进一步的了解和沟通奠定基础。

### （三）方便联系

名片上印制着自己的相关信息，如名字、电话、地址等，这样可以免去劳烦对方用纸笔记录之苦，又便于在互相联系时查找。

## （四）替代贺卡

向友人寄送或托送礼物时，如果因为公务繁忙，无法写信或当面表达时，可以附上一张名片并在左下角写上简短的祝福语和问候语，表示自己亲自前往或亲自挑选的礼物。

## （五）广告宣传

在进行商务往来时，名片背面印制的单位业务范围还具有广告的作用。

## （六）充当留言

拜访好友或相识的人而未相遇，可留下一张名片，表示曾来拜访。

## （七）通知变更

如果自己因为工作调动等原因变换了联系方式与地址，可以将变更后的新名片及时送达老朋友，以便对方对自己的相关情况了解得更及时、充分。

## 五、名片的交换

名片使用的恰当与否能够体现一个人的修养和素质。无论是递名片或收受名片，一定要保持恭敬严谨的态度。

### （一）递送名片的礼仪

第一，留意观察，选准机会。向对方递送名片时，应细心观察，找好时机，观察对方是否有时间和诚意，然后决定是否需要递送名片。

第二，仪态端正，表情亲切。递送名片时应该站立或欠身递送，面带微笑，双目注视对方，用双手的拇指和食指分别持握名片上端的两角送给对方。

第三，语言到位，敬语有加。递送名片时，应致礼貌语。例如："您好，这是我的名片，请多指教。""您好，这是我的名片，请多关照。"

第四，讲究顺序，有礼有节。在需要向多人递送名片时，要遵循"先客后主，先低后高"的顺序，即地位低者先把名片递给地位高者，年轻的先把名片递给年长的，男性先向女性递名片，客人先把名片递给主人。当与多人交换名片时，应按照职位高低的顺序或者由近及远的顺序递送，切勿跳跃式进行。

### （二）接收名片的礼仪

第一，尽快起身。当接收他人递过来的名片时，应尽快放下手头的其他事务，迅速起身，面带微笑，用双手拇指和食指接住名片下方的两角，或者以双手捧接。如果手中拿着其他东西，必须先放下手中的东西，再接收名片。千万不要手上拿着东西的同时收受名片，这会给人以随便的感觉，对方也会觉得自己不受重视。

📹 递送名片的礼仪

第二，表达谢意。接过对方的名片时，要说"谢谢""能得到您的名片，深感荣幸"等礼貌用语。

第三，认真阅读。接过名片后，要认真地读一下对方名片上的内容，不清楚的地方可以及时问一下，有必要的话可以重复一下对方名片上所列的职务或单位，以示尊重。切忌接过名片后随便一丢，这是对别人极不尊重的表现，也不可拿着名片在对方的面孔旁边比对或是从头到脚打量对方，这是极其没有礼貌且易引起他人反感的行为。

第四，回赠名片。接受过对方的名片后，应回赠自己的名片，如果自己没有名片或没带名片，应及时道歉并说明原因，如"对不起，今天忘带名片了""很抱歉，我没有名片"等。

第五，放置得体。接过他人的名片后，应当着对方的面郑重其事地将其名片放入自己携带的名片盒或名片夹之中，千万不要信手往裤兜里一塞或随意扔在桌子上，甚至在名片上面压上东西，或者走的时候忘记携带。

**礼仪小故事**

**急往口袋塞名片，引对方不满意**

王晓斌毕业后开始做市场营销，刚从学校毕业的他虽然虚心好学，但因为经验不足，因此在与客户打交道时偶尔会有失误之处。一天，他被引荐给一位潜在的大客户，对他而言这是个大好机会。为了跟对方多交谈而留下好印象，他在接过对方递来的名片时没有看就往口袋里面塞。对方看到晓斌的这个动作之后，脸上立即流露出失望的表情。

**（三）索要名片的技巧**

在一般的社交场合，通常不宜主动找人索要名片，如果确实有必要索要名片，一般可采用下列办法。

（1）向对方口头上提议交换名片。

（2）主动递上本人名片。此所谓"将欲取之，必先予之"。

（3）询问对方："今后如何向您请教？"此法适用于向尊长索取名片。

（4）询问对方："以后怎样与您联系？"此法适用于向平辈或晚辈索要名片。

**（四）婉拒他人索取名片**

当他人索取本人名片而不想给对方时，通常不宜直截了当地拒绝，而应以委婉的方法表达此意。可以说"对不起，我忘了带名片"，或者"抱歉，我的名片用完了"。若手中正拿着自己的名片，又被对方看见了，则上述说法显然不合适。

若本人没有名片，而又不想明说，也可以用上述方法委婉地表述如果自己的名片真的没有带或用完了，自然也可以这么说，但不要忘了加上一句"改日一定补上"，并且一定要言出必行、付诸行动。否则会被对方理解为自己没有名片，或成心不想给对方名片。

## 六、名片的存放

（1）在参加交际应酬之前，要提前预备好名片。

（2）名片应放在专用的名片盒或名片夹中，然后放在包内容易在第一时间找到的位置，不宜在使用时乱翻乱找。男士可将名片放在左胸内侧的西装口袋里，女士可放在随身携带的手提包内。

（3）可以将收到的名片进行分类存放，便于工作中查找使用。如按照字母顺序分类，按汉字笔画分类，或按行业或地区分类。

## 七、名片使用禁忌

第一，随手任意涂改名片如同人的脸面，必须加以爱惜，因此不宜乱涂乱改。

第二，堆积过多的头衔印制太多的头衔，会给人一种故意炫耀之感。

第三，随意放置收到他人的名片后，不可拿在手中玩弄，或在名片上乱写乱画，或者拿名片扇风，这些都是不礼貌的行为。

第四，使用香味过浓的名片有些人对香味比较敏感，所以社交场合不宜使用有香味或香味过浓的名片。

## 课堂讨论

1.称呼他人有哪些禁忌?

2.握手时要遵循一定的原则，请说明客人来访与告别时的握手顺序。

3.请简要回答递送名片与接收名片时的相关礼仪要求。

## 课后练习

1.按照以下场景进行自我介绍的实训练习。

（1）大学入校军训，与不相识的同学初次见面时。

（2）求职面试，面对主考人员时。

（3）前往某单位拜访熟人，被接待人员拒绝时。

（4）在某次聚会上，打算介入陌生人组成的交际圈时。

2.在老师指导下自设情景进行见面时如何称呼他人、相互介绍、握手、互换名片的模拟训练，两人一组进行练习。

## 学习拓展

阅读我国著名散文学家梁实秋的《雅舍小品》，重点关注其中与日常见面礼仪联系紧密的文章。

第七章

CHAPTER 7

# 交谈礼仪

人际交往最重要的一个方式，就是交谈。交谈礼仪，即人们在一般场合与他人交谈时应当遵循的各种规范和惯例，"良言一句三冬暖，恶语伤人六月寒"，因此，在交谈中必须遵从一定的礼仪规范，掌握一定的语言技巧，才能达到双方交流信息、增进友谊、加强团结的目的，最终为交谈的成功奠定基础。

▶ **学习目标**

1. 了解交谈礼仪的基本知识。

2. 掌握职场交谈礼仪的技巧，提高表达、沟通、协作能力。

3. 了解拨打电话的礼仪。

4. 掌握电话礼仪。

# 第一节　交谈的基本原则

交谈的原则是人们在与他人交谈时需要遵循的准则。遵守这些原则，将使交谈顺利进行，并取得良好的效果。

## 一、尊重对方

交谈是双方思想、感情的交流，是双向活动。要取得令人满意的交谈效果，就必须顾及对方的心理需求。交谈中，任何人都希望得到对方的尊重。交谈双方无论地位高低、年纪大小，在人格上都是平等的，切不可盛气凌人、自以为是、唯我独尊。所以，谈话时，在心理上、用词上、语调上要体现对对方的尊重。多用礼貌用语，口气谦和，忌用语气傲慢的口头禅。谈到自己时要谦虚，谈到对方时要尊重。恰当地运用敬语和自谦语，可以显示个人的修养、风度和礼貌，有助于交谈的成功。

## 二、适应对象

话讲得好不好，不仅要看话语是否恰到好处地表达了自己的思想感情，还要看谈话内容是不是符合谈话对象的需要，对方是否乐于接受。

交谈内容要因人而异，即交谈时要根据交谈对象的不同而选择不同的交谈内容。

要根据谈话对象的年龄、性别、职业、社会地位、文化知识水平及思想状况区别对待。《鬼谷子·权篇第九》中有文:"故与智者言,依于博;与拙者言,依于辩;与辩者言,依于要;与贵者言,依于势;与富者言,依于高;与贫者言,依于利;与贱者言,依于谦;与勇者言,依于敢;与过者言,依于锐。"例如,与医生交谈,宜谈健身治病;与学者交谈,宜谈治学之道;与作家交谈,宜谈文学创作;等等。该原则适用于各种交谈,但忌讳以己之长对人之短,否则往往会"话不投机半句多"。因为交谈是意在促使有关各方有所交流的谈话,故不可只有一家之言,而难以形成交流。

注意亲疏有度,"交浅"不"言深",是一种交际艺术。

## 三、明确目的

只有目的明确,才知道应该准备什么话题和资料,采取何种谈话风格,运用哪些技巧,从而做到有的放矢、临场应变。要坚持"有意而言,意尽言止"和"话由旨遣"的原则。明确谈话目的,是取得成功的前提条件。如果谈话目的不明确,漫无边际,不仅浪费时间,而且失礼。所以谈话之前,要预先想一想要获得的效果并为之努力,做好充分的准备工作。

## 四、适可而止

与其他形式的社交活动一样,交谈也受制于时间,虽说亲朋好友之间的交谈往往是"酒逢知己千杯少",但仍应适可而止。普通场合的小规模交谈,以半小时以内结束为宜,最长不要超过1个小时。交谈的时间一久,交谈所包含的信息与情趣难免会被"稀释"。在交谈中每个人的每次发言,最好不要超过3分钟,至多5分钟。

交谈适可而止,主要有以下4点好处。

(1)可以节省时间。

(2)可以使每名参与者都有机会发言,以示平等。

(3)可以使人们发言时提炼精华,少讲废话。

(4)还可以使大家对交谈意犹未尽,保留美好的印象。

## 五、不谈忌讳话题

对于初相识的人,必须记住"尊重隐私六不问",即不问年龄、婚否、经历、收入、地址、健康。此外,每个人都有自己忌讳的话题,在交谈时务必注意回避对方的忌讳,以免引起误会。交谈过程中应该多谈些对方喜欢听的、感兴趣的话题。而在提建议、提出批评时更要讲究方式,要注意环境与场合,让对方心悦诚服地采纳、接收。

# 第二节  交谈内容选择

亚里士多德曾经说过，交谈由谈话者、听话者、主题等三个要素组成，"要达到施加影响的目的，就必须关注此三要素。"又如一位学者所言："如果你能和任何人连续谈上 10 分钟又能使对方发生兴趣，你便是最优秀的交际人物。"

## 一、内容选择的原则

### （一）切合语境

语境即说话时具体的语言环境，它指的是说话的客观现场环境，包括时间、地点、目的及交谈双方的身份等。在交谈内容的选择上要切合语境，主要有以下两层含义。

第一，交谈内容务必要与交谈的时间、地点与场合相对应，否则就有可能出错。

第二，交谈内容还应符合自己的身份，应符合我国的法律法规。

### （二）因人而异

在交谈时要根据交谈对象的不同而选择不同的交谈内容，谈话的本质是一种交流与合作，因此在选择交谈内容时，就应当为谈话对象着想，根据对方的性别、年龄、性格、民族、阅历、职业、地位来选择适宜的话题。

### （三）回避禁忌

在与别人交谈时，应当把握好度，切不可说出与自己身份不符的话。不应涉及对方单位的内部事务，以及对方的弱点与短处，因为任何一个有自尊心的人，都不会希望自己的弱点与短处被别人当众曝光。俗话说"打人不打脸，揭人不揭短"，在交谈过程中，忌谈交谈对象的弱点、短处或其他不足之处。这也是对交谈对象尊重的一种表现。同时，如果双方不是十分熟识，交谈也不要涉及对方的个人隐私，如年龄、收入等。

## 二、宜选的话题

所谓话题，是指人们在交谈中所涉及的题目范围和谈资内容。换言之，话题是一些由相对集中的同类知识、信息构成的谈话资料及其相应的语体方式、表述语汇和语气风格的总和。谈话内容的选择反映着言谈者品位的高低。在人际交往中，希望使谈话有个良好的开端，可以以下几种适宜的话题。

### （一）宜选双方约定的话题

双方拟定的话题，就是正式场合所应该谈论的话题。比如征求意见、请人帮忙、讨论问题、传递信息、研究工作等。

### （二）宜谈对方擅长的话题

向对方请教他所擅长的问题，其实是最容易讨巧的话题。例如，与学者交谈，宜谈治学之道；与医生交谈，宜谈养生心法；与企业家交谈，宜谈创业之道。但不要以己之长对人之短。

### （三）宜谈格调高雅的话题

与别人交谈时，最好选择能够体现你的见识或阅历的话题，内容要文明、优雅，格调要脱俗、高尚，如艺术、文学、历史、哲学、建筑、科技等。但是面对行家，切不可不懂装懂。

### （四）宜选择轻松愉快的话题

宜选择诸如体育比赛、风土人情、名胜古迹、名人轶事、休闲娱乐之类的话题。

## 二、交谈内容的禁忌

俗话说："酒逢知己千杯少，话不投机半句多。"在与他人交谈时，要想使交谈气氛融洽和谐，避免话不投机带来的尴尬，就应当有意识地避开某些话题。交谈时的一些禁忌话题和做法大致如下。

### （一）谈及别人隐私

关心有度、交谈有度。关于交谈中不能谈的个人隐私问题，用专业的讲法叫"五不问"。

1. 不问收入

在现代社会上，一个人的收入往往是他个人实力的标志，问别人挣多少钱，实际上是问这个人本事如何，这是不合适的。而且跟收入有关的直接和间接的问题都不能问。例如，不可以打探别人有没有私家车、房子面积多大、到哪里旅游、是否经常出去吃饭等问题。一位有涵养的人对这些细节要注意。

2. 不问年龄

在现代市场经济条件下，竞争比较激烈，一个人的年龄实际上也是个人资本，所以不问这一问题为妙。

3. 不问婚姻家庭

家家都有一本难念的经，别去跟人家过不去。不要见到一个人上去就问"您多大了""有对象没有""结婚了没有""有孩子了没有"等。这些问题涉及个人隐私，随便跟别人谈论这样的问题容易弄巧成拙。

4. 不问健康

跟年龄一样，现代人的健康其实也是一种资本，随便与别人谈到这个问题，很容易自惹麻烦。

**5. 不问经历**

英雄不问出处。不要一见面就问别人老家是哪里的，什么专业毕业的，哪所大学学习的，现在是做什么工作的，以前是做什么工作的等。学科背景、学历、学校是否是重点大学之类，只代表一个人曾经的学校教育背景，不能完全代表一个人的能力，有教养的人在一般情况下不会谈及此类话题。

**（二）谈涉及国家机密和行业机密的内容**

有些事情是有底线的，国家机密和行业机密也是不能随意触碰的，不可随便去打探。信口开河会给别人不能被信任的感觉，打探机密则有可能违反法律和纪律。

**（三）非议他人的话题**

简单地说，就是不能随便讲他人的坏话。客不责主，跟人打交道，别让人家难堪和尴尬。去主人家吃饭，不能对人家提供的饭菜挑剔一番。跟对方不熟悉的话，打交道的时候不能随便乱说，否则就会招致反感。

**（四）谈诋毁领导、同行、同事的话题**

我们可以向别人提意见和建议，也可以批评和自我批评，但在外人面前说到自己的同事时，不要诋毁或非议，这是一个人的教养问题。

**（五）谈庸俗低级的话题**

家长里短、小道消息、男女关系、黄色段子等，都是格调低下、内容庸俗的东西，是我们在与别人交谈时不能涉及的话题。

**（六）独白**

既然交谈讲究双向沟通，在交谈中就要目中有人、礼让对方，要多给对方发言、交流的机会。不要一人独白，"独霸天下"。普通场合的小规模交谈，以半小时以内结束为宜，最长不要超过 1 个小时。如果人多，在交谈中每个人的发言，最好不要超过 5 分钟。

**（七）插嘴、抬杠**

出于对他人的尊重，别人讲话的时候，尽量不要中途打断或是和人争辩。插话、提问、请教，证明自己不仅在听，而且在思考，是尊重对方的表现。但打断别人谈话，最好在一句话后的停顿时，且插话不宜太频繁，时间应尽量缩短，以免打断讲话人思路。

交谈中产生不同观点是正常现象，本着求同存异的原则，可适当加以辩论。但是，辩论应当以理服人、和颜悦色、耐心探讨，不要高声叫喊，更不可态度蛮横、质问对方、揭人伤疤、侮辱人格，进行人身攻击。如果谁也不能说服谁，就应当自我克制，保留个人意见，让时间和实践证明是非曲直。针锋相对的重大原则分歧，可留在以后适当场合辩论，不要影响现场正常秩序。固执己见、强词夺理、自以为是、得理不让人，是辩论的大忌。

### （八）冷场

交谈中从头到尾保持沉默，不置一词，会使交谈陷入冷场，破坏现场的气氛。社交活动开始，常常出现冷场，此时社交活动主人要主动引导，寻找话题，打破僵局，可从谈论天气开始或从自己身边的事聊起，也可讲个笑话，活跃气氛，逐渐转入正题。与人交谈时遇到难以说清楚的话题，为保持良好气氛，最好先避而不谈，及时调整谈话内容和方式，转移话题。不论交谈的主题是否与自己有关，自己是否有兴趣，都要热情投入、积极参与。交谈中若有他人原因致使冷场的情况，应该努力"救场"，转移旧话题，引出新话题。

目 早川先生与陌生人

### （九）随意开玩笑

玩笑能使交谈气氛活跃、融洽。但开玩笑要注意场合和对象，在安静、严肃的场合就不可开玩笑，同生性憨厚认真的人开玩笑，可能将其惹恼；同长辈、领导开玩笑，可能会让他们有失脸面和尊严；同外宾开玩笑，可能因习俗不同而造成误解。玩笑不可触及别人生理问题、隐私或伤心事。对无伤大雅的玩笑，一笑了之，不能生气恼火，造成举座不欢的场面。

# 第三节　言语交谈技巧

## 一、说的技巧

### （一）围绕主题

职业场合交际有效沟通的基本要求就是围绕既定主题展开交流。如探讨经营管理规章制度的传达实施、日常事务工作信息传递，征询意见，求得业务帮助，讨论问题看法，研究业务合作项目等。

围绕主题就是强调沟通的目标明确，就某个问题达成共识，即成为有效果的沟通。围绕主题也强调了沟通的时间观念，在尽量短的时间内完成沟通的目标，成为有效率的沟通。

### （二）真诚赞美

赞美是沟通的润滑剂。赞美是人们的一种心理需要，是对他人敬重的一种表现，是有效沟通中的礼仪技巧。真诚适度的赞美令人愉快，能很快拉近彼此之间的心理距离，为有效沟通提供了前提。

目 交流沟通中的对象性原则

真诚赞美是情真意切的、发自内心的赞美，是实事求是、措辞恰当的赞美；相反，若毫无根据、夸大其词地赞美别人，则让人感到虚情假意，甚至会陷入尴尬境地，也就阻碍了沟通的深入开展。

真诚赞美的前提是发现对方的闪光点。法国雕塑家罗丹曾说："对于我们的眼睛而言，这个世界不是缺少美，而是缺少发现。"只有发现了美，才能具体真实、热情洋溢地赞美到对方的心坎里，才能表现出真诚友善。

借用第三者的口吻来赞美对方，是真诚赞美的一种技巧，运用好这一技巧，更有利于及时有效地沟通。如："早听说您的办事能力很强，今天更深刻感受到了！"

此外，赞美并不一定总用一些固定的词语，不是见人便说"好"，而是可以赞美得不留痕迹。

### （三）巧妙说服

交流时，你可能常常会遇到对方的思想或要求欠妥，不能被你所接受，于是想指出对方的缺点和不足之处，这时尤其要注意沟通的礼仪，即运用技巧巧妙地说服对方，才能实现有效沟通。

巧妙说服常用到"同理心原则"。建立同理心是指观察和确认他人的情绪状态，并给予适当的反应，站在对方的角度，委婉含蓄地让对方接受自己的观点或建议，说话时要慎用"我觉得""我认为"，要多使用"您""你们""我们"。如："小刘，我发现你的建议很好，同时把……考虑上就更好了""一开始我也这样认为，让我们换一个角度……""我也有过相同的经历……如果我是你的话也……我们一起想想……"。

说服对方时，要选择恰当的提议时机，尽量将案例、资讯及数据摆出来，用事实说话，但要注意千万不能伤到对方的自尊。

说服对方时，要推心置腹，动之以情，通过感情这座桥梁到达对方的内心世界，以真心打动对方。说服对方时要求同存异。"沟通没有对错，只是站得立场不同罢了。"求同存异，满足对方"被肯定、被接受"的心理需求，缩短彼此的心理距离，就一定能够达到有效沟通的目的。

▤卡耐基的说服技巧

我们看到，在这个案例中，卡耐基没有讲一句他自己的需求，而是站在对方的角度谈对方可能得到的利和弊，以及对方如何能得到所需要的利益。

如果卡耐基选择另一种做事方法，比如，他怒气冲冲地找到饭店经理指责对方："你这是什么意思？明明知道我的入场券已经发了出去，却要增加3倍租金，这也太无理了！"那么，一场争论就有可能发生，最终的结果也可能是，即使饭店经理在争论中感到自己失策了，他的自尊心也会使他很难以做出让步。

说服他人的方法很重要，有时避其锋芒，运用高超的语言技巧，就会收到事半功倍的效果。

## 二、听的技巧

### （一）有表情地听

表情能表达丰富的情感态度。眼睛是心灵的窗户，在听的过程中，一定要礼貌注视对方，保持目光交流，用目光表情传递出积极主动、热情快乐的心情，并且适当点头示意，与对方进行表情互动，表现出有兴趣的状态，给到对方"说"的鼓励。相反，若总是低头不语、东张西望、左顾右盼、频频看表、抓耳挠腮，则表示对对方的话题或观点不耐烦，无形中表示拒绝交流，这就违背了沟通的双向性，背离了沟通的目标。

### （二）有回应地听

除了用表情表示聆听外，还要有适时的语言回应，如表示肯定、认同时发出"哦""嗯""是的"等应答声。鼓励对方继续表达时说"太好了，那下一步怎么打算呢？""哦，原来是这样呀，那后来呢？"这样适时地回应，与对方形成心理上的默契，就能够使交流更加深入。

也可以通过重复、强调对方谈话中的关键词，把对方的关键词语经过自己语言的修饰后，回馈给对方。如果没有听清楚、没有理解时，在不打断对方的前提下适时告诉对方，请对方做进一步解释，以便全面理解对方要传递的意思。

### （三）有目的地听

有效沟通中的聆听环节是要听出对方的真实需求、思想、委屈、快乐等，还要对对方的话语和肢体语言在交流中传递的小细节进行快速汇总和分析，所以聆听不是简单地听就可以了，需要专心地、有目的地听，要把对方沟通的全部信息、内容，包括情绪、情感，甚至言外之意，都尽可能地把握好，并记在心里，这才能使自己在回馈给对方的内容上，与对方的真实想法一致，这是有效沟通的重要保障。

### （四）听的禁忌

第一，忌听而不闻，不用心思、不做任何努力地听。
第二，忌随意打断对方，只满足自己的感受。
第三，忌随意插话补充，轻视他人，抬高自己。
第四，忌轻易否定对方，自以为是，目中无人。

## 三、问的技巧

社交场合沟通的最终目标是达成一个共同的协议。要充分了解并确认对方的需求、目的，经常会通过提问来获知。常见的提问方法有两种，如表7-1所示。

表7-1　提问的两种方法对比

| 项目 | 开放式问题提问 | 封闭式提问 |
| --- | --- | --- |
| 特点 | 回答没有框架，可以让对方自由发挥；答案是多样的，是没有限制的 | 提问时给对方一个框架，让对方只能在框架里选择问题回答。答案是唯一的，是有限制的 |
| 举例 | 您吃午餐了吗？<br>您什么时候有时间？<br>您的订购计划是怎样的？<br>您为什么喜欢这样的工作？ | 您午餐吃的什么？<br>您是上午有时间还是下午有时间？<br>您订购一套还是两套？<br>您喜欢您的工作吗？ |

续表

| 项目 | 开放式问题提问 | 封闭式提问 |
|------|--------------|-----------|
| 优势 | 收集信息全面,得到更多的反馈信息,谈话的气氛轻松 | 可以引导对方直接给到自己想要的结论,容易控制谈话的时间 |
| 劣势 | 占用一定的沟通时间,谈话内容容易跑偏,不便于控制沟通节奏 | 收集信息不全面,不利于了解对方的真实意思,只能是确认信息。另外,封闭式问题有时会让对方产生一些紧张或戒备的感觉 |
| 应用 | 时间充裕,需要收集信息,让对方充分参与、充分主导时用开放式问题 | 时间有限,需要尽快得出结论,自己控制局面时用封闭式问题 |

　　如果在提问的过程中没有注意到开放式和封闭式问题的区别,往往会造成收集的信息不全面或者浪费了很多的时间,却达不到有效沟通的目的,所以,在进行职场沟通时可用开放式问题开头,先营造一种轻松的氛围;一旦谈话跑题,就用封闭性问题引导;如果发现对方有些紧张,再给予开放式问题缓和对方情绪。

**案例**

**神奇的问法**

　　第二次世界大战结束时,日本的许多商店人手奇缺,想减少送货任务,于是就将问话顺序进行了调整,将"是您自己拿回去呢,还是给您送回去"改为"是给您送回去呢,还是您自己带回去"。顾客听到后一种问法,大都说"我自己拿回去吧",结果收到了极好的效果。

## 四、答的技巧

### (一)回答问题时要高效精练

**1.及时主动**

　　在进行社交沟通时,及时主动地回答对方的提问是礼仪的基本要求,问而不答或假装没有听到提问避而不答都是影响沟通效果的,甚至会出现沟通障碍,自然就达不到沟通目标。最高境界的回答是"答在对方未开口之前",即在明白对方的所需或疑虑时,还没等对方开口提问就主动回答,这样的回答无疑会给对方一个惊喜,留下一个热情友善、聪明睿智的印象。

**2.精练准确**

　　漫无中心地回答或答非所问的回答都是无效的沟通,也是对对方的不敬和失礼。所以回答问题时要换位思考,站在对方的角度分析对方提问的真实需求,经过快速汇总和提炼,将问题的实质答案说出,这是体现高超的沟通能力的一个重要方面。

**3.忌否定回答**

　　沟通时,人们最不愿意听到的是冷冰冰的一句"不知道""不清楚""没有""可能"大概"等否定的或模棱两可的回答。"一问三不知"的沟通是失效的，如果确实不知道答案，礼仪的要求是用歉意的、客气的语气回答"抱歉，这点我暂时还不太清楚……"之后，再提供可参考的答案或引导对方寻求答案，如"稍等，我帮你问问……""要不看看说明书……"等。

**（二）拒绝对方时应委婉含蓄**

当对方提出了我们的权限范围外的诉求的时候，我们应该讲究方法予以拒绝，具体做法如下。

**1.先肯定，后否定**

当交流对象提出的要求超过我们的权限范围时，我们可以先找出其中合理的部分予以肯定，然后委婉地表示你不能确定的其他部分。"我完全理解你的意思，很多人都是这样认为的，但是……"以这样的话语答复对方，对方会更加容易接受你的意见。

在与客户的交谈过程中尽量不要使用否定性的词语，即使你需要表达出来，也应该用一种更加有技巧的方式。如果对方是企业的客户，是提供给你某种利益的人，一旦遭到了否定，他们就会产生不快，从而产生一种抗拒心理。

**2.说明原因，得到谅解**

在拒绝的同时，力求得到对方的谅解，这是常用的拒绝方法。运用这种拒绝方法，首先应抱诚恳的态度，也就是说自己确有不能满足对方要求的理由；同时还要尽量让对方理解自己拒绝的原因，使双方的关系不受到伤害。

**3.转移话题，回避矛盾**

当访客提出要求不好正面拒绝时，可以采取迂回的战术，这时可以采取转移话题、回避矛盾的方法，选择一些与对方事情没有关系的话题，使对方不自觉地淡忘原来的意思，或者不好意思再提出原来的请求，从而起到变相拒绝的目的。

这个时候不正面回应对方的问题，给对方表现出一种完全听不明白的感觉，你的答非所问，会让对方主动放弃对你施压；大家在面对同事一些棘手的问题时，也可以尝试下缓兵之计的方法，使用这种对方你不得罪人，又能展现出自己的沟通能力，就像一个销售人员，面对客户一些不太合理的要求，最常说的一句话，"我先看看或者先考虑下"，再帮客户去解决问题，既能向对方表明了自己的态度，又能很好地拒绝对方。

**礼仪小故事**

**王爷巧拒皇帝**

《宰相刘罗锅》中，乾隆皇帝看中了王爷的格格，就把王爷叫过来，假惺惺地问："你家的小格格，还好吧？"王爷一听，心想坏了，皇帝想打自己女儿的主意。他那天恰好喝得有点高，便马上打岔道："喝喝？皇上，臣今天喝得已经够多了，不能再喝了。"皇帝很生气，大声说："朕问的是你家格格！""还是喝喝？不行了，皇上，今儿个肯定不行了，我快要吐了！"皇帝见他这个样子，也不好强加逼迫，只好让他退下去了。王爷装作摇摇晃晃的样子，一走出皇宫，就马上飞奔回府，和女儿商量计策了。

王爷用的这个方法，就是故意转移话题法。通过转移话题，让皇帝不再讨论自己女儿的话题，这样他就可以不表露自己的反对态度，也不会引起皇帝的不悦。

### 4.提出建议，给予帮助

我们在拒绝对方的要求时，为避免尴尬，可以向对方提出合情合理的建议，这样既达到了拒绝的目的，又能够很有礼貌地让对方不会感到难堪。绝大多数的事情并非只有一种解决办法，如果你委婉的拒绝后，还能站在对方的角度，帮他分析，并提供一些有价值的建议，不管你的建议对方采不采纳，但是你温和的态度，会让对方感觉你在替他着想，所以也就不会产生不悦的情绪了。

只要按照以上要求去做，来访者会觉得我们很尊重他，也很重视他的意见与合作项目。同时，我们还要以欣赏的目光、友好的肢体语言来表达对对方的欣赏并及时地给予恰当的赞美。积极热情的待客态度、诚心诚意的交谈方式，相信这是来访者乐于接受的，这对于彼此的项目合作是十分有利的。

**案例**

#### 令人折服的回答

一位西方记者曾在记者招待会上提问："请问，中国人民银行有多少资金？"周恩来委婉地答道："中国人民银行的货币资金吗？有18元8角8分。"当他看到众人不解的样子，又解释说："中国人民银行发行有面额为10元、5元、2元、1元、5角、2角、1角、5分、2分、1分的10种主辅人民币，合计为18元8角8分……"

周总理举行记者招待会，介绍我国的建设成就。这位记者提出这样的问题，有两种可能性：一是嘲笑中国穷，实力差，国库空虚；二是想刺探中国的经济情报。周总理在高级外交场合，同样显示出机智过人的幽默风度，让人折服。在沟通中，我们很可能遇到这样的问题：在对方看来是没有理由拒绝的，但是由于一些情况自己只能拒绝。这时，可以给出替代此问题的方法，看似回答了，实则在变相地拒绝对方，这就需要一定的智慧和应变能力，平日要多积累，多学习，加强沟通技巧的训练。

# 第四节 电话手机礼仪

## 一、电话礼仪

在惜时如金的时代，电话已经成为人们最重要的交际工具。有效地利用电话，发挥其应有的作用，是交际成功的重要保证。

### （一）拨打电话的礼仪

1.选择恰当的通话时间

时间适宜，打电话的时间应尽量避开上午 7 时前、晚上 10 时以后的时间，还应避开晚饭时间。有午休习惯的人，也请不要电话打扰他。电话交谈所持续的时间也不宜过长，事情说清楚就可以了，一般以 3~5 分钟为宜。因为在办公室打电话，要照顾到其他电话的进、出，不可过久占线，更不可将办公室的电话或公用电话当作聊天的工具，这是惹人讨厌的行为。除了特殊情况外，工作上的事，要在工作时间打电话，最好事先约好时间。

如果在对方用餐、休息和睡觉时不得已打电话，要讲明原因，并且道歉。如果同国外的公司电话联络，还要特别注意时差问题。

2.提高打电话的效率

（1）确保电话号码正确

为了提高打电话的效率，可以将常用的电话号码制成表格贴于电话旁边，方便随时查阅。打电话前，先确认好对方的电话号码。如果不小心打错了，一定要道歉，然后再仔细检查号码。

（2）准备充分

通话之前应该核对电话号码、公司或公司的名称及接话人姓名。写出通话要点及询问要点，准备好在应答中使用的备忘纸和笔，以及必要的资料和文件。

（3）做好记录

打电话时，旁边应准备好备忘录和笔，以免需要记录时，出现忙乱地找纸和笔的情况，不仅浪费对方的时间，也会给对方留下不专业、准备不充分的印象。

记下交谈中所有的必要信息，除了自己要说的话和说话内容的要点外，还要记下通话达成的意向点。

（4）复述要点

记录对方所说的内容，通话结束之前最好再复述一遍要点，防止记录错误或偏差而带来的误会，提高电话办事的效率。

（5）通话时间不宜过长

打电话时，先要自报家门，通话之前先问对方现在通话是否方便。如果方便就继续通话；如果不方便，礼貌地道歉并约好在对方方便时再通电话。事先想好要讲的内容，简明扼要地把事情说清楚。如果通话时间较长，应征求对方意见，并在通话结束时表示歉意。通话结束时，应主动挂断电话。

（6）注意通话礼节

接通电话后，应自报家门和证实一下对方的身份。打电话要坚持用"您好"开头，"请"字在中，"谢谢"收尾，态度温文尔雅。若您找的人不在，可以请接电话的人转告，如"对不起，麻烦您转告李主任"，然后将您所要转告的话告诉对方。最后别忘了向对方道一声谢，并且问清对方的姓名，切不可"咔嚓"一声就把电话挂了，这样做是不礼貌的，即使您不要求对方转告，您也应该说一声："谢谢，打扰了。"打电话结束时，要道谢和说再见，这是通话结束的信号，也是对对方的尊重。

（7）不打私人电话

办公时间打私人电话就等于放弃工作。如果有非打不可的电话，也要等到休息时间再打，还应该尽量用自己的手机或公用电话打，避免使用办公电话，否则既有占便宜之嫌，又影响办公室其他人休息。在对方上班期间，原则上不要为了私事而通电话，以免影响对方的工作。

**（二）接听电话的礼仪**

1.遵循"铃响不过三"原则

电话铃声一旦响起，要立即放下手头的事去接听电话。接听及不及时能够反映一个人待人接物的真实态度。"铃响不过三"是指接听电话以铃响三声之内接最适当。因特殊原因，致使铃响过久才接，要在和对方通话之前先向对方表示歉意。正常情况下，不应不接听来电，特别是应约而来的电话。接起电话时，应先自报家门，并首先向对方问好。如果是对方先问好，则应该立即问候对方。

2.非常规电话的处理

（1）接到拨错的电话。如果接到打错的电话，要简短地向对方说明情况后挂断电话，不要为此勃然大怒甚至出口伤人。有时候接起电话时，却听不见对方说话，这时如果不分青红皂白，在连续问候几声而没有人应答就破口大骂的话，会显得太没修养。而且出现这种情况可能是电话线路出了问题，如果破口大骂，万一对方是你的客户或上级，将很难收场。

（2）接到恶意骚扰的电话。对于恶意骚扰的电话，应简短而严厉地批评对方，没有必要长篇大论或说脏话；如果问题严重，甚至可以考虑报警。

（3）两部电话同时响起。当两部电话同时响起，或者在接听电话时，恰好另一个电话打来，可先向通话对方说明原因，请对方不要挂电话，稍候片刻，然后立即去接另一个电话。待接通之后，先请对方稍候，或过一会儿再回拨过去，然后再继续第一个电话。不管多忙，都不要拔下电话线，也不要把假的甚至是别人的电话号码留给你不欢迎的人。

（4）不想继续接听电话。如果是找你的而你又厌烦的电话，可以试着采取下面的方法礼貌而婉转地中断通话：告诉对方有另外一个紧急电话打进来；告诉对方有客人来访，你必须过去招呼了；告诉对方有急事要马上处理；告诉对方领导正在叫你，你不方便再继续通话。

（5）接到面试电话时。如果接到通知电话时你正在单位或其他场合，不方便回答对方的问题或询问，应当及早说明："对不起，我现在有事，能不能换个时间给您打电话？"或说："抱歉，我现在正在开会，能否改个时间联络？"等等。若在接电话前已有了新的工作选择，则应及时告知对方。若决定接受面试，则详细询问对方面试时间、地点、到达途径、联系人、所需时间、所需携带材料等情况并询问对方的办公电话号码，以便迷失方向时或面试后联系。结束电话之前，一定要感谢对方来电话，显示你的职业修养。接电话应尽可能言简意赅，听清来意，问清需要的信息就礼貌挂断，不要拖泥带水，让自己镇定，时常有应聘者一时激动匆匆挂线，印象分打折。

3.代接电话

若对方要找的不是自己，不要拒绝帮忙代找别人的请求，特别不要向对方表示出你对他所找的人有意见，或是对方要找的人就在身边，你说"不在"。代接电话时，不要向对方询问和要找的人的关系。当对方要求转达某事给某人时，应严守口风，不随意扩散。即使对方要找的人就在附近，也不要大喊大叫。当别人通话时，更不要旁听或是插嘴。

对对方要求转达的具体内容，最好认真做好笔录。对方讲完之后，还要重复一遍，以验证自己的记录是否正确无误，免得误事。内容应按照5W1H原则记录，即对方是哪个单位（where）、叫什么名字（who）、打电话来的原因（why）、通话要点（what）、什么时间打来电话及什么时间回电话（when）、如何进行（how）。然后赶紧把记录亲自放在对方所要找的人的办公桌显眼处（最好背过来放，以免让人看到电话内容）或亲自交给他。也可以自制电话记录表，内容包括来电时间、姓名、电话号码、紧急程度、内容、接听者、日期。

接听寻找他人的电话时，要先弄明白对方是谁、现在找谁这两个问题。如果对方不愿讲第一个问题，也不必勉强。如果要找的人不在，可先以实相告，再询问对方有什么事情、是否可以转告或留下电话，以便给他回话。如果前后次序颠倒了，就难免让人生疑。不到万不得已，不要轻易把自己代人转达的内容再托他人转告。这样一来，不但内容转述容易出现偏差，也耽误时间。

**案例**

### 态度冷淡，丢掉客户

某公司的业务主管打电话给甲公司，想要谈一笔大业务，但拿起电话却不小心口误说成了乙公司。甲公司的接话人一听要找的是自己的竞争对手，没好气地说"你打错了"，然后"啪"的一声就挂断了电话。这位业务主管半天才回过神来，发现是自己口误说错了，但同时他也觉得心里十分不舒服。因为在以前和这位接电话的员工联系过几次，对方的语言都是温文尔雅的，但现在看来，那些表面功夫都是装出来的。于是，这位主管看破真相后，打消了再打电话的念头，也不想再和这家公司合作了。

### 4.结束通话

接电话的人在通话终止时，不要忘记向对方说声"再见"。出于礼貌，应该让对方先挂断电话。如果对方是尊者，无论是你接电话还是打电话，都要让对方先挂断电话。当通话因故暂时中断后，应该由发话人或是身份低的人立即给对方拨过去，不要不了了之，或等待对方打来。

## 二、手机礼仪

现在手机已成为每个人必不可少的随身工具，而且随着技术的发展，手机已不再只是打电话的通信工具，而是具有众多实用功能的工具，手机的使用也有了一些礼仪规范。

### （一）放置手机要选择恰当的位置

A和B一起去给客户汇报产品方案，汇报的地点选在对方的会议室，当天参加会议的人很多，还有不少领导，会议室里非常拥挤。B当时觉得有些热，就把外衣放在了一边，没想到这却出了问题，汇报到一半儿的时候，突然手机响了，B意识到这是自己的手机但屋里人太多，他的外衣却放在门口，手机一直响个不停，中间也隔着好多人，B要过去拿的话大家都得起身才能让他过去，会场秩序一时间搞得很乱，也让对方的领导感到有些不满，A和B都很尴尬。

作为职场人员，B显然没有考虑过公共场合手机应该放在哪里合适。很多人习惯于把手机随意摆放，这在自己家里或者工位上没有问题。但在公共场合手机的摆放是很有讲究的。在一切公共场合，手机在没有使用时，都应该放在合乎礼仪的常规位置。放手机的常规位置可以是随身携带的公文包，也可以是上衣的内袋，一般不要将手机别在腰上或挂在脖子上，这样既不雅观也不安全。另外如果正在和客户面对面聊天，手机切忌放在桌子上。

### （二）使用手机应选择恰当的场合

手机具有可移动性，因此可以把手机带到任何地方使用，但是在不同的公共场合，需要注意一些使用手机的礼仪。出于对别人的尊重，在图书馆、剧场、电影院及医院等公共场所，关掉手机或是把手机调到振动或静音状态也是必要的。

在一些场合，比如在看电影时或在剧院接打手机是极其不合适的，如果非得回话，采用静音的方式发送手机短信是比较适合的。

不要在别人能注视到你的时候查看短信。一边和别人说话，一边查看手机短信，对别人不尊重。

### （三）选择适宜的手机铃声

现在有不少人，特别是年轻人喜欢使用彩铃。有些彩铃很搞笑，或很怪异，与千篇一律的铃声比较起来确实有独特之处。但是彩铃是给打电话的人听的，如果需要经常用手机联系业务。最好不要用怪异或格调低下的彩铃，以免影响自己和公司的形象。

**职场手机礼仪不可不知**

手机最大的优势就是随时随地可以通话，在带给大家便利的同时自然也会带来一些负面效果。小李刚刚来到公司不久，在办公室里接听手机的时候总是声音很大，旁若无人。周围的同事有的正在思考业务，有的正在和其他客户通话联系工作，他这样大声讲话，影响了周围人正常的工作，没多久就招来了同事们的不满。

对于职场新人，给他人的第一印象往往在很大程度上决定了其日后的发展，而小李这种行为给周围人留下的印象就是心中没有他人，不考虑他人的感受。在公共场合接听手机时一定要注意不要影响他人。有时办公室人多，原本就很杂乱，如果再大声接电话，往往就会让环境变得很糟糕。作为职场新人，在没有熟悉环境之前，可以先去办公室外接电话，以免影响他人，特别是一些私人的通话更应注意。

如今手机已是再平常不过的事物，但在职场中，一部手机却可以折射出一个人的职场能力。因此职场人员一定要掌握手机礼仪，让手机成为自己的职场帮手，而不是减分利器。

**（四）用手机打电话前要考虑对方是否方便**

如今，手机作为沟通的重要工具，自然是联系客户的重要手段之一，但在给自己重要的客户打电话前，首先应该想到他是否方便接听你的电话，如果他正处在一个不方便和你说话的环境，那么你们的沟通效果肯定会大打折扣，因此打电话前考虑对方这是职场人员必须要学会的一课。最简单的一点，就是在接通电话后，先问问对方是否方便讲话，但仅有这是远远不够的。

一般需要在平时主动了解客户的作息时间，有些客户会在固定时间召开会议，这个时间一般不要去打扰对方。而电话接通后，要仔细聆听并判断对方所处的环境，如果环境很嘈杂，要考虑对方是否能够耐心听电话；而如果对方小声讲话，则说明他可能正在会场里，此时应该主动挂断电话，择机再打过去。有了初步的判断，对能否顺利通话就有了准备。但不论在什么情况下，是否通话还是由对方来定，所以"现在通话方便吗"通常是拨打手机的第一句问话。

**课堂讨论**

1. 与不同关系的人交谈时，目光的落点有什么区别？
2. 交谈内容的选择有哪些禁忌？初次见面有哪些话题比较适合？
3. 接听电话有哪些原则？
4. 手机不用时放置在哪个位置合适？

## 课后练习

1.交谈礼仪实训。在老师的指导下自设情景进行见面交谈，注意交谈时话题的选择、交谈时的举止、目光、声音等礼仪。两人一组进行练习。

2.假设你在求职面试，分角色扮演求职者和考官，分别演示电话礼仪和手机礼仪。

## 学习拓展

观看电影《杜拉拉升职记》，通过影片了解职场的沟通礼仪与技巧。

# 第八章

# 接待与拜访礼仪

随着市场竞争的日趋激烈，商务往来活动日益频繁。一个成功的职业人，会在各类活动中以合乎礼仪的言谈举止为个人和企业赢得美誉。掌握一定的接待与拜访礼仪，可以为个人及组织广结良缘创造良好的氛围。

▶ **学习目标**

1. 了解接待、座次、馈赠、拜访等礼仪的基本知识。

2. 掌握在职场活动中从容优雅应对问题的能力。

3. 养成良好品德修养，塑造健全人格。

# 第一节　迎送礼仪

## 一、迎送的基本礼仪

"出迎三步，身送七步"是中国迎送客人的传统礼仪。接待客人的礼仪要从平凡的举止中自然地表现出来，这才能显出主人的真诚。客人在约定的时间按时到达，主人应该根据具体情况去迎接。

### （一）针对异地客人

对前来访问、洽谈业务、参加会议的外国和外地客人，主人应驱车或派车到车站、机场、码头去迎接。接站应弄清客人所乘车次、班次及到达时间。接客一定要提前到达，使客人一出站，便见到迎接的人，这会使他十分愉快。绝不可迟到，客人出站，若找不到迎接的人，必定会给他心里留下阴影，产生自己公司失职和不守信誉的印象。对身份较高的贵宾，应进站迎接，并安排到贵宾室稍事休息。对一般来客，要在出口处迎接。由于出口处人多拥挤，接站的人可以举一个牌子，上写"欢迎×××先生（女士）"。如果是接待参会人员，一趟车到站人数较多，可以写"××××会议接待处"。接到客人后要先致以问候，做自我介绍，并帮助客人拿行李包。要帮助客人拿较重的行李包，客人随手提的公文包则不要代劳了，这是因为：一方面，公文包不重；另一方面，公文包一般是放较重要的文件或证件、现金等贵重物品的，客人不喜欢轻易离手。

出于方便来宾的考虑，迎接客人应提前为客人准备好交通工具，不要等客人到了才匆匆忙忙准备交通工具，那样会因为让客人久等而误事。当来宾自备交通工具时，则应提供一切所能提供的便利。在比较正式的场合，乘坐轿车时一定要分清座次。而在非正式场合，则不必过分拘礼。

开车以后，要主动与客人寒暄，可以介绍一下这次活动的主要内容、日程安排，此前哪些客人已到达，有哪些人员参与活动等；还可以介绍一下当地的风土人情，问一下客人有什么私事要办、需不需要帮助等，不要使客人受到冷落。到了驻地，接待人员应先下车，给客人打开车门，说一声"下车请慢着点"，招呼客人下车。

将客人送到住处后，主人不要立即离去，应陪客人稍作停留，热情交谈，但是不宜久留交谈，要让客人早点休息。分手时应将活动时间、地点、联系方式等告诉客人。

### （二）针对本地客人

对于来访的本地客人，主人可根据情况亲自或派人到大门口、楼下、办公室或住所门外迎接。来访者若是预约的重要客人，则应根据来访者的地位、身份等确定相应的接待规格和程序。

## 二、在家接待客人

如果是在自己家里接待来客，就比较简单了，但礼仪仍应周到。到了约定时间，主人应去门口恭候客人，室外室内要打扫干净，主人衣着要整齐，只穿汗衫背心是很不礼貌的。客人入房后，主人应倒茶、递糖果、削果皮等，热情接待客人。在炎热的夏天，要打开电扇或空调，客人有汗，要递上湿毛巾，请客人擦一擦。如有女客，女主人应出面与女客攀谈。如客人带有小孩，女主人要给孩子拿些玩具、画报之类的物品让其玩耍。

### 礼仪小故事

#### 倒屣相迎

东汉时期有一个大学问家学同家叫蔡邕。他是蔡文姬的父亲，文史、辞赋、音乐、天文无不精通、官任左中郎将，但他从不摆架子，从不傲慢，很善于和人交往，好朋友很多。有一次，他的好友王粲来拜访，正逢蔡邕睡午觉。家人告诉他王粲来到门外，蔡邕听到后，迅速起身跳下床，急急忙忙踏上鞋子就往门外跑，由于太慌忙，把右脚的鞋子穿到了左脚上，把左脚的鞋子穿到了右脚上，而且两只鞋都倒跛着。当王粲看到蔡先生是这么个模样，便抿着嘴笑起来。由此便有了"倒屣相迎"之说，借以说明对朋友的热情与诚意。

这个故事告诉人们谦逊、热情与诚意才是礼仪的内核，没有了这些，即便衣装款款，也不过是个"暴发户"而已，不值一提。

## 三、接待公务访客

### （一）引导礼仪

1.引导者的身份

一般情况下，负责引导来宾的人，多为来宾接待单位的接待人员、礼宾人员、办公室人员、秘书及专门负责此事者。如果是在家中接待朋友，引导者往往由主人担当。

2.引导中的注意事项

（1）引导手势要优雅

接待人员在引导访客的时候要注意引导的手势。

在引领当中，我们的手势通常会用来指示方向，引领时应该手指自然并拢，手掌斜向下135°，既不要手心向上，也不要手心向下，更不要手掌垂直于地面。指示的时候，手肘自然弯曲，手肘距肋骨约为三拳左右的距离，引领时，我们通用的位次原则是"以右为尊"。引领者位于宾客左前方1.5米左右的距离，手势指示的方向要明确，同时赋予热情的关照语言。

常用手势主要有以下几种。

第一，横摆式。即右手臂向外侧横向摆动抬自腰部或齐胸的高度，指尖指向被引导或指示的方向。它多适用于请人行进或为人指示方向。

第二，直臂式。它也要求右手臂向外侧横向摆动，指尖指向前方。与前者不同的是，它要将手臂抬至肩高，而非齐胸。它适用于引导方位或指示物品所在之处。

第三，曲臂式。它的做法是右手臂弯曲，由体侧向体前摆动，手臂高度在胸以下。请人进门时，可采用此方式。

以上3种形式，都为使用右手。且四指并拢，大拇指略内收，注意不要紧贴在食指上，让手掌和地面形成135°，手掌与我们的小臂呈一条直线。左手臂此时最佳的位置，应为垂放于身体一侧。

（2）注意危机提醒

在引导过程中要注意对访客进行危机提醒。例如，在引导访客转弯的时候，熟悉地形的引导人员知道在转弯处有一根柱子，这时就要提前对访客进行危机提醒。如果拐弯处有斜坡，引导人员就要提前对访客说："请您注意，拐弯处有个斜坡。"

对访客进行危机提醒，让其高高兴兴地进来、平平安安地离开，是每一位接待人员的职责。

（3）不同场合的引领要求

引领时我们会遇到不同的空间，在这些空间中，由于位置场地等因素不同，那么关于引领的要求也会略有差别。

①楼梯的引领

在进行楼梯引领时，我们除了遵循"以右为尊"外，还要从安全的角度来考虑，同时遵循"以高为尊"的原则，也就是尊者，无论是上楼还是下楼都要处在较高的位置上。

②电梯的引领

在引领宾客乘坐轿厢式电梯的时候，我们遵循"陪同先进""陪同后出"的原则，这样做的目的就是要让电梯处在引领人员的操控之下。

"反手挡门"这样一种控制电梯的方式，不仅起到了控制电梯的作用，而且能让宾客的感受达到最好，优越感得到很大的提升，这样做也是对他人尊重需求的一种满足。

③会场、大堂的引领

在会场、大堂等场所，我们要遵循"以内为尊"的原则，就是引领宾客时要让他们靠近该场所的中心线的位置。

④走廊的引领

在进行走廊引领时，我们一般就遵循"以右为尊"的原则，并且行进中要进行适当的语言提示，并且要做到动作自然。

⚇ 不同场域的陪同引领

⑤房门的引领

当我们经过电梯，走过楼梯，穿越走廊，最终将宾客带到贵宾室，那无论房门是内开还是外开，我们引领时遵循的原则都是宾客"先进先出"，同时为他们做好服务。

2.接待预约访客

看到客户后，微笑着打招呼。如坐着，则应立即起身，握手并交换名片，将客户引到会议室，奉茶或送上咖啡，会谈结束后送客。

3.接待临时访客

看到访客后，微笑着问候，握手并交换名片。确认访客所在单位、姓名、拜访对象、拜访事宜和目的。如果访客找的是本人，则直接带访客到会议室会谈。如本人无时间接待，应尽量安排他人接待。如果暂时脱不开身，则请访客在指定地点等候，并按约定时间会见访客。

如果访客找的是其他人，则应迅速联系受访者，告知访客的所在单位、姓名和来意，然后依受访者的指示行事。

（1）带到会客室，奉茶或送上咖啡，告知受访者何时到。

（2）将访客带到办公室，将其引导给受访者后告退。

（3）告诉访客，受访者不在或没空接待，请访客留下名片和资料，代为转交，并约定其他时间来访。最后表示歉意，礼貌送客。

## 四、迎客礼仪

### （一）确定迎客规格

职场接待时应事先了解客人的基本资料，如客人的身份、职务、单位、来访目的等，以确定与之身份基本相等的人前往迎接。迎客规格从接待者的角度可分为3种：高规格接待、对等规格接待和低规格接待。高规格即接待者的职位比来客要高，对等规格即接待者与来访者职位相当，而低规格则是接待者比来访者的职位要低。在职场活动中，高规格接待和低规格接待都应慎重使用，一般采取对等规格接待。

### （二）做好迎接准备

客人到来之前主方应做好 3 个方面的准备：环境准备、物品准备和心理准备。接待客人应有专门的接待场所，如办公室或会客室。应提前整理好环境，做到干净、整洁、美观。会客室还应准备水果、茶水、杂志等物品。如果是远客，还需到机场、车站、码头等地做接车准备，同时准备好字迹清晰的接客牌。迎接客人时要热情、细致、周到，不仅在物质上有充分的准备，接待者个人也要做好准备，着装方面大方、得体，面带微笑。

### （三）迎接到达客人

接到客人后，要表示欢迎或慰问，然后相互介绍。通常是先将主人介绍给来宾。除客人自提的随身小包外，应主动帮助客人拎行李，但应尊重客人的意愿，不可过分热情强行帮忙。随后引导客人上车。上车时，应注意座位的安排，如果是专职司机开车，应将客人引至尊位后排右座，如果是主人开车，客人则可坐在前排右座。这样方便主客双方寒暄谈话。

### （四）妥善安排

如果是远客，抵达住地后，主人应主动介绍日程安排，征求意见，提供交通旅游地图等，然后尽早告退，让客人休息。分手前应约好下次见面的时间及联系方式等，以便为客人提供及时的帮助。

## 五、送客礼仪

送客比迎接更重要，它可以留给对方美好的回忆。送客是接待中的最后一环，处理不好将影响到整个接待工作的效果。俗话说："编筐编篓，全在收口。"送客环节的礼仪表现，既是对一次交往活动的总结，又是为以后的交往活动打基础。

### （一）婉言相留

无论接待什么样的客人，当客人准备告辞时，一般都应婉言相留。

### （二）起立相送

客人打算离去时，主人要起身送出，但一定要待客人起身后，自己再站起来，否则会有逐客之嫌。要帮忙检查是否有物品遗漏，免得让客人回头再来一趟，这是一种体贴客人的行为。

### （三）握手告别

主人将客人送至门外，并与客人握手话别，在客人离去握手时，不要忘记：应该由客人首先伸手。

### （四）下次再来

在客人离开前，应询问他是否熟悉回程路线，以及搭乘交通工具的地点和方向，尤其对远道而来的客人更应表达关心之情。此外，不要忘了向客人道别说"请走好""再见""请下次再来"等。

### （五）安排交通

送别客人时应按接待时的规格对等送别，做好交通方面的安排，帮助购买车船票或机票，并将客人送至车站、码头或机场。如果客人来访时带有一些礼品，那么在送别时也要准备一些礼品回赠客人。

### （六）目送离去

主人应将客人送到门外。若送到电梯口，应陪客人等候电梯，握手告别后目送客人下楼或乘电梯离去。若是尊贵的客人，则一定要将客人送至车旁，看着客人坐好，车开出一段距离后，才可离去。坐车要遵循"右为上，后为上，前为下"的原则，请客人坐轿车的右后座位上；但如果客人已随意坐好，就不要烦劳人家再起身重新坐下。除非上司要求，否则送客不必太远。

送别客户的礼仪

# 第二节　座次礼仪

在公务接待中，座次的安排要遵守约定俗成的规则，还要兼顾各方的日常习惯。

## 一、接待中的座位排列

在会客过程中，座次的排列一般有下列 6 种形式。

### （一）相对式

相对式位次排列，指的是主客双方以面对面的形式落座。这种落座方式一方面便于双方进行交流，另一方面是易于使双方公事公办，保持一定的距离。它多用于公务性会客。相对式位次有以下两种形式。

（1）遵循"面门为尊"的习俗，请客人面对正门落座，主人背对正门落座（见图8-1）。

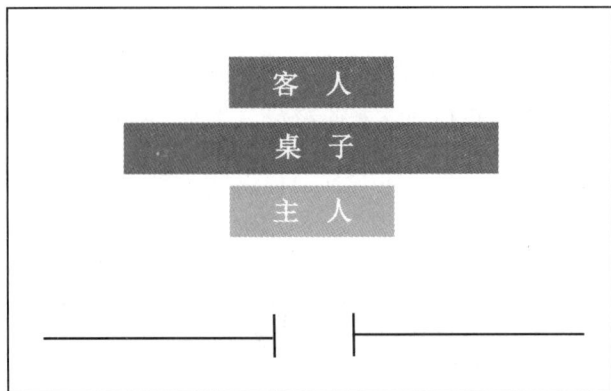

图 8-1 "面门为尊"的座次安排

（2）遵循"以右为尊"的习俗，请客人落座于右侧，主人落座于左侧。所谓右侧，是指当面向房间时，右手一侧的位置（见图 8-2）。

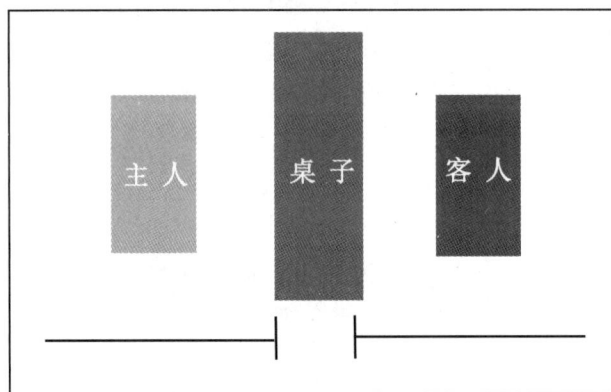

图 8-2 "以右为尊"的座次安排

### （二）并列式

并列式座次也有两种方式。

（1）主客双方并排面门而坐，客方落座于主人右侧。双方的其他随员分别在主人、主宾的一侧，按照身份由高到低依次落座（见图 8-3）。

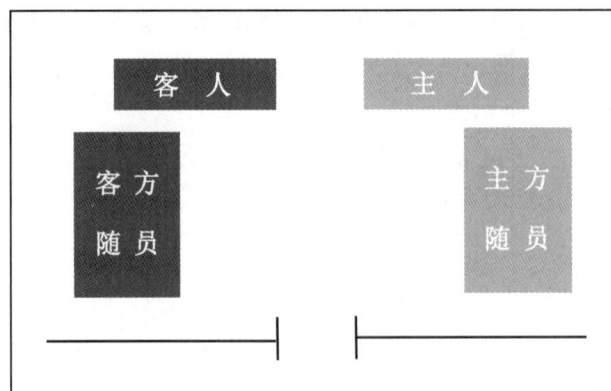

图 8-3 主客方并排面门而坐的并列式座次安排

（2）主客双方在室内一侧落座，客人落座于距离门比较远的位置（见图8-4）。

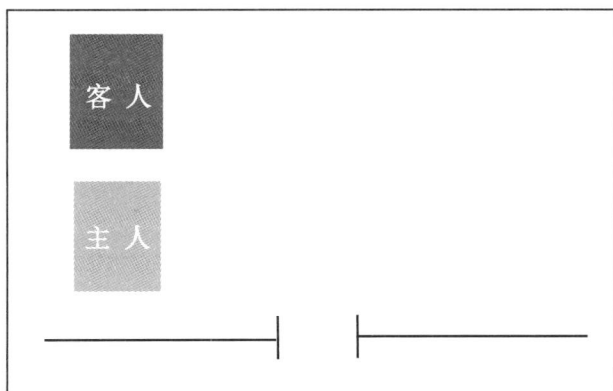

图 8-4  主客方在室内一侧落座的并列式座次安排

### （三）居中式

当多人并排落座时，要遵循"居中为上"的习俗，请客人落座于中间的座位（见图 8-5）。

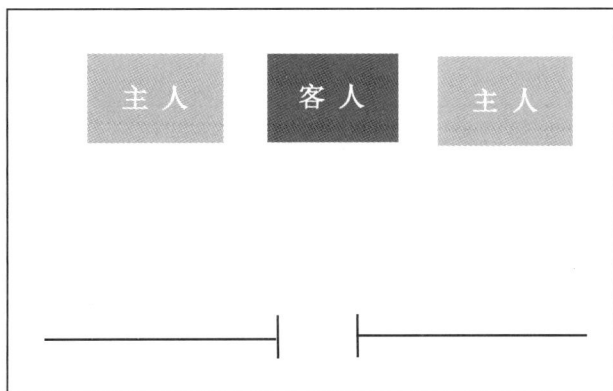

图 8-5  居中式座次安排

### （四）主席式

主席式落座方式，常用于一方同时会见两方或两方以上的客人时。落座时主人面对正门，客人坐于桌子两侧（见图 8-6）或背对正门落座。

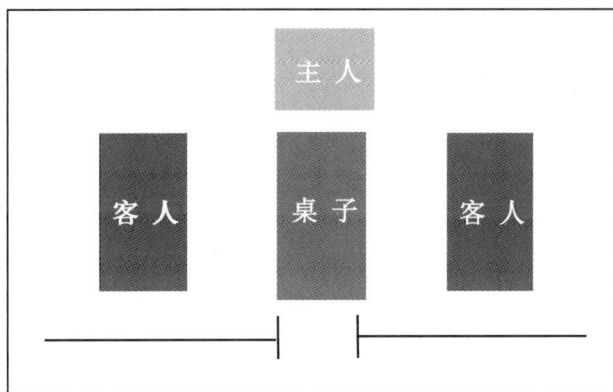

图 8-6  主席式座次安排

## （五）自由式

自由式座次是不讲究座次的一种落座方式，这种方式常用于多边会见，参与者均不分主次，自由选择座位。

## （六）日常办公中的 3 种座次

公务人员在办公时，可以根据具体情况，选择图 8-7 由左至右的对立座次、合作座次、桌角座次。

图 8-7　日常办公中的 3 种座次安排

（1）对立座次易带来竞争与防御的气氛，适宜于讨论比较严肃问题时。

（2）合作座次适宜于关系比较密切的合作伙伴、来访群众或同事。

（3）桌角座次易使人产生安全感，使交谈比较轻松和善，适宜于不十分熟悉的来访者。

# 二、合影中的位次排列

一个正式的会见，尤其是涉外会见，宾主双方往往会安排合影留念。

在安排合影时，主方要事先征求来宾意见，不要勉强对方。合影之后，要及时为来宾提供照片，要做到人手一份。要提前选择好合影场地，并进行必要的布置。要备好所需器材并提前通知对方合影的时间等。

参与合影的主客双方，多数会选择阶梯式站立方式。有时也会根据情况，安排前排人员落座。此时，要事先在座位上贴好名签。国内与涉外合影有位次排列的区别，对此一定要加以重视。

## （一）国内合影的位次

国内合影讲究前排为尊、居中为尊及居左为尊的习俗。所以，要将客方人员安排于左侧，主方人员安排于右侧。在排位时还要考虑每一排的人数是单数（见图 8-8）还是双数（见图 8-9）。

| 20 | 18 | 16 | 14 | 12 | 10 | 11 | 13 | 15 | 17 | 19 |

| 9 | 7 | 5 | 3 | 1 | 2 | 4 | 6 | 8 |

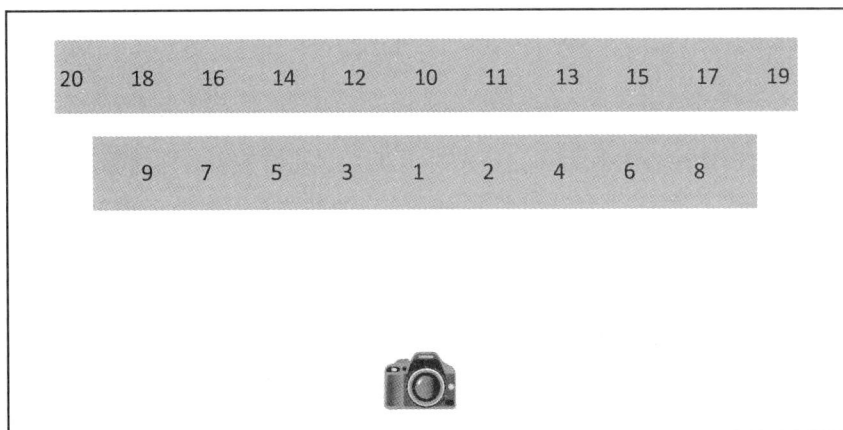

图 8-8　每排为单数的国内合影位次安排

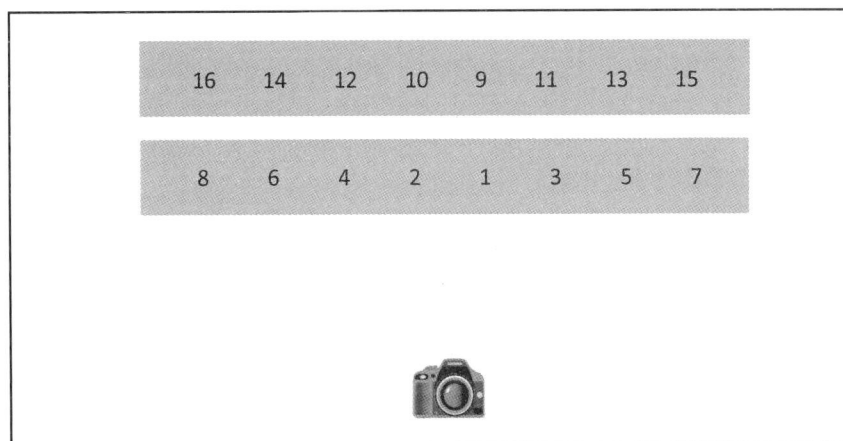

| 16 | 14 | 12 | 10 | 9 | 11 | 13 | 15 |

| 8 | 6 | 4 | 2 | 1 | 3 | 5 | 7 |

图 8-9　　每排为双数的国内合影位次安排

## （二）涉外合影的位次

涉外合影与国内合影的不同是讲究以右为尊。所以，要将来宾安排于右侧，并将主方身份最高者安排于中间位置（见图 8-10）。

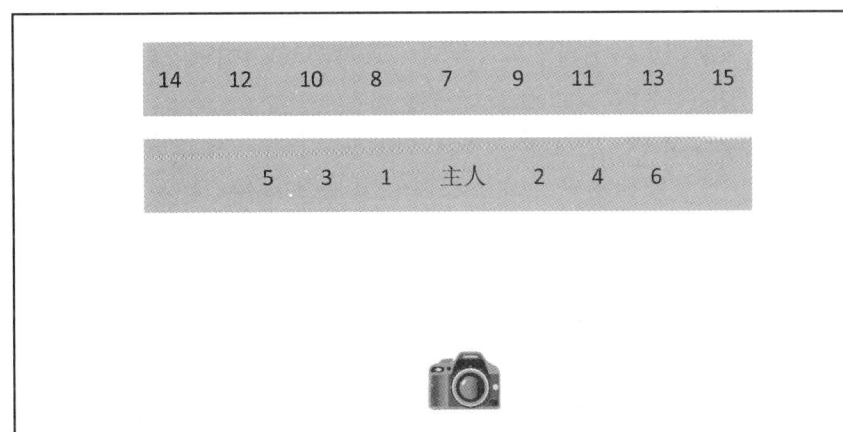

| 14 | 12 | 10 | 8 | 7 | 9 | 11 | 13 | 15 |

| 5 | 3 | 1 | 主人 | 2 | 4 | 6 |

图 8-10　涉外合影的位次安排

# 第三节　馈赠礼仪

中国人一向崇尚礼尚往来。《礼记·曲礼上》说："礼尚往来，往而不来，非礼也；来而不往，亦非礼也。"拜访他人时，带上一份恰当的礼物总是受欢迎的。送礼的惯例是精心包装、礼物适宜、有所说明。

馈赠是人们在社交过程中通过赠送给交往对象一些礼物来表达对对方的尊重、敬意，以及友谊、纪念、祝贺、感谢、慰问、哀悼等情感与意愿的一种交际行为。馈赠作为一种非语言的重要交际方式，以礼品作为媒介，能够与交往对象建立很好的沟通渠道，充分表达对对方的友情与敬意。馈赠的目的在于沟通感情和保持联系。在这里需要注意的是把正常交往中的送礼与收买贿赂、腐蚀拉拢区别开。礼物是人际交往的有效媒介之一，可以体现馈赠者的人品和诚意。

## 一、馈赠原则

### 1.明确对象，因人而异

馈赠要因人而异，给不同的人送不同的礼品。送礼要有的放矢，选择礼品时，要考虑受礼一方的性别、年龄、职业、民族、宗教信仰、兴趣等因素，要投其所好。赠送礼品不分对象会造成"物不达意"的后果。送礼的关键不在礼品贵重与否，而在礼品能否表达真情，因此，因人而异、投其所好乃是送礼的要诀。送礼有针对性，才会使受礼者在心灵上与送礼者产生共鸣。送礼之前，要先对受赠对象的相关情况加以了解和分析，如此，送的礼品才会恰到好处。

### 2.赠受有度，注重情意

赠送礼品是为了联络感情，不是为了达到自己的某一私利，不是为了显示自己的富有，更不是为了满足某些人贪婪的欲望，它是交际双方真诚友谊的产物，是人际交往中一种愉快健康的活动。一份名贵的礼品并不一定就是好礼品，而一份价格低廉的礼品也不一定就不成敬意。李白诗云："人生贵相知，何必金与钱。"我国古代思想家庄子曾说："君子之交淡如水，小人之交甘若醴。"礼物的好坏不能以金钱的价值作为衡量的标准。

"薄薄一份礼品，浓浓一片深情"，这些古语句均道出了礼轻情意重的哲理。在与他人的交往过程中，要使礼物真正成为交往中礼和情的载体，而不应使它成为交往过程中的一种负担。

### 3.明确目的，有的放矢

馈赠的目的各不相同，或是沟通情感，或是巩固和维护人际关系等，赠送礼品应根据不同的馈赠目的进行，如探望病人、答谢回赠、祝贺新婚、乔迁新居等。送礼者在选择礼物时，不仅要明确自己的送礼意图，也要判定接受者的心理状态和能接受的程度。公务性赠送，多以交际和公关为目的，这种性质的送礼，主要针对交往中的部门和关键人物赠送，以达到为组织带来经济效益或发展机会的目的，因此最好选择有象征意义的礼品，这类礼品既有纪念价值，也能起到为本单位宣传的作用。如果赠送的目的不明确，就很难使对方满意，收不到赠礼的效果。相反，有目的的赠送作用会不同凡响。如祝贺添丁之喜时可赠送童装或玩具，探望病人时可选择补品和水果，这些礼物都会让对方感到温暖。

4.注重包装，彰显情意

馈赠的方式比礼品本身更重要。精美的包装不仅使礼品的外观更具艺术性和高雅的情调，而且显示出赠礼人的文化和艺术品位，进一步显示出馈赠的情谊，给人留下美好的印象，让人感受到尊重和友好。在一些国家，人们用于礼品包装的费用往往占送礼总支出的1/3，甚至1/2，这充分说明礼品包装倍受重视。礼物可用专用的礼品纸包装，再用彩色丝带系上花结，附上名片或小卡片，写上相应的祝词。如果礼品没有包装，会有轻慢之嫌。选择包装纸时，要考虑到图案、颜色等因素，不能触犯受礼者的民族禁忌与宗教禁忌。此外，要把礼物上的价格标签撕掉，以免被误会与引起不必要的猜疑。包装可交给礼品店进行，亦可自己设计完成，个性的设计更能表情达意。

---

**礼仪小故事**

### 礼品的起源

中国礼品的历史非常悠久。据说它最初来源于古代战争中由于部落兼并而产生的"纳贡"，也就是被征服者定期向征服者送去食物、奴隶等，以表示对征服者的服从和乞求征服者庇护等。史书中曾有因礼物送得不及时或不周到而引发战争的记载。如春秋时期，因楚国没有按时向周天子送一车茅草而引发了中原各国联盟大举伐楚的战争。

---

## 二、馈赠方式

赠送礼品的方式大致有下列3种。

### （一）当面赠送

这是最庄重的一种方式。当面赠送，可以充分表达赠送的用意。有时还可以介绍礼品的寓意，演示礼品的用法，令赠送礼仪得以淋漓尽致地发挥，也使受礼者感受到馈赠者的良苦用心。

当面赠送礼品时要注意以下几点。

第一，赠礼应有顺序，从地位高的人开始逐级赠送，同级的人员应先赠女士，后赠男士，先赠年长者，后赠年少者。

第二，赠送时应双手奉礼，或者以右手呈递，避免使用左手。

第三，赠送礼品时，要附有祝愿的话语，或表明赠礼目的及对礼品进行说明。

### （二）邮寄赠送

这是异地馈赠的方式。由于身处异地，无法当面赠送，通过邮寄及时赠送，弥补无法面送的缺憾。这种方式克服了"过期失效"的不足，保证礼品及时送上，尽快发挥功能。

### （三）委托赠送

由于赠送人在外地，或者不宜当面赠送，就可以选择委托赠送。委托赠送可以采取请人转送或由专门的礼仪公司专人递送等方式。

## 三、赠礼礼仪

### （一）礼品选择

赠礼之前要认真挑选礼品，既要符合受礼者的兴趣爱好，又要达到赠礼的目的，因此选择礼品应恰到好处。

（1）根据对方身份选择礼品。一般来说，对家贫者，以实惠为佳；对富裕者，以精巧为佳；对恋人，以纪念性为佳；对朋友，以趣味性为佳；对老人，以实用为佳；对孩子，以启智、新颖为佳；对外宾，以特色为佳。

（2）根据对方的兴趣爱好和实际需要选择礼品。如送给爱喝茶的人茶叶，赠给爱书法的人文房四宝。正所谓"鲜花赠美人，宝刀赠英雄"等。

（3）根据彼此的关系选择礼品。给恋人送玫瑰花可以，给普通朋友送玫瑰花就会引起误会。

（4）根据赠送目的选择礼品。如中秋节送月饼，开业庆典送花篮，求婚送戒指等。

### （二）礼品包装

精美的包装不仅使礼品的外观更具艺术性和高雅的情调，并体现出赠礼人的文化和艺术品位，而且还可以使礼品产生和保持一种神秘感。好的礼品若不讲究包装，不仅会使礼品的价值大打折扣，而且还易使受礼人轻视礼品的内在价值，从而折损由礼品所寄托的情谊。包装之前，应当去除价格标签。此外要注意包装纸的颜色、图案，比如白色的包装纸，意味着不祥。

### （三）赠礼场合时机

一般而言，赠礼的场合时机最好安排在节假日及对方的纪念日，如中秋节、春节、生日、婚礼、周年纪念等。

（1）当众只给一群人中的某一个人赠礼是不合适的，会使受礼人有受贿和受愚弄之感，而且会使没有受礼的人有受冷落和受轻视之感。

（2）给关系密切的人送礼不宜在公开场合进行，只有礼轻情重的特殊礼物才适宜在大庭广众面前赠送。

（3）只有能表达特殊情感的特殊礼品，才可以在公众面前赠予。

---

**案例**

### 给对方麻烦的礼物

王经理有一次送客户上火车。在候车室里，他突然想到应该给客户送一瓶本地出产的名酒，于是，他叫客户多等他一阵，自己则出站外买礼物。半小时后，王经理才匆匆忙忙地赶回来，手里提着一瓶酒，硬是塞给对方。客户随身带的东西已经很多，且又已打包好，而现在突然多出一样东西，使他不得不又重新整理一次，以腾出空间，随着检票时间的临时，客户弄得满头大汗。

可见，赠礼要选好时机，不然，反而会给对方带来麻烦。

---

**（四）赠礼态度**

平和友善的态度，落落大方的动作并伴有礼节性的语言表达，才是令赠受礼双方都能接受的。偷偷摸摸地把礼品放在某处不仅达不到赠礼的目的，甚至会适得其反。

**（五）赠礼禁忌**

（1）尊重风俗习惯。不能给老人送钟表——那是"送终"的谐音；夫妻、恋人不能送梨——梨是"离"的谐音。

（2）尊重个人禁忌。如有些女生花粉过敏，最好不要送花给她。

（3）数字禁忌。4的谐音是"死"，因此给国人送礼应尽量避开。

（4）颜色禁忌。白色在我国多表示哀思，而在欧美却表示圣洁。因此要注意区分送礼对象。

## 四、受礼礼仪

（1）受礼者应在赞美和夸奖声中收下礼品，并表示感谢。一般应赞美礼品的精致、优雅或实用，夸奖赠礼者的周到和细致，并伴有感谢之词。

（2）双手接过礼品，视具体情况或拆看或只看外包装，还可请赠礼人介绍礼品功能、特性、使用方法等，以示对礼品的喜爱。

（3）只要不是贿赂性礼品，一般最好不要拒收，可以找机会回礼。

## 五、送花礼仪

在人际交往之中赠送鲜花，是馈赠的一种特殊形式，也是人们最为欢迎的一种馈赠形式。

送人以鲜花，既可以"借物抒情"，以其表达感情、歌颂友谊，也可以提升整个馈赠行为的品位和境界，使之高雅脱俗、温馨浪漫。因此，在人际交往中以花相赠，是最保险、最容易成功且又皆大欢喜的一种馈赠方式。

赠花一般情况要赠送鲜花，尽量不要用干花、纸花或者是凋零的花送人。赠送鲜花，形式多种多样，可以送花束、花篮、盆花、插花等。

### （一）花的寓意

鲜花赠人，寄托的是纯粹的情意，和赠送其他礼品相比，送花显得高雅、浪漫。以花送人，并不是随便采摘或者购买一些花就可以。送花首先要对各种花的寓意有所了解，否则不但不能达到送花的目的，甚至会造成误会。

**礼仪小常识**

#### 各种花代表的含义

| | |
|---|---|
| 水仙——自尊 / 单恋 | 牡丹——富贵 / 羞怯 |
| 玫瑰——爱情 / 热情 | 茶花——美德 / 谦逊 |
| 梅花——忠实 / 坚毅 | 荷花——神圣 / 纯洁 |
| 含羞草——敏感 / 可爱 | 牵牛花——爱情 / 依赖 |
| 君子兰——宝贵 / 高贵 | 康乃馨——温馨 / 慈祥 |
| 郁金香——名誉 / 美丽 | 杜鹃——爱的快乐 / 节制 |
| 茉莉——你属于我 / 亲切 | 海棠——亲切 / 诚恳 / 单恋 |
| 铃兰——纤细 / 希望 / 纯洁 | 紫丁香——青春的回忆 |
| 百合花——纯净 / 神圣美 | 风信子——悲哀 / 永远怀念 |
| 金银花——真诚的爱 / 羁绊 | 紫罗兰——信任 / 爱的羁绊 |

### （二）不同对象送花礼仪

（1）拜访尊敬的名人、长者，可送兰花、水仙花。

（2）拜访父母，可以送剑兰花，送给母亲最适宜的花是康乃馨。

（3）恋人相会时，可以送玫瑰花、蔷薇花、丁香花。

（4）参加婚礼或者看望新婚夫妻时，可以送海棠花、并蒂莲、月季花。

（5）朋友可以送芍药花、君子兰、黄玫瑰等。

（6）探望病人，可以送马蹄莲、康乃馨，最好不要送盆栽给病人，因为这意味着"根留医院"。

### （三）禁忌

1.品种禁忌

同一品种的鲜花，在不同国家和地区寓意不同，甚至相反。如中国人喜欢荷花，因为其"出淤泥而不染，濯清涟而不妖"，可是日本人忌荷花，认为荷花同死亡相连，所以不要送荷花给日本人。

### 2.色彩禁忌

不同的国家和民族对鲜花的色彩有不同的理解。中国人喜欢红色，新人结婚时，也是贴上大红"囍"字，在家中布置红色的鲜花，穿上红色的衣服等。

在西方人眼里，白色的鲜花象征着纯洁无瑕，新人的衣裙也是白色的。但是在老一代中国人眼里，送给新人白色的花儿象征着"不吉利"。西方人送花多以多种颜色的鲜花组成一束，很少送清一色黄色或红色的花。

送花给住在医院里治病的病人，切勿送红白相间的花。此外，英国人不喜欢除玫瑰外的其他白色或红色的花，加拿大人忌讳白色的百合花。

**案例**

#### 乘坐飞机时携带着鲜花

王先生有一次到法国探望自己的女朋友，他欣喜不已，虽然临行前十分忙碌，但还是专程赶到花店买了一束红白相间的玫瑰花，并随身带在飞机上。

不过，从安检到登机、坐下，张先生就发现不对劲，因为周围的人都在用一种非常异样的眼神来盯着他，就连热情大方的空姐在为自己服务时也感觉非常不自然，这件事过去了很久。有一天，张先生在书店里面翻开一本介绍礼仪的书，才突然想起这段经历，明白个中缘由，原来，是他带给自己女朋友的那束花使他遭受到其他人的侧目。在西方，以鲜花作为礼物虽然很流行，但对于鲜花的品种、颜色都非常讲究。在西方，人们在乘坐飞机时，通常是不能随身携带鲜花的，特别是红白相间的鲜花，因为在西方人认为那样做会导致空难。

王先生原本是想为自己的女朋友制造一次浪漫，没想到因为自己对鲜花礼仪的无知而引来周围乘客的侧目。

### 3.数量禁忌

在中国，参加喜庆活动往往要送双数，意味着"好事成双"。在丧葬仪式上则应送单数，以免"祸不单行"。

在西方国家，送人鲜花要送单数。花是自然的一部分，选择偶数的花被认为缺乏审美感和鉴赏力。所以送花1、3、5、7枝可以，奇数是吉利的象征，但送13枝是不吉利的。

在日本、韩国、朝鲜和中国南方的一些地区，由于发音或其他的原因，认为"4"是不吉利，送鲜花时，数目不能是"4"枝。日本人还忌讳送花数目为"9"，因此不能送他们"9"枝花。此外，不能送日本人带16瓣的菊花，因为这是日本皇室的纹章标记。

# 第四节　拜访礼仪

拜访是人际交往中的经常性活动，是指前往他人的工作单位或住所去会晤、探望对方，进行接触。它是人与人之间、组织与组织之间学习交流、促进工作、联络感情、增进友谊的一种有效形式。在拜访活动中，作为客人的一方不管出于什么目的，上门都要做到尊重主人，举止得体，才能取得预期效果。

## 一、拜访的类型

### （一）根据拜访者的不同目的划分

根据拜访者的不同目的可分为事务性拜访、礼节性拜访和私人拜访。

#### 1.事务性拜访

事务性拜访是指为了某一具体的事务、公务或私事而进行的特定目的的拜访。这类拜访又有洽谈性拜访和专题交涉性拜访之分。应根据事务的性质，在双方都比较适合的时间里选定拜访的时间。

#### 2.礼节性拜访

礼节性拜访是指亲朋好友或熟人之间，为了巩固原有关系，发展自己已有的情谊而进行的有特定目的的拜访。此类拜访往往具有比较固定的时间，一般选择在元旦、春节、五一节、中秋节、国庆节等假日；对方有结婚、生子、乔迁、寿辰等喜庆之事或生病、灾难、亲人去世等天灾人祸之时；出差前与亲朋好友告别及回来去探望等时机。拜访的方式可根据关系的亲密程度、个人时间的可能或距离的远近等采取亲自登门、电话、明信片等方式。

#### 3.私人拜访

私人拜访是指拜访者到受访者家里，在私人空间，为了一些私事或维系关系进行的拜访。此类拜访可根据对方方便的时间，一般可在假日的下午或平时的晚饭后，避开在吃饭或休息的时间登门造访。

### （二）根据拜访者的不同身份划分

根据拜访者的不同身份又分为因公拜访和因私拜访。

（1）因公拜访是指单位与单位之间为了达到团体的目的而进行的拜访活动。

（2）因私拜访是指个人之间为了促进感情交流、建立良好友谊而进行的拜访。

### （三）根据拜访的方式的不同划分

拜访可分为主动拜访与应邀拜访。

（1）主动拜访是指单位或个人为了某种需要主动联系有关组织或人员的拜访。

（2）应邀拜访是指拜访者接到相关团体机构或个人发出的正式邀请后进行的拜访。

## 二、拜访的礼节

拜访礼节是指拜访者在拜访过程中应遵守的礼仪规范。这些规范将直接影响拜访目的是否能顺利实现。

### （一）事先预约

1.提前预约

预约在先，这是拜访礼仪中首要的原则。拜访前，应向拜访对象提出请求，说明拜访的目的，以征得对方的同意，这样是对对方的尊重，同时能避免自己扑空或因主人有事而无暇接待的情形。倘若有急事或事先无约定，但又必须前往时，见到主人应立即致歉，并说明打扰的原因。若对方拒绝拜访，可真诚表达拜访的目的，委婉地询问对方何时、何种情况下方便拜访。在对外交往中，未曾约定的拜会为失礼之举。

2.提前约定时间

在商定时间时，应该"客随主便"，客人应优先考虑主人提出的方案，在主人方便时进行拜访。一般而言，公务拜访应选择对方上班的时间，地点可定在办公室或其他休闲场所；而私人拜访相对随意，可视对方习惯来定，但应以不妨碍对方休息为原则，尽量避开节假日、常规的进餐时间、午睡时间、清晨或深夜。当然，拜访时间的选择并不是绝对的。当你与被拜访者关系非常亲密时，可以根据被访者的生活习惯选择访问时间。总之，约定拜访时间应以不影响对方为原则。

3.提前约定地点

拜访地点要视拜访的具体目的而定。若是公务拜访则应选择在办公室或娱乐场所，若是私人拜访则应选择在家里或者在娱乐场所。

### （二）拜访前的准备

双方约定后，为了能更好地达成拜访目的，拜访者要认真做好赴约准备。

1.打理好自身形象

蓬头垢面、衣冠不整的形象不但给别人不整洁的感觉，也是对他人的不尊重。因此拜访时要注意修饰自己的仪容着装。整洁的仪表反映出来访者对主人的尊重。无论是公务拜访还是私人拜访，仪容都要端庄大方，着装以雅致、庄重而又不失随和、亲切为宜。出门前要认真地检查一下自己的仪容与着装，一些细节之处也不能疏漏，比如袜子必须无洞、无味，以免到了主人家更换拖鞋时当众出丑。

2.内容准备充分

一般来说，拜访他人都有一定的目的性，如需要商量事情，拟请拜访对象帮忙做一些工作等。因此拜访前应准备好相关内容的材料，以免措手不及，影响拜访目的的实现。此外还应考虑怎样与拜访对象交谈更为妥当，特别是拜访身份高者或年长者，更要注意谈话的内容，选择拜访对象最能接受的方式进行谈话。如果是拜访客户，在拜访之前要了解客户的情况，有助于拟定谈话内容的顺序。

3.准备足够的名片

名片是社会交往中的重要工具，因此在拜访之前要准备足够的名片。

4.材料准备充分

拜访前要准备好所需的文字资料或电子资料，以及其他的相关材料。

5.准备赠送礼物

赠送礼物是社交应酬、拜访的需要，也是交际活动的重要举措。恰当地选送一些礼物，往往有助于联络感情、密切关系、加深友谊。礼物选送应轻重得当、合乎时宜、不落俗套。比如私人拜访时，可选择一些诸如鲜花、水果、特产之类的小礼物。所带礼品应尽量适合主人家的需要。

**（三）拜访时的礼节**

1.遵时守约

遵时守约是社会交往活动中的重要交际原则，也是一个人应有的礼貌修养。一般情况下，国外习惯准时或略迟两三分钟，国内习惯准时或提前 3~5 分钟到达。这样，一方面可以避免到得太早，拜访对象没有做好迎客的准备，出现令拜访对象难堪的场面；另一方面也不会因迟到而让拜访对象焦急等待。如确因故迟到、失约，要详细说明原因，郑重致歉。

2.入门有礼

到达后，有电铃的要按电铃，没有的则应轻轻叩门，等到有人应声或有人开门后方可进去，即使与主人关系不错，也绝对不可擅自闯入。摁门铃时，铃响两三声即可；敲门时，以食指或中指轻叩两下即可，若室内没有回应，可停片刻再敲一次。切忌以拳头擂门，或按住门铃不放。等候主人开门的间隙，不要在室外高声谈笑，扰乱四邻。

进门之初，应向主人奉上自己所带礼品。随身物品如外套、皮包、雨具之类，应按照主人的意见放置，不可乱扔、乱放，或置于桌椅之上。

见到主人，应当主动问好，并且行握手礼。若是主人夫妇同时起身相迎，则应先行问候女主人。如果同对方是初次谋面，要主动做自我介绍。如果被访者家里有其他人，也要打招呼，不可视而不见、爱理不理。

3.做客有礼

与主人寒暄之后，要在主人指定的位置就座，不可自行找座。当主人让座时，应礼貌道声"谢谢"。如果拜会的是年长者，应等对方坐下后，自己再落座。坐下之后，要注意姿势的文雅。

当主人上茶递烟时要欠身致谢、双手相接。主人端上点心、水果时，应等长者及其他客人先取用，自己再取。吃过后的果皮等杂物要扔到垃圾箱内，不要乱扔乱放。吸烟者应尽量克制自己，必须抽烟时则应征得主人和在场女士的同意后方可。未经主人允许，不要到主人卧室等其他房间去，更不能随意乱翻主人的物品。

#### 4.交谈有方

在拜访做客之初，一般略做寒暄后，就要尽快直奔主题，接触实质性问题，忌言不及义，浪费时间。因此，在拜访之时，首先要明确拜访的目的。交谈时，语速要适中，发音要清晰，忌含糊其辞、吞吞吐吐；态度要诚恳、自信，既不夸夸其谈，也不过于谦卑；神情要专注、自然，不左顾右盼。

交谈中不要随便打断别人的话，更不能自以为是地卖弄自己或滔滔不绝。在与主人交谈时，如发现主人心不在焉，说明其可能有其他事情要办又不好下逐客令，此时，应适时、主动提出告辞。在拜访中如恰遇有他人造访，则应适当停留后再行告辞。

**案例**

##### 滔滔不绝引来的失礼

小宇有一次去拜访一位经理，在谈完业务之后，他很放松地和经理聊起了家常。他滔滔不绝地说着，这时发现经理看了一下表，并变换了坐姿，小宇意识到自己过多地占用了经理的时间，便很快结束了自己的话题，并为自己的疏忽向经理道歉，并随手摆好凳子，拿走自己的水杯。出来后小宇很懊恼，感觉自己很失礼。

#### 5.礼貌告辞

告辞是拜访中的一项重要礼节。当宾主双方业已谈完该谈的事情，叙完该叙的情谊之后，就应及时告辞。告辞前，不要显得急不可耐，不要在主人刚刚讲完一段话后说走说走，而应在自己说完某段话，而新的话题还没有开始之时提出告辞。告辞时态度要干脆利落，不要拖泥带水。不能嘴上说"该走了"但迟迟不动身。

告辞时应向主人、家属及在场的客人一一握手或点头致意，并感谢主人的热情接待。主人起身相送，应及时请主人留步，使用"请留步""后会有期""您请回"等之类的礼貌用语。

#### 6.事后感谢

根据国际交往礼仪规则，在别人家中或单位做客受到款待后，回去之后应通过写信或寄明信片、发电子邮件等再次表示感谢，这将会进一步表达自己的真诚和重视，在对方心中留下良好的印象，为以后的合作打下良好的基础。如果没有这样的行动，将会被视为一种没有礼貌的表现。

## 课堂讨论

1.在会客过程中，座次的排列有哪几种形式？

2.拜访前的准备工作有哪些？

3.请回答会见时座次安排所遵循的习俗有哪些方面？

## 课后练习 /

1.将学生分成两组，一组扮演接待的主办方，一组扮演来宾。按照礼宾次序，主办方要准确排出来宾姓名的顺序，然后安排会议室的座次，并带领来宾参观校园。

训练内容如下

（1）按照扮演角色的职位排出来宾的次序。

（2）两组互换角色进行参观接待训练。

2.拜访一位长辈或老师，灵活运用各种礼仪规范。

## 学习拓展 /

观看电影《华尔街》，通过影片了解相关的拜访礼仪。

第九章

CHAPTER 9

# 宴会礼仪

中华饮食文化源远流长，中国人自古便讲究饮食文化。比如桌次是"尚左尊东""面朝大门为尊"。除了座次，餐饮礼仪需要注意的方面还有怎样选择合适的食品、饮品，怎样选择餐饮的地点等。随着中西方交流日益频繁，了解一些西方餐饮礼仪，有利于工作中顺利开展活动，避免可能会遭遇的尴尬场景。

1. 了解宴请的基本礼仪。

2. 掌握中餐中的礼仪。

3. 掌握西餐中的礼仪。

4. 掌握自助餐礼仪。

5. 掌握茶饮礼仪。

# 第一节  宴请礼仪

宴请是为满足欢迎、答谢、祝贺、庆典等目的而举行的餐饮活动。宴请活动的每个环节，如宴请的规格、对象、时间、地点和环境、菜单的确定、桌次和座次排列、饮食的禁忌等，都需要考虑周到。

## 一、宴请的形式

宴请活动是机关单位、团体组织出于一定目的安排的宴饮聚会，它是公务交往中常见的一种礼仪活动。通过宴请活动，可以达到讨论问题、酬谢祝贺、联络感情、增进友谊的目的。安排宴请活动，需要认真筹划和精心准备，要符合有关宴请的礼仪规范。国际上通用的宴请形式主要有宴会、招待会、茶会、工作进餐等，每种形式均有特定的规格和要求。

### （一）宴会

宴会是指比较正式、隆重的设宴招待，宾主在一起饮酒、吃饭的聚会。宴会是正餐，就座进餐，由服务员按专门设计的菜单依次上菜。宴会按其规格又有国宴、正式宴会、便宴、家宴之分。

1. 国宴

国宴特指国家元首或政府首脑为国家庆典或为外国元首、政府首脑来访而举行的正式宴会，是宴会中规格最高的。按规定，举行国宴的宴会厅内应悬挂两国国旗，安排乐队演奏两国国歌及席间乐，席间主、宾双方有致辞、祝酒等议程安排。

2. 正式宴会

正式宴会除不挂国旗、不奏国歌及出席规格有差异外，其余的安排大体与国宴相同。有时也要安排乐队奏席间乐，宾主均按身份排位就座。许多国家对正式宴会十分讲究排场，对餐具、酒水、菜肴的道数及上菜程序均有严格规定。

3. 便宴

便宴是一种非正式宴会，常见的有午宴、晚宴，有时也有早宴。其最大特点是简便、灵活，可不排席位、不做正式讲话，菜肴可丰可俭。有时还可以采用自助餐形式，自由取餐，可以自由行动，更显亲切随和。

4. 家宴

家宴即在家中设便宴招待客人。西方人喜欢采取这种形式待客，以示亲切，且常用自助餐方式。西方家宴的菜肴往往远不及中国餐之丰盛，但由于通常由主妇亲自掌勺，家人共同招待，因而它不失亲切、友好的气氛。

### （二）招待会

招待会是指一些不备正餐的宴请形式，一般备有食品和酒水，不排固定席位，宾主活动不拘于形式。较常见的招待会有冷餐会和酒会两种。

1. 冷餐会

冷餐会的特点是不排席位，菜肴以冷食为主，也可冷、热兼备，连同餐具一起陈设在餐桌上，供客人自取。客人可多次进食，站立进餐，自由活动，边谈边用。冷餐会的地点可在室内，也可在室外花园里。对年老、体弱者，要准备桌椅，并由服务人员招待。这种形式适宜于招待人数众多的宾客。我国举行大型冷餐招待会，往往用大圆桌，设座椅，主桌安排座位，其余各席并不固定座位，食品和饮料均事先放置于桌上，招待会开始后，自行进餐。

2. 酒会

酒会又称鸡尾酒会，较为活泼，便于广泛交谈接触。招待品以酒水为主，略备小吃，不设座椅，仅置小桌或茶椅，以便客人随意走动。酒会举行的时间亦较灵活，中午、下午、晚上均可。请柬上一般均注明酒会起止时间，客人可在此期间任何时候入席、退席，来去自由，不受约束。鸡尾酒是用多种酒配成的混合饮料，酒会上不一定都用鸡尾酒。通常鸡尾酒会备置多种酒品、果料，但不用或少用烈性酒。饮料和食品由服务员托盘端送，亦有部分放置桌上。近年来国际上举办大型活动广泛采用酒会形式招待。自1980年起我国国庆招待会也改用酒会这种形式。

### （三）茶会

茶会是一种更为简便的招待形式。它一般在西方人早茶时间、午茶时间（上午10时、下午4时左右）举行，地点常设在客厅，厅内设茶几、座椅，不排席位，如为贵宾举行的茶会，入座时应有意识地安排主宾与主人坐在一起，其他出席者随意就座。茶会顾名思义就是请客人品茶，故对茶叶、茶具及递茶均有规定和讲究，以体现该国的茶文化。茶具一般用陶瓷器皿，不用玻璃杯，也不用热水瓶代替茶壶。外国人一般用红茶，略备点心、小吃，亦有不用茶而用咖啡者，其组织安排与茶会相同。

### （四）工作进餐

工作进餐是另一种非正式宴请形式，按用餐时间分为工作早餐、工作午餐、工作晚餐，主客双方可利用进餐时间，边吃边谈问题。我国现在也开始广泛使用这种形式于外事工作中。用餐多以快餐分食的形式，既简便、快速，又卫生。此类活动一般不请配偶，因它多与工作有关。双边工作进餐往往以长桌安排席位，其座位与会谈桌座位排列相仿，便于主宾双方交谈、磋商。

## 二、宴会各阶段的礼仪

### （一）筹划宴请活动的礼仪

要规范而细致地把宴请活动安排好，需要认真策划和准备。主要有以下几个环节。

1. 确定宴请目的

宴请是公务活动所必需的，目的勉强或巧立名目都是必须避免的。宴请的缘由总是因具体事件而来，如欢迎、欢送、答谢、庆贺、招待、交流等，一般以特定时刻、特定事件为由举办。宴请目的决定宴会的规格、形式。

2. 确定规格、形式

宴请规格与宴请的性质、目的、宾主身份有关，同时还要考虑经费开支。采用正式宴请还是非正式宴请，是用中餐宴请还是西餐宴请，是用酒会还是茶会，要根据宴请缘由、被邀请主宾的职务身份、宴请对象的风俗习惯确定。规格决定形式。国宴、正式宴会规格高，工作餐之类的便宴规格自然低些。

3. 确定时间、地点

宴请的时间，要考虑主宾双方是否合适和方便，有些要选择有特定意义的时间，如中秋节、春节等传统重大节日。同时要考虑宴会的性质和形式，正式宴会多在晚上进行，便宴则可以安排在其他时间。此外，宴请外宾和有特殊风俗习惯的宾客，还要顾及禁忌的日子和方式。地点选择要适当，要考虑宴请规格、餐饮特色、环境情调及服务水准等因素。正式宴请不要安排在客人下榻的酒店。

4. 确定对象范围

邀请对象范围，就是邀请什么人、多少人参加的问题，既不能遗漏，又不能凑数，要根据宴会规格、性质、主宾身份、习惯做法确定。邀请对象中有对立方、持不同政见等人士，要慎重考虑。邀请对象范围一经确定，随后发出正式邀请。请柬应当提前发出，不能口头或临时通知。

5. 确定宴会菜单

确定菜单要做到"突出特色，客随主便"。要根据宴请的规格及宴请地的特色，同时兼顾主宾的年龄、性别、健康状况、民族禁忌、饮食习惯及口味。菜品数量、分量要适当。要符合国家有关规定，不要铺张浪费。有特殊需要的，可以单独上菜。正式宴请要印制菜单，一桌一份或人手一份。

6. 安排席位

正式宴请都要排定席次。有些也可以只排主桌和外宾席次，其余只排桌次或者自由入座。按照国际惯例，桌次高低以离主桌或主人位置远近而定，右高左低。习惯上，男女穿插着安排，以女主人为准，主宾在其右上方，主宾夫人在男主人右上方。事先要通知出席者，每桌要放置桌次牌、座次牌或名牌。

**（二）邀约的礼仪**

1. 邀请方式

邀请是宴请必不可少的工作之一。邀请的方式有两种：一是口头邀请，二是书面邀请。具体方式一般应根据宴请的形式、规格与对象等因素的不同来选择。

口头邀请一般适用于非正式、临时性的宴请。由邀请者口头告知被邀请者活动的目的、名义，以及时间、地点与范围。书面邀请一般适用于较正式的、大型的宴请，即由主办方将宴请相关信息写在请柬上向被邀请者发出。正式宴请如果已经有口头约妥的情形，仍应补送请柬，以便被邀请者备忘。

2. 邀请的时间

除一些临时性宴请外，在宴请时应当考虑给对方宽裕的准备时间，以便安排好各方面工作。因此发出邀请的时间不宜太晚。当然，为防止被邀请者遗忘也不宜太早。一般正式宴请的邀请时间为提前 3~7 天。

3. 请柬的使用

使用请柬邀请，既可以表示对被邀请者的尊重，又可以表示邀请者对此事的郑重态度，是正式宴请中邀请者最常用的邀请方式。在使用请柬时应当注意以下问题。

（1）为达到更好的效果，在请柬的选择上，要注重纸质、款式和装帧设计的艺术性，做到美观大方。

（2）请柬上要写明宴请活动的目的、名义、范围、时间、地点及其他应知事项。

（3）请柬书写时要注意格式正确、文字美观、用词谦恭、语言精练准确。遇到涉及时间、地点、被邀请者姓名等关键性词语时，一定要核准、查实。

请柬的样式一般有折叠式和单页式两种，一般包括标题、称谓、正文、敬语、落款和日期等内容。正文不用标点符号。敬语一般以"敬请光临""此致敬礼"等作结。如需安排座位，则一般要注明被邀请者的座位，以便被邀请者能顺利地对号入座。

（4）请柬发出后，如需安排座位，应及时核实被邀请者的出席情况，做好登记，以便安排座位。

**（三）宴请中桌次与座位的礼仪**

在宴请中，桌次与座位是一个不可忽视的问题。按习惯，主次的高低以离主桌位置远近而定，右高左低。桌数较多时，要摆放桌次牌。宴会可用圆桌、方桌或长桌，一桌以上的宴会，桌子之间的距离要适中，各个座位之间的距离要相等。

1.一般家庭宴请

一般家庭举行宴请，因正房多为坐北朝南，故方桌北面即向门一面为客人的位置。现在则以迎门一方的左为上、右为下，是为首次两席。两旁仍按左为上、右为下依次安位。主人则背门而坐。

2.团体宴请

在团体宴请中，餐桌排列一般以最前面的或居中的桌子为主桌。餐桌的具体摆放还应根据宴会厅的地形条件而定。各类宴会餐桌摆放与座位安排都要整齐统一，椅背达到纵横成行，台布折纹要向着一个方向，给人以整体美感。

礼宾次序是安排座位的主要依据。我国习惯按客人本身的职务排列，以便谈话，如夫人出席，通常把女方排在一起，即主宾坐在男主人右上方，其夫人坐在女主人右上方。两桌以上的宴会，其他各桌第一主人的位置一般与主人主桌上的位置相同，也可以面对主桌的位置为主位。

大型宴会的桌次排序，如果是两桌，则以背靠墙为上，背对门为下；如果是横排，则政务礼仪以左为上，商务礼仪和国际礼仪以右为上；如果是三桌，纵向排列以背靠墙为上，中间为中，靠门为下；横向排列则以中间为上，右边居二，左边居尾。关于桌次，如果是一张圆桌，则以当事人（主人）为中心，右边高于左边，依次按右一左二、右三左四安排其他主宾和主陪的座次。如果进餐人数较多，且职位级别不清时，最好写上座位签，让宾主都能对号入座。具体而言，大型宴会桌次排序需要注意的事情有以下几点。

（1）女性以夫为贵。例如丈夫坐第一主宾位置，其夫人应坐第二主宾位置；但如果女性官位显赫，丈夫不一定以妻为贵，即丈夫不一定排第二位，而应排在其他主宾的后面。不过，依照中国的国情，妻子如果是主宾，那么其夫的位置最好尽量靠前，以示尊重。

（2）宾客的排序按照商务宴请礼仪的规范，一般应以政府官员为上、社会团体领袖为中、社会贤达为下。

（3）遵守特例。一是尊老，如果位尊者的父母亲在场，其席位应靠前安排，但不能超过尊者的席位；二是尊师，如果位尊者的师长在场，老师的位置应当靠前安排，而且可以无限靠前；三是尊贤，若有英雄模范人物在场，席位应当靠前，知名的英雄模范人物，席位更须靠前；四是尊重妇女，即不论在场女性地位多么低，均不得安排坐末席，不过有一种情况例外，即除主宾外，其余陪同人员均为女性时，当然会有其中一位女性屈尊坐上末席；五是尊上，即位尊者入席后，其他人等方可入座，女性先入席，男士方可入席。

在具体安排座位时，还应考虑其他因素。例如，双方关系紧张的应尽量避免安排在一起，身份大体相同或同一专业的可安排在一起。

**（四）酒水安排礼仪**

所谓"无巧不成书，无酒不成席"。当宴会即将开始时，询问客人喝什么酒水是一个必要的程序，因为客人对酒水的要求不需要提前了解，开席前作一个询问就能够体现出对客人的尊重。询问客人喝什么酒水是有技巧的，一般而言，主陪方可设一个封闭式的提问，即给出所有选项供客人选择。譬如可以说："这里有低度酒和高度酒，有可乐和啤酒，请问您喝点什么？"如果不封闭，则人家要一种你没有的酒水就会很难堪。

在国际商务宴请中，葡萄酒自带的优雅气质往往能最快地融化彼此的社交坚冰。酒杯晃动的畅快感觉往往能柔顺最剑拔弩张的会谈。商务宴请中点酒有如下窍门。

1.化繁为简，让自己成为最优雅的"选择供应商"

如果精通红酒知识，或者宴请的餐厅没有侍酒师这样的一个角色可以做参考，那么这样的几个问题可以迅速而从容地找到客人需要的葡萄酒："您是喜欢白葡萄酒还是红葡萄酒、香槟？""有什么钟爱的国家和年份吗？"这样的问题组合往往会非常快速地搜索到酒单上配合餐点的那款酒，让你轻松过关。

2.盘活资源，让餐厅侍酒师成为自己的盟友

侍酒师有"酒类活字典"的别号。他们在各种西式高级餐厅中会为客人建议最适合餐点的葡萄酒，以优雅的礼仪穿梭席间为客人斟酒。最好的侍酒师往往是最好的服务生，也是提升用餐体验的最佳配角。在宴请客人之前，在没有客人盯着的压力下，可与侍酒师随意休闲地聊一聊，因为他们有的不仅是酒的知识，还有对酒的热情。像所有狂热的爱好者一样，他们喜欢有这样的机会讲各种各样的酒的知识。可以让侍酒师成为自己商务宴会的盟友，把他们当成专业人士对待，而不只是一个给你拔开酒塞的人。特别是在这个年代，酒单越来越长，变化又快，把自己的意向跟侍酒师说得越明确越好，让他们为你在客人来到之前提供事前建议。

3.以客为尊，遵循万无一失的游戏规则

商务宴请的指向很明确：通过轻松的餐饮互动达成合作意向。因此，充分尊重客人的餐饮习惯至关重要。

另外，如果客人是个葡萄酒的钟爱者，一定有办法打听到他喜欢的葡萄酒。舍得下功夫的人，会事先咨询客户的家人、朋友或者同事，了解他喜欢的葡萄酒品牌、年份及佐餐习惯。周到体贴地询问会为商务形象加分不少。如果有关客人的喜好信息无法获取，那么以一瓶口味清淡、市场接受度高的白葡萄酒开场会是一个很好的欢迎仪式。最后，试着从你熟悉的酒品中选择，因为你有能力将亲自体验过的酒用语言描述出来。当你开始表达，客人开始倾听的时候，互动已然开始。

### （五）敬酒礼仪

敬酒也就是祝酒，是指在正式宴会上由主人向来宾提出某个事由而饮酒，在饮酒时，通常要讲一些祝愿、祝福类的话，甚至主人和主宾还要发表一篇专门的祝酒词。祝酒词内容越短越好，敬酒可以随时在饮酒的过程中进行，而致正式祝酒词，就应在特定的时间进行，并不能因此影响来宾的用餐。祝酒词适合在宾主入座后、用餐前开始，也可以在吃过主菜后，甜品上桌前进行。

在饮酒特别是祝酒、敬酒时进行干杯，需要有人率先提议。可以是主人、主宾，也可以是在场的人。提议干杯时应起身站立，右手端起酒杯，或者用右手拿起酒杯后，再以左手托扶杯底，面带微笑目视其他特别是自己的祝酒对象，嘴里同时说着祝福的话。有人提议干杯后，要手拿酒杯起身站立。即使是滴酒不沾，也要拿起杯子做做样子。将酒杯举到眼睛高度，说完干杯后，将酒一饮而尽或喝适量的酒，然后还要手拿酒杯与提议者对视一下，这个过程就算结束。

在中餐宴会上，干杯前可以象征性地和对方碰一下酒杯，碰杯的时候应该让自己的酒杯低于对方的酒杯，表示对对方的尊敬。用酒杯杯底轻碰桌面也可以表示和对方碰杯，离对方比较远时可以用这种方式。如果主人亲自敬酒，干杯后要求回敬主人，和他再干一杯。

一般情况下，敬酒应以年龄大小、职位高低、宾主身份为先后顺序，一定要充分考虑好敬酒的顺序，分清主次。即使和不熟悉的人在一起喝酒，也要先打听一下对方的身份或是留意别人对他的称呼，以免尴尬或伤感情。若你有求于席上的某位客人，对他自然要倍加恭敬。但如果在场有更高身份或年长的人，也要先给尊长敬酒，不然会使大家很难为情。如果因为生活习惯或健康等原因不适合饮酒，也可以委托亲友、部下、晚辈代喝，或者以饮料、茶水代替。作为敬酒人，应充分体谅对方，在对方请人代酒或用饮料代替时，不要非让对方喝酒不可，也不应该好奇地打破砂锅问到底。要知道，别人没主动说明原因，就表示对方认为这是他的隐私。

在西餐宴会上，祝酒干杯只用香槟酒，并且不能越过身边的人而和其他人祝酒干杯。作为主宾参加外国政府组织或企业举行的宴请，应了解对方祝酒的习惯，即为何人祝酒，何时祝酒等，以便做必要的准备。碰杯时主人和主宾先碰，人多可同时举杯示意，不一定碰杯，祝酒时注意不要交叉碰杯。在主人和主宾致辞、祝酒时，应暂停进餐，停止交谈，注意倾听，也不要借此机会抽烟。奏国歌时应肃立，主人和主宾讲完话与贵宾席人员碰杯后，往往到其他各桌敬酒，遇此情况应起立举杯，碰杯时要目视对方致意。

🔲 异国宴会风情

## 三、赴宴的礼仪

### （一）应邀

接到宴请邀请后，应根据邀请者的要求，尽快表明自己是否愿意被邀，以便邀请者安排组织。一旦接受邀请，无特殊理由，不应随意变动。如遇特殊情况不能出席宴请，应尽早向主人解释、道歉。

**（二）备礼**

接受邀请后，可以根据宴请的形式、目的、内容、与主人的密切程度及当地习惯等选择适当的礼物。同时也要注意送礼的一些禁忌，如除非生日或重大节日的喜庆场合，西方人平常不太喜欢相互赠送礼物，而且较忌讳赠送贵重礼物。

**（三）修饰**

赴宴前，应注意仪表整洁，穿戴大方，最好稍做打扮，忌穿工作服，满脸倦容或一身灰尘，应进行一番洗理，女士进行化妆是很有必要的。男士要刮净胡须，如有时间还应理发。注意鞋子是否干净、光亮，袜子是否有臭味，以免临时换鞋尴尬。仪容、服饰修饰参照本书仪容、服饰设计章节的内容。

**（四）抵达**

赴宴的时间，应当准时，不宜早到，更不应迟到。早到，如果主人未做好准备工作，易造成尴尬。迟到则会影响宴请的举行，不仅给主人带来不便，也会使其他客人不悦，更显失礼。一般正式宴会，比邀请时间早到两分钟左右较为合适。同时为表尊重，在宴会上不应早退或逗留时间过短。抵达宴请地点后，应先到衣帽间脱下大衣和帽子，前往主人迎宾处，主动与主人问好，并送上事先准备好的礼物，以表真诚。

**（五）入座**

入座前可以在休息室等候或与较熟识的客人交流。当主人邀请客人入席时，应了解主人与主宾及其他陪客人员的位置，而后根据自己的身份角色入座。如遇宴请桌次较多的情况，在进入前，应先了解自己的桌次，对清自己的座位卡与姓名，不要随意乱坐。就顺序而言，一般情况下首先入座的应是主人与主宾，其次是其他客人及陪同人员。当遇到年长者或女士入座时，晚辈、男士应当主动上前帮助其坐下，待其坐稳后，方可离开。个人入座时，应从自己行进方向的左侧入座，在同桌的长者、女士及位高者落座后，再与其他人一同就座。

**（六）席间**

1.举止

落座后要注意自己的姿态，椅子与餐桌应保持20厘米左右的距离，不要太近或太远，双手不宜放在邻座的椅背上或餐桌沿上，更不要用两肘撑在餐桌上。同时，席上当众补妆、梳理头发、挽袖口、松领带及摆弄小物件的行为都是不礼貌的。

2.进餐

进餐前，不要急于打开餐巾，应先与左右客人交流一两句。餐巾用于擦拭嘴与手，不用时，展开放于膝上，不要塞在下巴下。中途离席时，可以把餐巾放在椅子上，而不应放在餐桌上，同时切勿用餐巾擦拭餐具，因为此种行为会显得你对主人准备的餐具不满意，是对主人的不尊重、不信任。用餐结束后，餐巾也不能揉作一团，更不能乱丢。

上菜时，应通过转盘转到主人和主宾之间，自己如非主人或主宾，不宜先尝。取菜时，一次不宜取太多，盘中食物也不要盛得太满。遇有服务员分菜时，如需增加，待服务员送上再取。如遇自己不爱吃或不能吃的菜肴，当别人给夹菜或服务员分菜时，不要拒绝，取少量并表示感谢。对菜肴的味道如不满意，切勿表现出厌恶的表情。

进餐过程中，可以把自己喜欢的或餐桌上较为有特色的菜品推荐给他人。此种推荐停留在口头上即可，也可使用公筷，但切忌用自己的餐具为他人取菜，因为这种方式不卫生，会让被敬者尴尬为难。

进餐时切忌狼吞虎咽，要闭嘴咀嚼，尽量避免嘴里发出声响。咀嚼食物时不要讲话，如有人与你交谈，要吞咽之后再与之交谈。喝汤应用汤匙，轻吸进去，不要啜。如汤太热，不要用嘴吹，放置一下待稍凉后再食用。鱼刺、骨头等不应直接吐出，可用餐巾捂嘴后用筷子取出，放入骨盘内。

饮酒碰杯时，为表现敬意可将自己酒杯低于对方，近距离碰杯要轻。干杯时，即使不能喝也要用嘴唇碰一下，以示敬意。食间如需剔牙，要用牙签，不要用手或筷子，亦不要面对其他人张嘴，而应用手或纸巾遮住口，更不能边走边剔牙。

### 3. 交谈

现在的宴请聚餐，被认为是再普遍不过的沟通方法和社交文化，因此交谈是必不可少的。静食不语，是对主人的不礼貌。因此在参与宴请的过程中，应当主动交谈。交谈时，不要只和自己熟悉的人说话，交谈的对象要广泛，特别要注意主人方面的人。话题内容可以适当选择，但不要触及对方敏感、不快的问题，不要道人是非，更不可恶语中伤他人或与他人争论。对陌生人可以通过自我介绍、简单寒暄打开局面，进而聊些热门话题、个人爱好等增进感情。在别人交流时，切忌打断。谈话时要注意控制音量，不宜太大，太大会让人觉得不高雅；但也不能太小，太小似乎在人耳边说悄悄话，也是不礼貌的。同时，与人交谈时应放下餐具，暂停进食，以示尊重。

### 4. 祝酒

在正式的宴请中，祝酒是必不可少的项目。作为客人应当了解为何人、何事祝酒，尽量事先有所准备，做到心中有数。一般情况下，主人应当最先祝酒，其后是主宾，其他人可选择适当时机。当然，如果无人祝酒，客人也可以提议向主人祝酒。在主人或主宾祝酒时，其他人应当暂停交谈与进食，耐心倾听。碰杯时，主人和主宾先碰，多人时可举杯示意，无须一一碰杯。遇长辈、女士、位高者，晚辈、男士、位低者碰杯时，应当把酒杯举得略低一些，以表尊重。同时，在餐桌上碰杯，也不要将手伸得太长。祝酒者与被祝酒者并不必把酒杯里的酒都喝干，每次只喝一小口就足矣。

目 晚宴的服饰和礼仪

### （七）散席致谢

用餐完毕，一般要等主人站起来表示用餐结束，宾客才能起身。而且不应站起来就走，应该在分手时向主人的盛情表示感谢，或第二天打一个电话去，表示感谢。

　　留美的大学生万怡，拿到学位后，在一家保险公司找到了一份工作。圣诞节前夕，该公司在一家五星级酒店里开圣诞晚会，总裁也到场。

　　那天下午，公司的女同事纷纷早退，万怡也没多想。看了一眼请柬，上面注明要穿正式服装。

　　到了晚上，万怡按国内的思维习惯穿着西装裤装、平底鞋、顶着挂面头，也未化妆就去了。

　　一进门，万怡就懵了。富丽堂皇的大厅里，男士个个穿着黑西装、白衬衫，系黑领结；女士个个穿着晚礼服、略施粉黛、摇曳生姿，就像电影里演的那样。

　　人们看到她的时候，什么样的表情都有。万怡恨不得赶快找个地缝钻进去。

　　当第一支舞曲响起时，万怡偷偷地溜走了。

　　了解和掌握参与宴请活动的礼仪要求是更好地与人交际的重要条件之一。在应邀参加宴请活动时，应根据宴请的形式、主人的要求、当地的习惯等适当地修饰自己，以免贻笑大方。

# 第二节　中餐礼仪

## 一、中餐宴请桌次与座次的排列

　　在中餐宴请中，宴会的桌次与座次排列是首要任务，它关系到客人的身份与主人给予客人的礼遇。

### （一）宴请的桌次排列

　　中餐宴请多使用圆桌。如果宴请人数较多，会出现多桌的情况。每张桌子的摆放顺序，可称为桌次。正式的中餐宴请，在安排座位时通常应遵循以下原则。

　　（1）面门为上——面对门的座位为上座，背对门的座位为下座。

　　（2）远门为上——远离门的座位为上座，靠近门的座位为下座。

　　（3）居中为上——居于中部的座位为上座，两侧的座位为下座。

　　（4）居右为上——主人右侧的座位位次高于主人左侧座位的位次。

　　（5）临台为上——如果就餐时观看舞台演出，以面临舞台、临近舞台的座位为上座。

　　（6）开阔为上——座位周围空间开阔者为上座。

（7）观景为上——方便看到风景者为上座。

排定座次时，应根据餐厅具体情况做综合考虑。

桌次排列方法如下。

以主桌位置作为基准，与主桌距离相等的两张桌子，右高左低；与主桌在同一方向的两张桌子，近高远低；各桌的主位位置，应当朝向同一方向。桌次排列方法如图 9-1 至图 9-4 所示。

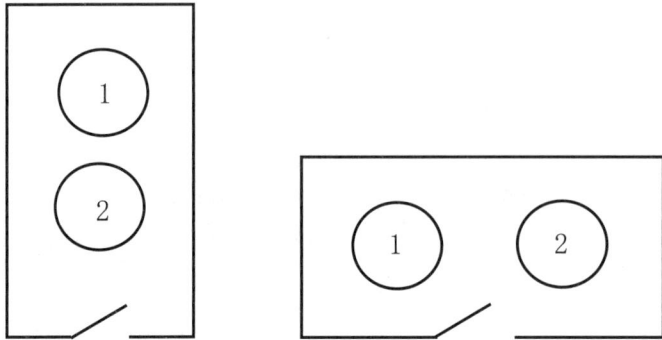

图 9-1　两桌排列

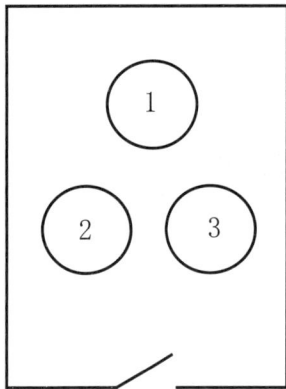

图 9-2　三桌排列

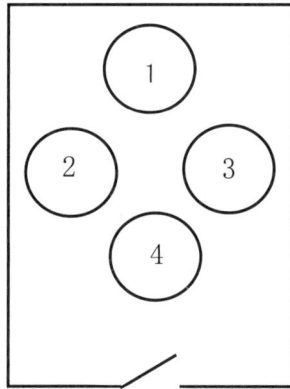

图 9-3　四桌排列

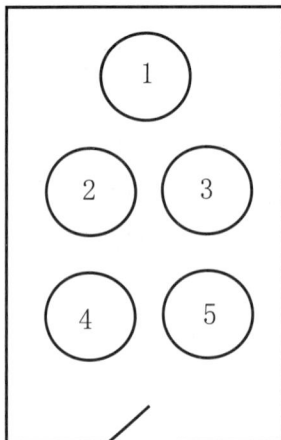

图 9-4　五桌排列

## （二）座次排列方法

入座时，应请尊者先入座，并请尊者坐于尊位。通常，面门居中位置为主位；可主左宾右分两侧而坐，或主宾双方交错而坐；越近首席，位次越高；同等距离，右高左低。

只有一位主人的排列方法如图 9-5 所示。

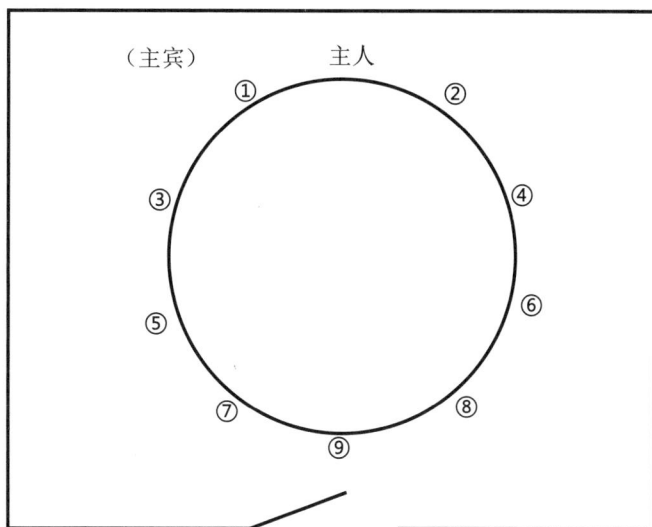

🔲 中餐宴请的
座次排列

图 9-5　一位主人的座次排列

宴请上级领导或长辈时，可请上级最高领导坐在主人的位置，其他人按级别顺序依次排列。

有两位主人的排列方法在国内主要有 3 种，如图 9-6 所示。

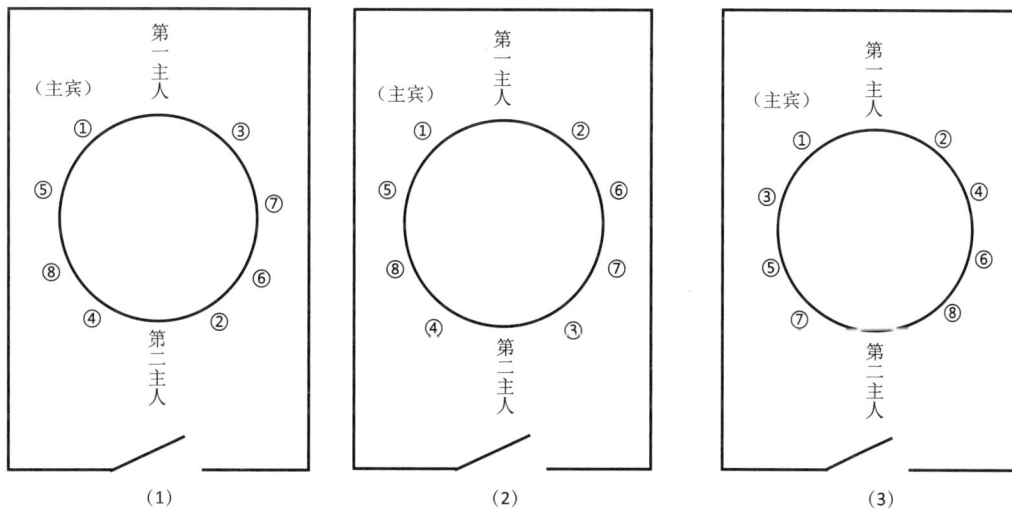

（1）　　　（2）　　　（3）

图 9-6　两位主人的座次安排

## 二、上菜顺序

正式中餐宴席平均 10 人为一桌，每桌提供 14~16 道菜肴，通常上菜按以下顺序进行。

### （一）冷盘

又可称为凉菜、拼盘、冷荤、冷拼、冷碟、围碟或开胃菜。一般在宴会正式开始 15 分钟之前摆上冷盘。

### （二）主菜

又称为大菜、头菜，是宴席菜单中的精品，也是宴席中档次的象征。商务宴请时，主菜的规格要与主宾的身份相适应。高档的商务宴请，主菜约占整桌菜肴成本的 55%。

### （三）热炒菜

又可称为热菜类，既可佐酒，又可佐食。热菜的搭配选择要求食材、口味及烹调方法在适合客人口味的前提下变化多样。

### （四）甜菜

包括各种蜜汁、拔丝、甜味汤羹等菜肴。宴席通常要有一种甜菜，起到变换口味的作用。

### （五）点心

点心是主食种类中的一种，也是热菜的配角，可随热菜而上。

### （六）汤类

通常是宴席最后一道菜肴，是多数宴席收口的重要标志。粤菜中的汤会在冷盘之后、头菜之前上来。

### （七）主食

起到补充热量、避免客人吃不饱的作用。

### （八）水果

起到爽口和补充营养的作用。水果用毕，主人即可宣布宴会结束。

---

**案例**

　　小范周末起来心情特别好，而且想到今天要参加同学聚会，就非常兴奋。聚会时同学们一起回忆过去的美好时光，气氛非常热烈。吃饭时，小范发现他同桌的大壮吃饭时发出"吧唧吧唧"的声音，还边吃边说，唾沫横飞。席间他接听电话时，将筷子插在饭碗里，吃完后，还伸了伸懒腰，打了一个响嗝儿，做出很满足的样子。小范的心情顿时黯淡了下来。

　　如果不了解中餐礼仪，可能会阻碍我们正常的交际应酬。因此，我们要了解并掌握这些礼仪，这样将有利于我们在工作与生活中避免可能会遭遇的尴尬。

### 三、使用中式餐具的礼仪

中式餐具主要有碗、盘、杯、匙、筷，根据其大小形状分为不同规格。筷有木制、竹制、塑料制品等不同类型，而其他餐具大多使用瓷器，高档宴会有时还会使用铜器或银器餐具。中式餐具较为简单，对我们来说很容易识别。中餐常见摆台方式如图9-7所示，筷架上还可同时放置不锈钢长柄汤勺。

图9-7　中餐餐具

#### （一）使用筷子的礼仪

筷子是中餐当中最主要的进餐用具之一。筷子的正确持法如图9-8所示。

图9-8　正确的持筷方法

在使用筷子时应避免以下情况。

（1）忌敲筷。不要拿筷子敲打餐桌上的物品。

（2）忌掷筷。在递给别人筷子时不要随意掷出。

（3）忌叉筷。筷子不能交叉随意摆放。

（4）忌挥筷。夹菜时不能把筷子在菜盘里挥来挥去。如别人也夹菜，应注意避让。

（5）忌插筷。不要把筷子插在食物上面。因为在中国的习俗中，只有在祭祀死者时才用这种插法。

（6）忌舞筷。与人谈话时，应把筷子放下。不能把筷子当作刀具随意乱舞，不能用筷子指引东西和指对方。

（7）忌舔筷。不要用嘴舔筷子上的残留食物。

（8）忌迷筷。不要在夹菜时将筷子持在空中，犹豫不定。

（9）忌别筷。不要在用餐过程中，将筷子当牙签使用或用来挠痒。

**（二）匙的使用礼仪**

中餐匙的主要作用是舀取菜肴和汤类食物。有时，在用筷子夹取食物的时候，也可以使用匙来辅助，但是尽量不要单独使用匙取菜。同时在用匙取食物时，尤其汤、羹类食物等，不要舀取过满，以免溢出弄脏餐桌或衣服。在舀取食物后，可在原处暂停片刻，等汤汁不会洒落后再移过来享用。用餐期间，暂时不用匙时，应把匙放在自己身前的吃碟上，不要把匙直接放在餐桌上，或把匙插在食物中。用匙取完食物后，要立即食用或是把食物放在自己的吃碟里，不要再把食物倒回原处。若是取用的食物太烫，则不可用匙舀来舀去，也不要用嘴对着匙吹，应把食物先放到自己的吃碟里等凉了再吃。注意不要把匙塞到嘴里，或是反复舔食吮吸。

**（三）盘子的使用礼仪**

中餐的盘子种类较多，当中稍小点的盘子又叫碟子，主要用于盛放食物，其用途与碗大致相同。

中餐中有两种用途比较特殊的盘子，吃碟与骨碟。吃碟的主要作用是用于暂放从公用的菜盘中取来享用的菜肴。使用吃碟时，一般不要取放过多的菜肴，那样看起来既繁乱不堪，又好像有贪吃之嫌，十分不雅。

不吃的食物残渣、骨头、鱼刺不能直接吐在饭桌上，而应轻轻取放在骨碟里。取放时不要直接从嘴吐到骨碟上，而要使用筷子夹放到骨碟里。如骨碟放满了，可示意让服务员换骨碟。

**（四）碗的使用礼仪**

碗在中餐当中是用来盛放主食、汤羹等的。在正式中餐宴请场合，进餐过程中不要把碗端起来，尤其不要双手端碗；碗内食物不可以直接用手取，更不能直接用嘴到碗中舔食；碗内如有剩余食物，不能直接倒入口中；暂时不使用的碗中不宜乱扔东西。

**（五）汤盅的使用礼仪**

中餐的汤盅是用来盛放汤类食物的。使用汤盅时需注意的是：将汤勺取出放在垫盘上，并把盅盖反转平放在汤盅上就表示汤已经喝完。

**（六）杯子的使用礼仪**

中餐宴请使用的杯子一般分为：白酒杯、红酒杯、水杯和啤酒杯。在饮用不同饮料时选用不同的杯子。注意不要倒扣杯子；水杯不能用来盛酒水；喝时嘴里的东西不能再吐回杯子中。

**（七）牙签**

牙签的主要作用就是用于剔牙，但是在用餐过程中尽量不要当众剔牙。非剔不可时，要用另一只手掩住口部。剔出来的食物，不要当众"观赏"或再次入口，更不要随手乱弹、随口乱吐。剔牙后，不要叼着牙签，更不要用来扎取食物。

### （八）餐巾

在中餐宴请中，餐巾可分为两种：一种是美化席面所用的餐巾，同时也可以避免客人在用餐过程中汤汁弄脏衣物；另一种叫湿巾（香巾），但它们的用途是有区别的。

1.餐巾

中餐中的"餐巾"，叫作"席巾"更为恰当。因为在中餐中通常不使用席巾来擦手、擦嘴，席巾的作用一是在用餐过程中避免食物弄脏台面和客人衣服，二是在美化席面的同时起到定位的作用。餐前，席巾会被叠成各种花形的杯花或盘花，使餐台看上去美观大方，主位的席巾花形通常比客位的巾花形大而独特（见图9-9），便于客人识别。

图 9-9　餐台上的餐巾

客人入座之后，服务员会帮助客人铺席巾：将席巾的一角压在盘子下面，对角线与客人对正，顺台面平铺下来，如图9-10所示。

图 9-10　铺席巾的方法

2.湿巾（香巾）

餐厅会为每位就餐者在就餐前准备一块湿巾（香巾），其作用是擦手，用过之后应放回盛放湿巾（香巾）的盘子里，由服务员拿走。在宴会结束前，服务员还会再上一块湿巾（香巾），但与前者不同，其用途是擦嘴，不能用于擦脸或擦汗。

# 第三节　西餐礼仪

西餐这个词中"西"是西方的意思，一般指西欧各国；"餐"就是饮食菜肴。通常所说的西餐不仅包括西欧国家的饮食菜肴，同时还包括东欧各国，也包括美洲、大洋洲、中东、中亚、南亚次大陆及非洲等国的饮食。西餐一般以刀叉为餐具，以面包为主食，多以长形桌台为台型。西餐的主要特点是主料突出、形色美观、口味鲜美、营养丰富、供应方便等。

## 一、西餐宴请桌次与座次的排列

西餐一般使用的都是长桌。

### （一）桌次排练方法

安排多桌宴请的桌次时，应以面对门的方向为准（面门定位），遵循居右为上、远门为上、居中为上、临台为上、靠墙为上、观景为上的原则。以主桌位置作为基准，与主桌距离相等的两张桌子，右高左低；与主桌在同一方向的两张桌子，近高远低。

两桌横排时，右高左低。两桌竖排时，远门为上。

三桌的排列如图 9-11 所示。

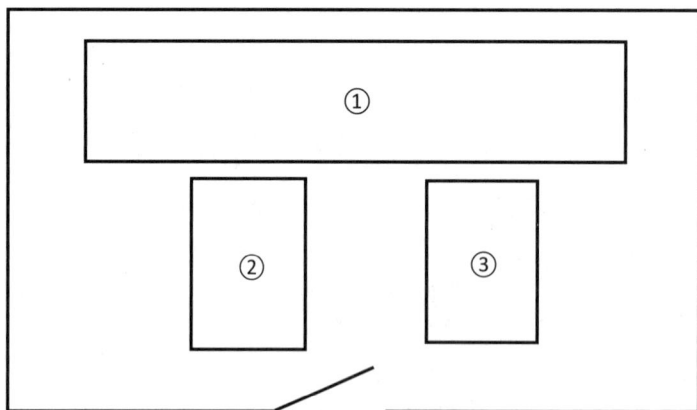

图 9-11　三桌排列

四桌的排列如图 9-12 所示。

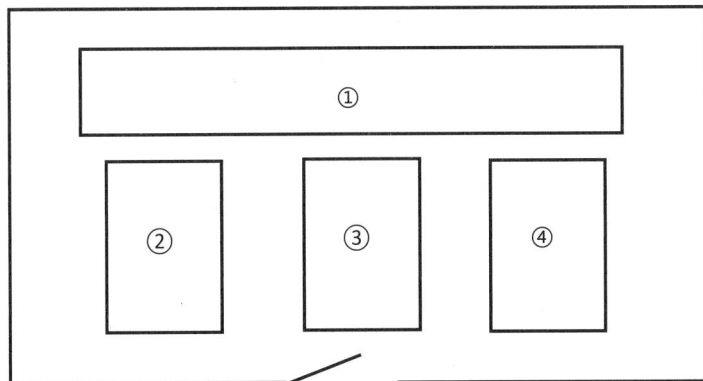

图 9-12　四桌排列

### （二）座次排列方法

西餐的座次安排，男女主人通常分坐于长桌的两端，或在长桌横面的中央面对面坐。西方人遵循"女士优先"的原则，通常，女士的座位席次要比男士为高，整个宴席都是以女主人为第一主人。背靠墙，离入口、厕所远，或者能看到优美的风景的座位都可能成为上座。女士、长者优先。服务员在引领客人入座时通常走在最前面，后面跟着女士，男士则走在女士的后面。西餐座次排列"以右为尊"，男女主人右边的席次高于左边的席次。在可能的情况下，男士和女士应间隔排列。西餐长桌的座次排列方法如图 9-13 所示。

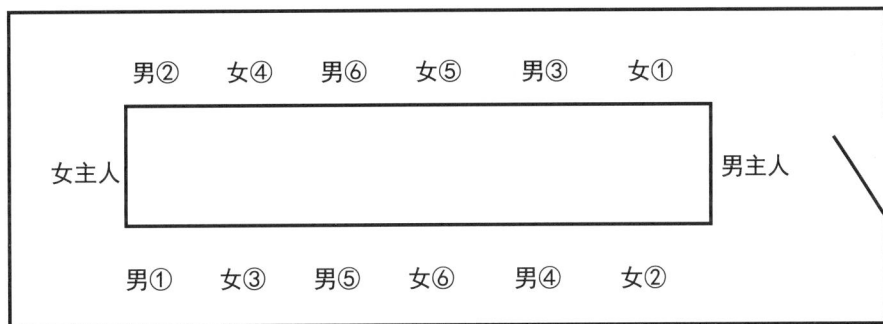

（1）

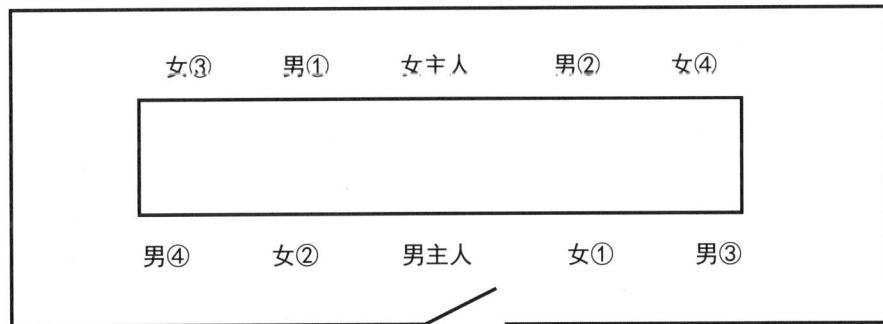

（2）

图 9-13　西餐长桌次排列

## 二、上菜顺序

菜序就是上菜的具体顺序。西餐大体上分为正餐和便餐两种。西餐正餐的上菜顺序既复杂多样，又非常讲究。正餐一般由八道菜肴构成，一顿内容完整的正餐，一般要吃上一两个小时。

### （一）西餐的正餐

**1. 头盘**

头盘又叫头盆、前菜，是开胃菜，一般有冷头盘和热头盘之分。以色拉为主（有蔬菜色拉、海鲜色拉、什锦色拉等），色拉除蔬菜外，还有一类是用鱼、肉、蛋类制作的，这类色拉一般不加味汁，在进餐顺序上可以作为头盘食用。有时候还有鹅肝酱之类的食品。头盘的基本特点是比较爽口，比较清淡，意在开胃。在西餐正餐里，它属于开始曲或前奏。

**2. 汤**

汤大致可分为清汤和浓汤两大类。各式奶油汤、法式洋葱汤、俄式罗宋汤、意式蔬菜汤、美式蛤蜊汤等都是受欢迎的品种。清汤用料考究，营养价值高。汤可配着面包一起上。

**3. 菜**

菜又分为主菜和副菜。副菜一般是白肉。白肉就是鱼肉和鸡肉，因为鱼肉和鸡肉做熟之后是白色的。副菜吃完了，就会上主菜。主菜一般是红肉，即牛肉、羊肉、猪肉，因为它们做熟之后是偏红色的。红肉味比较浓，比较厚重，耐饥饿，而白肉则比较清淡。也可以不吃副菜，直接上主菜。

**4. 蔬菜类菜肴**

蔬菜类菜肴在西餐中主要指色拉，可以安排在肉类菜肴之后，也可以与肉类菜肴同时上桌。与主菜搭配的色拉，被称为生蔬菜色拉，一般用生菜、番茄、黄瓜、芦笋等制作。还有一些蔬菜是煮熟的，如花椰菜、菠菜、炸土豆条等。煮熟的蔬菜通常与主菜中的肉食类菜一同摆放在餐盘中上桌，被称为配菜。

**5. 点心**

点心包括炸薯条、三明治、曲奇饼、烤饼等。

**6. 甜品**

甜品包括冰淇淋、各种各样的布丁。

📖 名贵咖啡简介

**7. 果品**

果品包括水果、鲜果、干果、坚果。

**8. 咖啡、茶**

📖 葡萄酒的品鉴

西餐的最后一道餐品是饮料，一般为咖啡或茶。饮咖啡一般要加糖和淡奶油。茶一般要加香桃片和糖。在用餐结束之前，为用餐者提供热饮，以此作为"压轴戏"。

最正规的热饮，是红茶或什么都不加的黑咖啡。二者只能选择其一，而不同时享

用。它们的作用主要是帮助消化。西餐的热饮，可以在餐桌上喝，也可以离开餐桌去客厅或休息厅里喝。

### （二）西餐的便餐

西餐的便餐一般是指工作餐，可自己去餐馆里点，便餐比较简单。便餐的菜序是头盘、汤、主菜、甜品、热饮。

## 三、西餐餐具的使用

### （一）餐具的摆放

西餐餐具主要有刀、叉、匙、盘等物品（见图9-14），刀分为食用刀、鱼刀、肉刀、奶油刀、水果刀；叉分为食用叉、鱼叉、龙虾叉；匙有汤匙、茶匙、甜品匙；杯有茶杯、咖啡杯、水杯、酒杯等。宴会过程中，上几道酒就会配几种酒杯。餐具的摆放方法是：中间摆放食盘或汤盘。餐巾一般折叠出花形放于食盘上面。盘子右侧摆放刀、汤匙，盘子左侧摆放叉子。杯子摆放在食盘的右上方，一般有3种酒杯：最大的是装水用的高脚杯，其次是红葡萄酒杯，细长的是白葡萄酒杯。根据情况的不同，有时也会摆放香槟酒杯或雪莉酒杯。酒杯的摆放方法是沿斜线排列，最外侧是白葡萄酒杯，中间是红葡萄酒杯，最里面是清水杯。面包盘和奶油刀摆在食盘的左边。食盘正前方摆咖啡或吃点心用的小汤匙和刀叉。刀叉的数目应与上菜的道数相同，并按上菜顺序由外向内排列，刀刃向内。

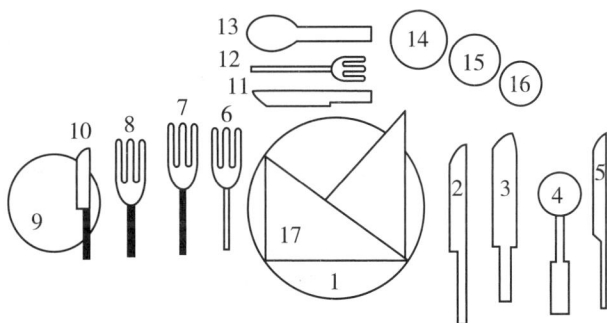

注：1—装饰盘、2—餐刀、3—鱼刀、4—汤匙、5—食用刀、6—餐叉、7—鱼叉、8—食用叉、9—面包盘、10—奶油刀、11—水果刀、12—甜品叉、13—甜品匙、14—水杯、15—红酒杯、16—白酒杯、17—餐巾。

图9-14 西餐宴会摆台

### （二）西餐餐具的用法

1.餐巾

（1）铺放。一般来说，餐巾放在餐盘正中间或叉子旁边。点完菜后，在前菜送来前的这段时间把餐巾展开，沿中线对折（或沿对角线对折），开口朝外，中间的折痕朝自己，平铺在大腿上，如图9-15所示。小餐巾可以不对折，自然展开平铺在大腿上。不要将餐巾扎在衬衣或领带里。

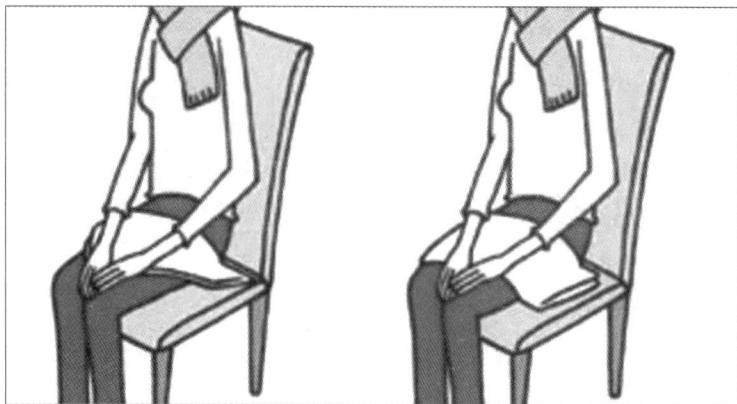

图 9-15　铺餐巾的方法

　　需注意的是：就座后不要急于打开餐巾，要等大家就座、女主人第一个动餐巾并将餐巾平铺在大腿上之后，才可以这样做。很多宴会是在致辞、干杯后才展开餐巾。

　　（2）用途。餐巾主要用于防止食物弄脏衣服和擦拭嘴、手指上的油渍。打开餐巾，用内侧轻按嘴角，脸应朝下，但不可用餐巾擦汗、揩拭餐具或擦桌。如果口中有骨头或鱼刺，可用左手持餐巾遮住口部，用餐叉从嘴边接住，放在碟子边。现在由于餐巾纸的普及，许多饭店、酒楼、家庭已不用餐巾而以餐巾纸替代。

　　（3）暗示作用。如果餐中离座，应该将餐巾放在椅子上，如图 9-16 所示。不要挂在椅子背上，这样很容易掉到地上。放桌上则意味着不想吃了。用餐完毕，可随主人将餐巾随意放在自己餐盘的左侧，不要照原来的样子折好，除非主人请你留下吃下顿饭。

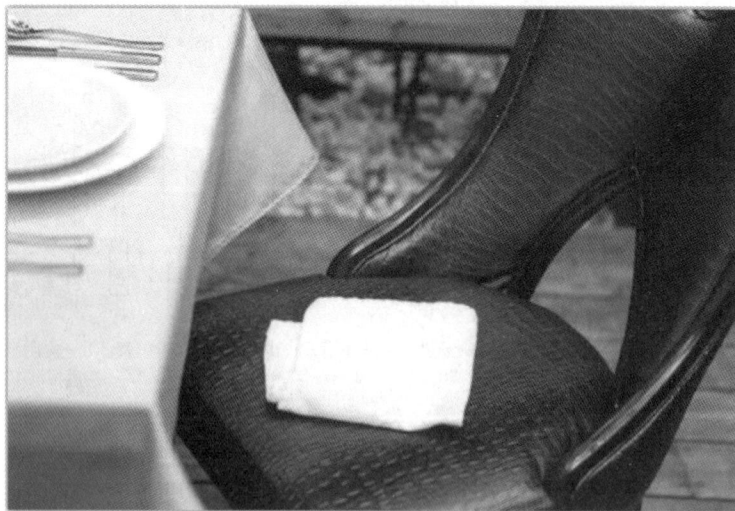

图 9-16　中途离席

## 2. 刀叉

　　吃正餐时，刀叉的数目与上菜的道数是相等的，并按照上菜的顺序由外向内排列，刀刃向内。取用刀叉时，应按照由外向内的顺序，吃一道菜换一套刀叉。

进餐时，原则上是右手持刀，左手持叉，从左往右切。不用刀时，也可以右手持叉。

（1）餐刀的用法。右手持刀，拇指抵住刀柄一侧，食指则按在刀柄背上，其余三指弯曲握住刀柄。

（2）叉子的用法。叉子的拿法有背侧朝上和内侧朝上两种，要视情况选择恰当的拿法。刀叉并用，叉若在左手，宜背侧朝上（叉齿向下）。叉子换到右手时，则内侧朝上（叉齿向上）。切割食物时，先轻轻推上前，再用力拉回并往下切。切时叉子前端和刀刃呈直角，两肘不能张开。菜肴要切成一口大小，再送进口中。吃面条时，可以用叉卷起来送入口中。吃肉时，英国人左手拿叉，叉尖朝下，把肉扎起来；如果是烧烂的蔬菜，就用餐刀把菜拨到餐叉上。美国人用同样的方法切肉，然后右手放下餐刀，换用餐叉，叉尖朝上，插到肉的下面，不用餐刀，把肉铲起来，送入口中，吃做熟的蔬菜也是这样铲起来吃。

（3）暗示作用。用西餐时如与人攀谈，应暂时放下刀叉，左叉右刀呈"八"字形放在餐盘里，刀口向内，叉齿向下；一道菜用完，刀叉并排放在盘子里，叉齿向上，刀口向内，左叉右刀或刀上叉下。如图9-17所示。

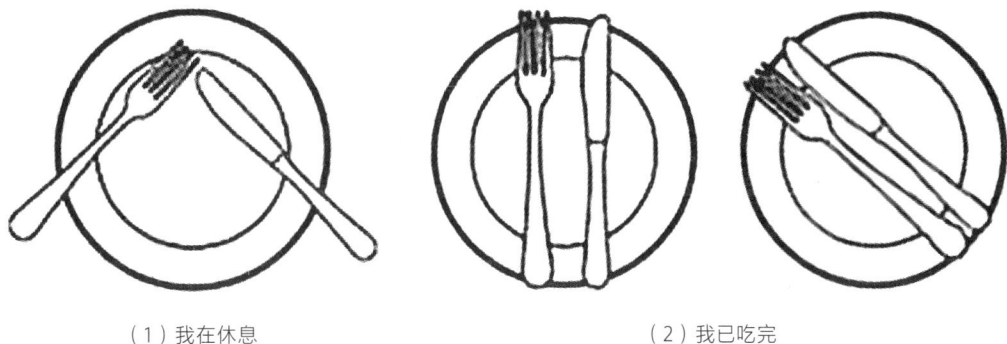

（1）我在休息　　　　　　　　　　　　　　（2）我已吃完

图 9-17　刀叉的摆放

席间谈话可以拿着刀叉，但在做手势时必须放下，切不可拿着刀叉比画，也不能将刀叉竖起来拿着。这些要求除基于礼仪方面的考虑外，还出于安全方面的原因。使用刀叉进餐时还应注意，切割食物时，不要弄得铿锵作响，应从食物左侧起，将食物切出适合的大小，铲而食之。双手使用刀叉时叉齿朝下，右手持叉进食时叉齿朝上。刀叉落地之后，不应再用，应请侍者另换一副。接受侍者服务，从大盘中取菜时，应用公用叉匙，且左手持叉，右手持汤匙，先取大盘中靠近自己一侧的主菜（鱼头朝左、鱼腹向自己）放在自己餐盘的中央，再取其他配菜。取菜后应将公用餐具放回原处，不能用自己的餐具取菜或为别人劝菜。

3.匙

西餐的匙也分多种，如喝汤的、取食的、吃甜品的、搅拌的等。不可将餐匙立于杯子里食物上，不可用茶匙舀茶水、咖啡等。

喝汤时，用左手轻扶盆边，右手以握铅笔或握乒乓球拍的姿势握汤匙，匙由靠自己的一侧伸入汤里往外舀。汤比较少时可以轻轻将盆从里向外掀起，用汤匙舀出来喝。若汤热，可试温，但不要用嘴吹，更不能用匙拨弄，舀起的汤要一口喝完。喝汤时不要以嘴就碗去啜饮，不要发出声响。喝完后将汤匙放在汤盆前面，匙柄朝右，匙心朝上。

取食时一口吃完一餐匙食物，不要舔食。将餐盘上的料理舀起时，利用刀子挡着以免料理散落到盘子外面。如有淋上调味酱的料理，也可以利用刀子刮取调味酱，再以汤匙或调味酱用汤匙将料理与酱料一起送入口中。以叉子舀起料理时，左手持用叉子，将食物置于叉子正面的叉腹上送入口中。当盘子内的细碎食物聚集时，可利用刀子挡着，再以叉子靠近舀起。利用汤匙代替刀子也是可以的。用叉子将料理聚集到汤匙上，再用汤匙将食物送入口中。

## 四、参加西式宴会的注意事项

### （一）衣着考究

再昂贵的休闲服，也不能穿着去高档的西餐厅，如果指定穿正式服装的话，男士必须打领带。

### （二）尊重女士

西餐礼仪中尊重女士体现在许多方面。例如，高级西餐厅的服务人员均为男性；进入餐厅时，男士先开门请女士进入，并请女士走在前面；入座、点酒、餐点端来时，都应让女士优先。

应等所有客人面前都上了菜，女主人示意后才开始用餐。在女主人拿起她的勺子或叉子以前，客人不得食用任何一道菜。当女主人要为你添菜时，你可以将盘子连同放在上面的刀叉一起传递给她或交给服务员。如果她不问你，你就不能主动要求添菜，那样做很不礼貌。餐桌上有些食品，如面包、黄油、果酱、泡菜、干果、糖果等，应待女主人邀请取食。大家轮流取食品时，男客人应请他身旁的女客人先取，或者问她是否愿意让自己为她代取一些。

用餐完毕，客人应等女主人从座位上站起后，再一起随着离席。在进餐中或宴会结束前离席都不礼貌。起立后，男宾应帮助女士把椅子归回原处。餐巾应放在桌上。

### （三）适度交际

进餐时，始终保持沉默是不礼貌的，应该同身旁的人有所交谈。但是在咀嚼食物时不要讲话。即使有人同你讲话，也应咽下口中食物后再回答。谈话时可以不放下刀叉，但做手势时必须放下，不可拿着刀叉在空中摇晃。

就餐时间太早、匆匆吃完就走、在餐桌上大谈生意、衣着不讲究、主菜吃得太慢影响下一道菜、只点开胃菜而不点主菜和甜点，都是不礼貌的行为。

### （四）主人注意事项

用餐时，主人应待客人吃完一道菜后，再换下一道菜。主人吃饭速度不可太快，如果多数人已吃完，而少数人尚未吃完，更应放慢速度，以免使客人感到不安。席间，主人应尽力使每位客人感到舒适自如。如客人将刀叉掉在地上，应立即礼貌地为他换一把。如果客人不慎打碎盘碗，女主人应镇静地收拾干净，安慰客人，绝不能显出不悦之色。最后，主人绝不能在客人面前计算请客所花费的费用。

# 第四节　自助餐礼仪

自助餐，是目前国际上通行的一种非正式的西式宴会，因其提供的食物以冷食为主，所以又被叫作冷餐会。自助餐在大型的商务活动中尤为多见。顾名思义，参加"自助餐"形式的宴会时，服务员提供的服务比较有限，取餐要靠自己亲自动手。一般的自助餐上所供应的菜肴种类包括冷菜、热菜、汤、点心、甜品、水果及酒水等。

## 一、安排自助餐的礼仪

安排自助餐的礼仪，是指自助餐的主办者在筹办自助餐时的规范性做法。一般而言，它包括以下 4 个方面。

### （一）就餐时间

依照惯例，自助餐大都被安排在各种正式的商务活动之后，作为其附属环节之一，而极少独立出来，单独成为一项活动。

因为自助餐多在正式的商务活动之后举行，所以其举行的具体时间受到正式商务活动的限制。不过，它很少被安排在晚间举行，而且每次用餐的时间不宜超过 1 小时。

一般来讲，主办单位假如准备以自助餐招待来宾，最好事先以适当的方式对其进行通报。同时，必须注意一视同仁，不要安排一部分来宾用自助餐，而安排另外一部分来宾去参加正式的宴会。

### （二）就餐地点

自助餐的就餐地点，要既能容纳全部就餐的人，又能为其提供足够的交际空间。正常情况下，自助餐安排在室内外进行皆可。通常，大多选择在主办单位所拥有的大型餐厅、露天花园之内进行。有时，也可外租、外借类似的场地。在选择、布置自助餐的就餐地点时，有下列 3 点要注意。

第一，要为用餐者提供一定的活动空间。除摆放菜肴的区域外，在自助餐的就餐地点还应划出一块明显的用餐区域。这一区域不要显得过于狭小，要考虑到实际就餐人数往往具有一定的弹性，如果就餐人数难以确定，那么用餐区域的面积宁肯划得大一些。

第二，要提供足够的餐桌与座椅。尽管真正的自助餐所提倡的是就餐者自由走动，立而不坐，但是在实际中，有不少的就餐者，尤其是年老体弱者，还是期望在就餐期间能有一个暂时的歇脚之处。因此，在就餐地点应当预先摆放一定数量的桌椅，供就餐者自由使用。在室外就餐时，提供适量的遮阳伞，往往也是必要的。

第三，要使就餐者感觉到就餐地点环境宜人。在选定就餐地点时，不仅要注意面积、费用问题，还要兼顾安全、卫生、温度等问题。如果用餐期间就餐者感到异味扑鼻、过冷或过热、空气不畅、过于拥挤，显然会影响宾客对此次自助餐的整体评价。

### （三）准备食物

自助餐中为就餐者所提供的食物，既有其共性，又有其个性。共性在于，为了便于就餐，以提供冷食为主；为了满足就餐者的不同口味，应当尽可能使食物品种丰富；为了方便就餐者进行选择，同一类型的食物应集中在一处摆放。

### （四）招待客人

招待客人，是自助餐主办者的责任和义务。要做到这一点，必须特别注意下列环节。

第一，要照顾好主宾。在任何情况下，主宾都是主人的重要客人，在自助餐上也不例外。主人在自助餐上对主宾所提供的照顾，主要表现在陪同其就餐，与其进行适当的交谈，为其引见其他客人等。但要注意给主宾留下一点自由活动的时间，不要始终伴随其左右。

第二，要充当引见者。应当注意的是，介绍他人相识，必须了解双方是否有此意愿，切勿一厢情愿。

第三，要安排侍者。根据常规，自助餐上的侍者须由健康而敏捷的男性担任。他们的主要职责是主动为来宾提供一些辅助性服务。

## 二、享用自助餐的礼仪

所谓享用自助餐的礼仪，主要是指以就餐者的身份参加自助餐时必须遵循的礼仪规范。一般来讲，在自助餐礼仪之中，享用自助餐的礼仪对绝大多数人而言，往往显得更为重要。通常，它主要涉及下述8点。

### （一）排队取菜

在就餐取菜时，必须自觉地维护公共秩序，讲究先来后到，排队选用食物。不允许乱挤、乱抢、乱插队。

在取菜之前，要先准备一个食盘。轮到自己取菜时，一般来说，每种菜都配有专门的公用取菜餐具（见图9-18），应以公用的餐具将食物装入自己的食盘之内，然后迅速离去。切勿在众多的食物面前犹豫再三，让身后之人久等；更不应该在取菜时挑挑拣拣，甚至直接下手或以自己的餐具取菜。

图 9-18　自助餐菜肴及公用餐具

### （二）循序取菜

按照常识，参加自助餐时取菜的先后顺序与西餐菜系类似，依次为冷菜、汤、热菜、点心、甜品和水果。因此在取菜前，最好先在全场转上一圈，了解一下情况，然后取菜。如果不了解这一顺序，在取菜时乱装乱吃一通，难免会本末倒置、咸甜相克，令自己吃得既不畅快又不舒服。

### （三）量力而行

在根据本人的口味选取食物时，必须量力而行。切勿为了吃得过瘾而将食物狂取一通，导致浪费。在享用自助餐时，多吃是允许的，而浪费食物则绝对不允许。夹菜时，不可从整盘菜中间夹取，应从边缘开始夹，而且动作不能粗鲁，以免破坏菜肴放置的形状。

### （四）多次取菜

用餐者在自助餐上可以多次选取某一种类的菜肴。应当每次只取一点，待品尝之后，觉得它适合自己，则再次取，直至自己吃好为止。如果为了省事而一次取用过量，装得太多，则是失礼之举。"多次"是为了量力而行，"少取"是为了避免造成浪费，二者结合就是"多次少取"原则。

### （五）避免外带

所有的自助餐，不论是由主人亲自操办的自助餐，还是对外营业的正式餐馆里所经营的自助餐，都有一条不成文的规定，即自助餐只允许就餐者在用餐现场自行享用，而绝对不允许在用餐完毕之后携带回家。

### （六）送回餐具

一般情况下，自助餐大都要求就餐者在用餐完毕之后、离开用餐现场之前，自行将餐具整理到一起，然后送回指定的位置。在庭院、花园里享用自助餐时，尤其应当这么做。不允许将餐具随手乱丢，甚至任意毁损餐具。在餐厅里就座用餐，有时可以在离去时将餐具留在餐桌之上，而由侍者负责收拾。即便如此，也应在离去前对其稍加整理，不要弄得自己的餐桌上杯盘狼藉，不堪入目。自己取用的食物，以吃完为宜，万一有少许食物剩下，也不要私下里乱丢、乱倒、乱藏，而应将其放在适当之处。

**（七）照顾他人**

在自助餐就餐时，要和他人和睦相处，对他人多加照顾。对自己的同伴要加以关心，若对方不熟悉自助餐，不妨向其简明扼要地进行介绍。年轻的男士应为女士服务，替她们端菜。在用餐的过程中，对于其他不相识的用餐者，应当以礼相待。在排队、取菜、寻位及行动期间，对于其他用餐者要主动谦让，不要目中无人、蛮横无理。

**（八）积极交际**

在参加自助餐时，要主动寻找机会，积极地进行交际活动。首先，应当找机会与主人攀谈一番。其次，应当与老朋友好好叙一叙。最后，还应当争取多结识几位新朋友。

目 周小姐的尴尬

# 第五节　茶饮礼仪

茶是世界三大饮料之一，且位居三大饮料之首。饮茶在我国不仅是一种生活习惯，也是一种文化传统，并形成了相应的饮茶礼仪。以茶待客、客来献茶一直是我国各族人民的传统美德和传统习惯，掌握一定的茶文化和饮茶礼仪十分必要。

## 一、茶叶的分类

茶叶品种繁多，按照不同的标准有不同的分类方法。在国外，茶叶分类比较简单：欧洲把茶叶按商品特性分为红茶、乌龙茶、绿茶三大茶类。日本则按茶叶发酵程度不同分为不发酵茶、半发酵茶、全发酵茶、后发酵茶。

以制法和品质为基础，按茶多酚氧化程度把初制茶叶分为绿茶、黄茶、黑茶、青茶、白茶、红茶六大茶类。这种方法已被业界广泛应用。此外，结合茶叶的商品形态，可把茶叶分成绿茶、红茶、乌龙茶、白茶、黄茶、黑茶、再加工茶七大类。具体如下。

**（一）绿茶**

绿茶又称不发酵茶。以适宜的茶树新梢为原料，经杀青、揉捻、干燥等典型工艺制成。按其干燥和杀青方法不同，一般分为炒青、烘青、晒青和蒸青绿茶。形成了"清汤绿叶，滋味收敛性强"等特点。绿茶是历史最早的茶类，距今已3000多年，也是我国产量最大的茶类，产区主要分布于浙江、安徽、江西等省。

代表茶有西湖龙井、信阳毛尖、碧螺春、黄山毛峰、庐山云雾、六安瓜片等。

### （二）红茶

红茶又称发酵茶。以适宜制作本品的茶树新芽叶为原料，经萎凋、揉捻、发酵、干燥等典型工艺过程精制而成。其汤色以红色为主调，故得名。红茶可分为小种红茶、工夫红茶和红碎茶，为我国第二大茶类。

代表茶有祁门红茶（又称祁红）、滇红等。

### （三）乌龙茶

乌龙也称青茶、半发酵茶，是我国几大名茶中独具鲜明特色的茶叶品类。乌龙茶综合了绿茶和红茶的制法，其品质介于绿茶和红茶之间，既有红茶的浓鲜味，又有绿茶的清芳香，并有"绿叶红镶边"的美誉。乌龙茶的药理作用突出表现在分解脂肪、减肥健美等方面。其在日本被称为美容茶、健美茶。

代表茶有安溪铁观音、武夷岩茶、冻顶乌龙茶等。

### （四）白茶

白茶属轻微发酵茶，发酵度为 20%~30%，是我国茶类中的特殊珍品。因其成品茶多为芽头，满披白毫，如银似雪而得名。白茶的主要产区在福建省建阳、福鼎、政和、松溪等县，台湾省也有少量出产。白茶制法的特点是既不破坏酶的活性，又不促进氧化作用，且保持毫香显现、汤味鲜爽。

代表茶有白毫银针、白牡丹等。

### （五）黄茶

人们从炒青绿茶中发现，由于杀青揉捻后干燥不足或不及时，叶色即变黄，于是产生了新的品类——黄茶。黄茶属发酵茶类，黄茶的制作与绿茶有相似之处，不同点是多一道闷堆工序。这个闷堆过程是黄茶制法的主要特点，也是它同绿茶的基本区别。黄茶按鲜叶的嫩度和芽叶大小，分为黄芽茶、黄小茶和黄大茶 3 类。

代表茶有君山银针、蒙顶黄芽、霍山黄芽等。

### （六）黑茶

黑茶是我国生产历史十分悠久的特有茶类。在加工过程中，鲜叶经渥堆发酵变黑，故称黑茶。黑茶既可直接冲泡饮用，也可以压制成紧压茶（如各种砖茶），主要产于湖南、湖北、四川、云南和广西等省（自治区）。因以销往边疆地区为主，故以黑茶制成的紧压茶又称边销茶。产于云南普洱及西双版纳、思茅等地的普洱茶是黑茶的代表品种。用普洱茶蒸压后可制成普洱沱茶、七子饼茶、普洱茶砖等。

### （七）再加工茶

以基本茶类——绿茶、红茶、乌龙茶、白茶、黄茶、黑茶为原料经再加工而成的产品称为再加工茶。它包括花茶（如茉莉花茶、珠兰花茶）、紧压茶（如沱茶和六堡茶）、萃取茶、果味茶和药用保健茶等，分别具有不同的口味和功效。

## 二、茶具的选择

饮茶，讲究茶具，这是我国自古以来的传统。茶的色、香、味与泡茶使用的茶具关系很大。因而，正确地选择和使用茶具，既能发挥茶的价值，又能陶冶人们的情操。现代茶具品种繁多，金银、玛瑙、玉石、陶瓷、玻璃、漆器、搪瓷、竹木等材料都可以用来制作茶具。

### （一）冲泡绿茶

可选用透明无花纹的玻璃杯（见图 9-19），便于清楚地观赏绿茶的形态和色泽。玻璃杯的缺点是质地坚脆，易裂易脆，比陶瓷茶具烫手。经过热处理的钢化玻璃，其性能要优于普通玻璃。绿茶也可使用白瓷、青瓷或青花瓷材质的壶、杯、盖杯或盖碗来冲泡。商务场合待客多用绿茶，常使用白瓷盖杯（见图 9-20）冲泡。

图 9-19　玻璃杯　　　　　图 9-20　白瓷盖杯

### （二）冲泡红茶

冲泡条红茶时，为了更好地烘托出玛瑙般的茶色，可选用内壁为白釉的紫砂茶具，以及白瓷、白底红花瓷、红釉瓷材质的壶、盖杯、盖碗等。冲泡红碎茶时，可选用内壁为白釉的紫砂茶具，以及白、黄底色描金、红、橙等暖色花纹的瓷质西式风格茶（咖啡）壶、茶（咖啡）杯（见图 9-21）等。

图 9-21　西式茶（咖啡）杯

### （三）冲泡乌龙茶

可选用白瓷或白底花瓷材质的壶、盖碗、盖杯，或是紫砂壶（见图9-22）、紫砂杯等。

### （四）冲泡花茶

可选用青瓷、青花瓷、粉彩瓷器的瓷壶（见图9-23）、盖碗、盖杯等。花茶是需要闷泡的茶品，盖子可使香气聚拢，揭开的一刻宜闻花茶之香。

图9-22　紫砂壶

图9-23　粉彩瓷壶、杯

### （五）冲泡黄茶

可选用玻璃杯，或奶白瓷、黄釉瓷，或以黄、橙为主色的五彩瓷质地的壶、杯、盖碗、盖杯等。

### （六）冲泡白茶

可选用玻璃杯、白瓷壶、白瓷杯。也可选用内壁为黑釉的黑瓷茶具，以衬托出茶的白亮。

### （七）冲泡普洱茶

可选用紫砂、白瓷、青瓷质地的壶、杯、盖碗等。

## 三、敬茶与品茶的注意事项

### （一）敬茶

客人到来之后，接待人员应当主动奉上茶水。我国讲究以茶待客，自古就有一套完整的茶礼节，大致有嗅茶、温茶、装茶、润茶、冲泡、浇壶、温杯、运壶、倒茶、敬茶、品茶等十几个步骤。读到这里你心里一定在说："天哪！这么多，怎么记得住！"别怕，不用记这些，平时以茶待客时只需掌握"净"与"敬"的原则便可以了，具体表现如下。

（1）给客人奉茶之前一定要把手洗干净。招待贵客应当使用消毒过的瓷盖杯，亦可使用瓷杯或玻璃杯；一般客人可用卫生纸杯。茶壶、茶叶罐、托盘都应洁净。从茶叶罐里取茶叶时，要用专用的茶勺来取，不能用手抓取。

（2）同时往几个茶杯里倒茶时，不要"厚此薄彼"。为了将茶水倒得一样多，可以先用茶壶轮流向几个杯中倒茶至各茶杯五六分满，然后再将剩下的茶汤分别点入各杯中（见图9-24），这样比较容易使得各杯的水面高度保持一致。

图9-24 倒茶

（3）我国习俗讲究"浅茶满酒"，即倒茶只要七八分满，斟酒要斟满杯。上茶时，应双手端着茶盘进入客厅，首先将茶盘放在临近客人的茶几上或备用桌上，然后右手拿着茶杯的杯托，左手附在杯托附近，从客人的左后侧双手将茶杯递上去。茶杯放置到位之后，杯耳应朝向外侧。使用无杯托的茶杯上茶时，也应双手捧上茶杯（见图9-25）。条件不允许时至少也要从其右侧上茶，尽量不要从其正前方上茶。要将茶杯放在客人右手附近。

有时，为了提醒客人注意，可在为之上茶的同时，轻声告之"请您用茶"。如果上茶时打扰了客人，应对其道一声"对不起"。

为客人敬茶时，一定要注意尽量不用一只手上茶，尤其不要只用左手上茶。同时，双手奉茶时，切勿将手指搭在茶杯口上，或者将其浸入茶水，污染茶水。

图9-25 敬茶

（4）奉茶时动作要轻、要稳，不可使茶具发出响声，也不可把茶具放在文件上。如果不小心将茶水溅了出来，要立刻用托盘里的小茶巾轻轻擦去。

（5）请客人喝茶或去茶室赴约的时候，不要使用香水或其他气味浓烈的化妆品。

（6）使用有盖的茶杯或茶碗给客人上茶后，或给客人茶杯续水之后，可将盖子大半搭在杯上。这样，客人就能够从杯子与盖子的缝隙中看到杯中已盛有热水，避免不慎被烫。之后，客人可按自己的意愿将盖子完全盖上或打开。

### （二）品茶

在正式的社交场合，饮茶应当文明礼貌。饮茶时则需注意以下几个问题。

（1）喝茶时应当把杯子端到嘴边喝，不应当低头去接近杯子。

（2）喝红茶时如果要加糖，可用公用的小勺或夹子把糖放进红茶里，然后用自己的小勺轻轻搅拌，搅拌均匀之后把小勺从杯子里取出来放在杯碟的右侧（仍在杯碟上面而不是在桌子上），再端起杯子喝。不能用小勺舀着喝，也不能将插着勺子的杯子直接端起来喝（喝红茶的方法与喝咖啡的方法类似）。如果桌上既有红茶、咖啡，又有黄糖、白糖，那么黄糖是加在咖啡里的，白糖是加在红茶里的。

（3）如果茶水太烫，就等一会儿再喝，不要等不及用嘴去吹。

（4）即使所用茶杯体积很小，也不要一口就将里面的茶喝完。俗话说"一口为喝、两口为饮、三口为品"，越是好茶越要细细品味。

（5）盖碗茶具由茶碗、茶盖和茶托（也有人称之为"茶船"）三部分构成。一般来说，使用盖碗品茶时，茶盖翻转在茶托旁，是要求续水、加汤；茶盖平放在茶托旁，表示座位有人，很快会回来；茶盖翻转平放茶碗之上，表示打算结账离开。

饮盖碗茶时，可用杯盖轻轻将漂浮于茶水上的茶叶拂去，不要用嘴去吹（见图9-26）。

图 9-26　饮盖碗茶动作

（6）使用乌龙茶具中的闻香杯时，可双手轻轻转动杯身，嗅闻杯中香气（见图9-27）。

使用乌龙茶具中的品茗杯时，应采用"三龙护鼎"的握杯方法：以右手拇指和食指握住品茗杯口沿，以中指托住杯底，如图9-28所示。手心朝内，手背朝外，缓缓提起茶杯，先观汤色，再闻其香，后品其味。三口将茶汤饮尽，而后再闻杯底余香，此所谓"三口方知其味，三番才能动心"。

图 9-27　嗅闻茶香

图 9-28　三龙护鼎握杯法

## 课堂讨论

1.常见的宴请形式有哪几种?

2.宴请的基本礼仪是什么?

3.赴宴需要注意哪些方面?

4.西餐餐具中的刀叉、汤匙应如何正确使用?

5.出席自助餐宴会应注意哪些礼仪规范?

6.向客人敬茶时，应注意哪些礼仪?

## 课后练习

1.模拟毕业十周年聚会，邀请校领导和专业课教师参加，进行桌次与座次安排。

2.两人一组，模拟男孩邀请心仪的女孩首次选择西餐进餐的场景，注意恰当地使用餐具。

## 学习拓展

推荐观赏关于西餐的电影《美味关系》和《漂亮女人》(又名《麻雀变凤凰》)，了解西餐文化和进餐规则。

第十章

CHAPTER 10

# 职场礼仪

荀子云："人无礼则不生，事无礼则不成，国无礼则不宁。"对每一位职场人士来说，职场礼仪体现了个人修养和为人处世的态度，反映了一个团队、一个组织、一个企业的文化和管理水平。职场礼仪是个人职场的核心竞争力，更是企业文化的体现。因此，掌握职场礼仪不仅对个人有益，对团队、对企业来说也非常重要。

▶ 学习目标

1. 掌握面试前、面试中和面试后的礼仪规则。

2. 掌握办公室的环境礼仪、办公室的用餐礼仪。

3. 了解会议的种类，学会会议的策划及会议准备工作，掌握参加会议的礼仪。

4. 了解仪式的作用，掌握升旗仪式礼仪、签约仪式礼仪、剪彩仪式礼仪、开业仪式礼仪、新闻发布会仪式礼仪等仪式的程序和礼仪规范。

# 第一节　求职与面试礼仪

求职与面试礼仪是求职者在求职过程中与招聘单位接待者接触时应具有的礼貌行为和仪表形态规范。求职礼仪是公共礼仪的一种，它一般是通过求职者的应聘资料、语言、仪态举止、仪表、着装打扮等方面来展现其内在素质。良好的求职礼仪不仅能全面体现求职者的文化素质、个性特征、道德水准，更能促成求职面试过程的顺利完成。

目面试的形式

求职与面试礼仪一般由求职前的准备、面试中的礼仪和面试后的攻略三部分组成。

## 一、求职前的准备

所谓"知己知彼，百战不殆"，要想顺利走上心仪的工作岗位，必须对自身的条件有客观的评价，同时要对就业环境有必要的了解，对拟就业的行业乃至单位有清楚的认识。

### （一）认识准备

认识准备主要需要了解四个方面的信息：就业市场的信息、用人单位的情况、面试题目及求职的主要方式。

1.了解就业市场的信息

了解就业市场信息主要通过以下几个渠道。

（1）套看各种新闻媒介。例如报刊的就业信息非常广泛，很多报刊都开辟了"求职广场"招聘指南"今日择业"和"人才大市场"等求职专栏，此外《中国人事报》《毕业生就业指导》等报纸的求职信息也种类繁多、包罗万象。

（2）利用学校资源。不少学校都成立了专门的学生就业指导办公室，这些部主动的校内报刊或新媒体应算是最重要的信息渠道，因为它不仅是最新最快的政策和就业市场信息的新闻报道，而且其招聘广告更是巨大的信息源，从中可以拓宽求职者的就业思路，令求职时有的放矢。

（3）积极参与各式各样的需求见面会，了解和本专业相关的就业需求。

2.全面了解用人单位的情况

需要了解的用人单位的情况主要包括行业的前途、企业在同行业中的地位、企业业绩的情况、地理位置、企业规模、企业资产情况、企业的特色、工作强度、经营方针及理念、企业的体制、物质待遇等几个方面。

3.研究面试题目

网络上有很多知名企业的面试题目，或者通过各种途径找到要应聘单位的面试题目，自己先拟出答案，也可以利用网络查找更完美的答案。

如果有条件，可以提前和同学、朋友进行模拟面试，帮助自己更快、更好地熟悉面试环境、面试环节及试题答案。

面试的问题
你了解多少？

4.了解求职的主要方式

求职的主要方式包括：借助职业中介机构，参加招聘洽谈会，求助于各地教委主管大学生毕业分配的部门和学校的就业指导办公室，刊登求职广告，亲自上门，毛遂自荐，打求职电话，上网求职，根据对口专业报纸寻找职位，根据杂志上的招聘广告发放求职资料等。

网上求职可采用的方式有在招聘网上对自己信息进行登记、对用人单位信息了解后的回复、向不同的招聘单位发送电子邮件等。采用这种方式要有较强的自我保护意识，尽量不涉及隐私，不要给自己带来不必要的麻烦和伤害。

**（二）材料准备**

"工欲善其事，必先利其器"，必要的材料准备是求职的基本前提。

1.查阅招聘单位的相关信息

为了避免张冠李戴，要明确所应聘的是何种职位、该职位的招聘要求有哪些等。

2.熟悉交通路线

准备好路线图，要留出充裕的时间搭乘或转换车辆，应考虑到意外因素，以免面试迟到。

3.整理必备用品

（1）公文包。

（2）笔和笔记本。

（3）简历、身份证、照片、学历证书等备查文件的正本和复印件，且有序摆放，便于查找。其中，简历要注意以下几点。

①简历要"简"。一般的简历一至两页就足以概括基本信息。

②重点突出。如有多个求职目标，最好写多份不同的简历，在每一份简历中都突出重点，这将使你显得与众不同，从而获得招聘者更多的青睐。

③真实准确。不诚实既会让你人格受损，也会让你错失良机。

④用词得当。具体数据的使用比用"大量""很多"等词更让人信服。

⑤简历中所提到的相关资料要提供原件和复印件做进一步证明，例如成绩单、获奖证书、英语等级证书、计算机等级证书、各类专业技能等级证书，以及发表过的作品、论文等的复印件可以附在简历和求职信的后面。

目 如何做一份精致的简历？

（4）推荐信。一些外资企业需要求职者在求职时出具推荐信，推荐人可以是自己学校的老师，也可以由校方有关部门出具证明并加盖公章。如果是社会人士求职，推荐信可由原来的老板或原工作单位出具。

## （三）心态准备

面试者在面试之前应该具备一种积极的心态，具体表现为精神面貌好、有必胜的信心、沉着冷静、审题慎重、回答仔细、应对流畅。

面试者在面试之前可以预先设想面试的场景，然后要做到不松不懈、从容大方、沉着冷静、应答流畅，要进行事后总结，不骄不躁。对待紧张这一最常见的面试的心态，面试者要采用接纳的态度，而不是去消除，因为消除是不可能的，而且在实际的面试过程当中，如果一个面试者一点儿都不紧张，其实他的面试状态是非常不好的，是松懈的且不认真的。

目 求职前的自我评估

有统计数据表明，面试者求职成功率，一般是面试六次以上能有一次成功。所以阳光心态的建构就显得尤其重要，面试者要积极地去看待自己每一次面试的失败，不要因为失败而否定自己，而应该从每一次失败中总结经验教训，从而让自己在以后的面试中更加的从容，游刃有余。

## （四）服装仪容准备

应聘者在面试前应精心选择自己的服饰。服饰要与自己的身材、身份相符，要符合时代、季节、场所、收入水平，并且要与自己应聘的职位相协调，能体现自己的个性和职业特点。例如，应聘的职位是机关工作人员、管理人员或教师、律师等，打扮应庄重、素雅、大方；应聘的职位是导游、公关、设计等，则可以穿得时尚、艳丽一些，以表现热情、活泼的职业特点。一般说来，服饰要给人以整洁、大方得体的感觉，穿着应以保守、庄重一点为好，不要追求时髦、浓妆艳抹，否则会给人轻浮的印象，影响面试的成绩。具体的服饰、仪容礼仪，详见本书第三章、第五章相关内容。

**案例**

曾有一名女生因穿着超短裙参加招聘面试惨败而归。主考官这样评价她："如果她有职业水准的话，就不会那样做，虽然未必在工作的时候一定要穿得非常正式，但在面试时的标准应该提高。"

装扮要得体：关于"面试的时候应该穿什么"？的问题，负责招聘的人员的答案几乎是一致的："穿适合该行业的和该职业的服装参加面试。"面试礼仪是每个人在求职的过程中所表现出的由里到外的一种涵养，外表的礼仪是对招聘单位和招聘人员最起码的尊重。

从面试中看工作态度：某家公司的总裁曾经说过："我希望看到对方比较认真付出的努力，因为那是一种针对工作的负责态度。如果有人申请我公司的职位，却不屑于在第一次表现出他们最好的一面，那么他们肯定不会在任职期间做到最好。"在面试有限的时间里把握每一个细微的言行，展现出最好的一面，才能为面试赢得成功的机会。

## 二、面试中的礼仪

**礼仪小故事**

某公司经理对他为什么要录用一个没有任何人推荐的小伙子时如是说："他并没有带来任何介绍信。他神态清爽，服饰整洁；在门口蹭掉了脚下带的土，进门后随手轻轻地关上了门；当他看见残疾人时主动让座；进了办公室，其他的人都从我故意放在地板上的那本书上迈过去，而他却很自然的俯身捡起并放在桌上；他回答问题简洁明了，干脆果断，这些难道不是最好的介绍信吗？"

### （一）遵守时间

守时是职业道德的一个基本要求，提前 10-15 分钟到达面试地点效果最佳，以表示求职者的诚意，给对方以信任感，同时也可调整自己的心态，做一些简单的仪表准备，以免仓促上阵，手忙脚乱。为了做到这一点，一定要牢记面试的时间、地点，最好能提前去一趟，以免因一时找不到地方或途中延误而迟到。如果迟到了，肯定会给招聘者留下不好的印象，甚至会丧失面试的机会。

### （二）进入面试室时，先敲门示意体现尊重

考生进入考场前，无论门是开着还是关着，都应敲门，敲 3 下，敲门力度大小应

适中，间隔为 0.3~0.5 秒。敲 4 下以上，是很不礼貌的行为。敲门后要等待考官应答，如果没听到考官说"请进"，考生应等待 3 秒钟再次敲门，如果仍没有听到考官应答，则可以 3 秒后推门进入。进入后，无论考生进来前门是关着的还是开着的，考生都要关门，关门时尽量避免整个背部正对考官，轻轻侧转身约 45° 关门即可，然后，缓慢转身面对考官。

### （三）选择适宜的座位

面试既可能在专用会客室或会议室，也可能在面试官的办公室举行。在进入面试室后，面试官示意坐下再就座。如果有指定的座位，坐在指定的座位上即可；如果没有指定的座位，可以选择面试官对面的座位坐下，这样方便与主考官面对面地交谈。

### （四）注意仪态的标准规范

#### 1.真诚的致意

面试者进入面试室见到面试官后要主动问好，不要边走边问好，给考官留下毛躁紧张的不好印象。具体做法是：面试者进入考场后，走到距离座位 3~5 步的位置站定，沉着冷静地看一眼所有考官并问候："各位面试官好，我是××号考生"，最终眼神落在中间主面试官上，行鞠躬礼。行礼时，双腿脚跟并拢，脚尖分开 30 度，呈 V 形脚位，男士选择侧放式手位，女士选择前搭式手位，保持上身、头部、颈部正直，将上体以髋关节为轴，前倾 15°~30°，目光平视前方，停顿一两秒钟后抬头起身，目视面试官，等待回应。当面试官应答"请坐"时，面试者应说"谢谢"，之后速度适中地走向考生席，轻轻拉开座椅，自然坐下。

#### 2.大方的坐姿

坐姿是体态美的主要内容之一，在面试中，端正优美的坐姿，会给人以文雅稳重、自然大方的美感，其特点为安详、雅致、大方、得体。面试考场最好采用使用标准坐姿，具体要求是：坐在椅子的前 2/3 处，上身与大腿、大腿与小腿、都应当成直角，小腿垂直于地面；女士双腿、双膝盖、双脚并拢，右手搭于左手上放于大腿中部或桌面上；男士双脚、双膝打开约 10 厘米，以不超过肩宽为准，双手分别放于左右大腿上近膝盖处或右手搭在左手之上平放于桌面。当与面试官对话时，身体可略向前倾，表示对说话者的尊重。

#### 3.谦恭的站姿

面试中如果站立，要做到身体朝向正前方，下颌内收，目光平视，颈部挺直，面部肌肉放松，两肩向后展开，腹部收紧，腰部直立，臀部肌肉收紧，采用侧放式或前搭式手位，双腿、膝盖及脚后跟并拢，脚尖打开 30°，双腿直立，双脚呈 V 字形。按照以上要领站好后，从侧面看，头部、肩部、上体、下肢应该是在一条垂线上，从正面看应该是头正、肩平、收腹、身体直立。

#### 4.与主考官报告目光接触

面试时，面试者应与面试官保持目光接触，以表示对面试官的尊重。目光接触的技巧是，盯住面试官的社交凝视区域（从眉毛到上嘴唇的区域），但应避免长时间凝视对方，否则容易给人咄咄逼人的感觉；建议每次凝视 15 秒左右，然后自然地转向其他地方；然后隔 30 秒左右，又再望向面试官的双眼鼻梁处。如果有多位面试官，在用眼神与主面试官交流的同时，也要关注其他面试官。切忌目光犹疑，躲避闪烁，这是缺乏自信的表现。同时在面试过程中要面带微笑，当然也不宜笑得太僵硬，一切都要顺其自然。

### （五）面试中的语言技巧

1. "我"字的使用要巧妙

面试者在面试时要减少"我"字的使用的频率。因为所有的面试官都知道一个总说"我"的人，他是心理上比较幼稚的人，所以，面试者一般不要用太多的"我"字，给面试官留下不良的印象。

那么可以怎么做呢？

（1）变"我"为我们，或者是用有弹性的词语。比如说用"我觉得""我想"来代替"我认为"这样的一些强调意味很浓的句子。

（2）把"我"字进行一些修饰，还有限定。比如不要说"我""我怎么样"，而是说"以上是我的拙见"，"这就是我个人的一些看法"等，像这样用一些其他的句子对"我"字进行修饰，会显得比较谦虚。

2. 回答问题的技巧

在回答问题时，面试者一定要在认真听、走心听的前提之下，再回答面试官的问题，一定要听清面试官提出这个问题的潜台词到底是什么。

3. 不断地提升面试语言的逻辑性

为了在回答问题的时候突出自己的中心论点，面试者要采用结构化的语言去进行回答。回答问题的时候，要开宗明义，先做结论，然后再倒过来进行叙述。同时论证要条理清晰，不要说"首先……然后……再次"，最好用"第一……第二……第三"这样去进行陈述。

### （六）注意细节

（1）面试当天一早，做些简单的缓解脸部肌肉紧张的运动，就从发"啊、噢、哦、呜"等音开始。

（2）佩带小巧精致的耳环，不失为一种礼仪，而且也起到了画龙点睛的作用，不过切忌戴上夸张的首饰。

（3）据说观察指甲的面试官却比想象中多得多，修饰整齐的指甲也是很有必要的。

（4）与旁人唠叨是禁忌。在接待室恰巧遇到朋友或熟人，就旁若无人地大声说话或笑闹，对刚才面试的过程大肆渲染，往往会有这种情况出现。这些举动都逃不过面试官的视线可能会为你的面试成绩减分。

（5）走进公司的时候，口香糖和香烟最好都收起来，因为大多数的面试官都无法忍受你边面试边嚼口香糖或吸烟。

（6）要注意面试官可不止一人，有些应聘者对面试官彬彬有礼，走出门却对普通员工或其他工作人员傲慢无礼。不要忘记，进入公司的瞬间，就要接受所有人的面试，公司里的每个人都是你的面试官。

（7）一些在平时可以有的动作、行为出现在面谈过程中，是不礼貌的，它们会被面试官作为评判的内容，进而影响你的录用。双手放在适当的位置，并要安稳，不要做些玩弄领带、掏耳朵、挖鼻孔、抚弄头发、转笔、掰关节、玩弄面试官递过来的名片等多余的动作；用手捂嘴说话是一种紧张的表现，应尽量避免；禁止腿神经质般地不住晃动、翘起等。

面试中的礼节　　　　　　　印象深刻的自我介绍

## 三、面试后的攻略

接下来就是面试后的攻略了，在这里从两个方面来探讨：一是现场面试结束后的礼仪，二是面试结果询问的礼仪。

### （一）面试结束后的礼仪

（1）面试现场结束之后，大家一定要将所有物品放回原处，你来的时候是什么样，那么走的时候还是应该是什么样的。

（2）一定要和面试官道别。尤其是多对多的面试，不管其他面试者是否致谢道别，你都一定要致谢道别。

---

**案例**

### 株洲市委选调干部 保安也是考官

株洲新闻网 2020 年 10 月 15 日讯（株洲日报记者 张莉）10 月 13 日，市委办公开选调工作人员的面试紧张进行，考场设在市委一楼西头会议室。身着制服的保安许巍威、肖健将考生送到候考室，每一位考生在候考室独处 8 分钟后，再进入主考场。

明亮的候考室内，沙发扶手上的香蕉皮有些"刺眼"；茶几上的果核和瓜子屑更显得不合时宜，而垃圾桶就在旁边。一天下来，许巍威、肖健在门外观察 53 名选手独自候考中的表现，留意室内的香蕉皮、瓜子屑的"命运"，是被扔进了垃圾桶，还是维持原样，仔细地做好记录。上午有两名考生，下午有 1 名考生，在举手之劳中交上了"答卷"，而其他 50 名考生则令人遗憾地交了白卷。

面试全部结束时，市委常委、市委秘书长蔡典维把许巍威、肖健请进了主考场，向其他 6

位评委和 6 位观察员介绍说，这两位也是"面试评委"。原来，垃圾是他们秘密受命后布置在候考室的，这也是一道 5 分的面试题目，目的在检阅考生的文明素质。3 位考生交上了合格答卷，为自己赢得了宝贵的 5 分。

蔡典维是出题人，他介绍，文明靠自律，"勿以善小而不为，勿以恶小而为之"，只有把文明内化为一种素质，一种个人修养，才能慎独，才能在任何时候都自觉地体现出良好的生活和工作作风。此题的意义在于昭示我们每个人，人生的每时每地都会面对考试。

市委书记陈君文获悉这个创意之举后说，市委办选调的是德才兼备的干部，创建全国文明城市任重道远，希望全市广大的公务员通过这个个例认识到，抓机关作风的改进，有没有领导在身边，有没有人检查叮嘱，都要一个样，干部时时处处都在接受考察。希望正在努力奋进的青年一代，在注重知识学习的同时，还要注重文明习惯的养成，职业生涯才会不断地得以升华。

### （二）面试结果询问的礼仪

不要过早地打听面试的结果。按照面试程序，面试官在完成了面试工作之后，需要先整理所有相关的人事资料，然后汇总到人事部门，最后经过领导的确认之后，才进行人选公示。工作的时间一般都是 3~5 天。面试者，在这段时间之内一定要耐心地等待，不要过早地去打听面试的结果。

▤面试的流程

但是在等待的期间，也不是什么事儿都不可以做，在面试后的一两天之内，面试者可以给面试官发信息表示感谢，感谢他给予自己面试的机会。发的这条信息的内容一定要简洁，语言一定要精炼，其中一定不要忘记提及面试者的姓名、简单情况、面试的时间，并且再次重申对面试单位和岗位的兴趣，以及决心。

因此，在这个阶段千万不能贸然地打电话致谢或者是询问，发信息致谢是可以的，因为这些行为可能会容易招致面试官的反感，适得其反。

当然如果是正常查询结果，在面试一周以后或者是在面试单位许诺的通知时间之后，如果面试者还没有看到面试结果的公示，面试者是可以向面试单位打电话询问结果的。

# 第二节　办公室礼仪

办公室是处理一种特定事务或者服务的地方，是工作办公的场所。办公室礼仪不仅体现了对同事、对领导的尊重，也是每个人自我修养，为人处世的最直接的体现。

## 一、办公室环境礼仪

### （一）保持办公桌的整洁卫生

办公桌位要保持清洁，桌面要码放整齐。桌面上不能摆放太多的东西，只摆放需要当天或当时处理的公文及文具，其他书籍、报纸不能放在桌上，应归入书架或报架；为使用便利，可准备多种笔具，如自来水笔、圆珠笔、铅笔等，笔应放进笔筒而不是散乱地放在桌上。除特殊情况，办公桌上不放水杯或茶具。当有事离开自己的办公座位时，应将座椅推回办公桌内。下班离开办公室前，应将台面的物品归位，锁好贵重物品和重要文件。

### （二）保持卫生间清洁

卫生间的清洁程度是评价办公环境是否良好的重要指标，因此作为办公室的一员要尽力维持卫生间的清洁卫生。要做到如厕以后冲洗马桶，用过的废纸要扔进纸篓，不要在卫生间抽烟。同事尽量不要在卫生间聊天或者打电话，遇到同事点头微笑就可以了。

### （三）尽量使用个人水杯，减少一次性纸杯的使用

在办公室饮水时，如果不是接待来宾，应该使用个人的水杯，尽量减少一次性水杯的使用，这样做既减少了公用资源的浪费也有利于环境的保护。

### （四）维护公共办公区的秩序

不在公共办公区吸烟、扎堆聊天、大声喧哗；节约水电；不在办公家具和公共设施上乱写、乱画、乱贴；在指定区域内停放车辆；不擅自带外来人员进入办公区，会谈和接待安排在洽谈区域；最后离开办公区的人员应关电灯、门窗及室内总闸。

### （五）要爱惜办公用品

使用复印机、打印机、扫描仪等公共办公用品时要爱惜，不能浪费，当纸张、墨盒用完了，要及时更换或通知有关部门以方便其他同事使用，态度要谦让礼貌。当自己要复印较多文件时，如果等待的同事只复印一张，应让对方先用或暂时中断自己的复印。不要长时间占用工作电话来打私人电话，如果接到私人电话也要长话短说，避免影响和耽误工作。

### （六）要尊重办公室的私人空间

办公室里的私人空间是十分有限、十分宝贵的，互相尊重就显得尤为重要。当进入他人办公室之前，应敲门询问可否进去，而不能想当然地认为这是工作场合没有隐私。进去后，如果对方不在，想留下来等候，不能翻阅同事的私人物品，查看使用电脑、拆看私人信件或是翻看文件、名片盒、抽屉等，都是很不礼貌的行为。当主人不在时，尽量不要在其办公室里做长时间逗留，留下一个字条，请对方回来后找你是比较妥当的做法。如果是同一个办公室的同事，需要使用对方的物品时，也要征询一下意见，比如"我想用一下你的电脑，我的电脑又死机了，这个文件很着急"。获得对方

许可后再使用。即便对方的电脑正在空闲，也不能自作主张使用，因为电脑里也许有一些对方的私人信息和打开的文件，征询的目的是为了得到允许，同时也是提醒对方关闭打开的文件及一些信息。

## 二、与领导相处的礼仪

与领导相处的礼仪，是一种学问和艺术。无论你与你的领导私下是多好的朋友，在工作场合说话和办事都要把握分寸，随时把他当作领导对待，保持他的权威感。

### （一）日常礼仪

（1）不管人前人后，对于领导的态度都要心存敬重，对于领导的询问要回答得清晰有力，而且要马上回应。在接受领导指令时候，如果对指令有疑问或认为有错误之处，一定要委婉陈述，并提出自己有建设性的看法和建议。如果建议没有被采纳，就要按照原来的计划去办，并努力完成。这样不但能赢得领导的信任和好感，也能磨炼自己、提高自己的工作能力。

（2）见到领导，便应该趋前打招呼。如果距离远不方便，可注视之，目光相遇，点头示意即可，近距离相处则用礼貌用语打招呼。

（3）在公共场合遇见领导，不要表示出特别的热情，礼貌地大声招呼就可以了。千万不要在公共场合下嘘寒问暖。

（4）不要在公司电梯里或办公室有第三者的情况下与领导谈家常，特别是家事。

（5）不要在领导面前搬弄是非。

（6）在公共汽车或地铁遇见领导，要主动招呼并让位，下车别忘记说"再见"，但是在特别拥挤而狼狈的公共场所遇到领导，请一定要巧妙躲开，让他认为你没有看见他。

（7）不要触及领导的隐私，更不要再次提起，或者在公司同事间传播。

（8）理解领导的命令和要求的意图，切莫机械行事。出了错不要找借口，更不能说"是你让我这样做的呀"等，领导说话时不要插嘴，更不要在被批评的时候插嘴。要学会自我检讨，不能推卸责任。

（9）在工作酒会上，一定要等领导举杯才能举杯。千万不要拿起酒杯一句话不说一饮而尽，这样领导会以为你对工作有不满情绪，更不要在领导面前喝得醉酒失态。

（10）在和领导相处的过程中，几乎不可避免地会受到领导的批评。面对领导的批评，应注意以下几点。

第一，不要过多地解释。受到领导批评时，如果确实有不公平的地方，可找机会解释一下，但切忌纠缠不休，点到即止。过于追求是非曲直，尤其是得理不饶人的话，领导会认为你是个心胸狭窄的人。

第二，切忌当面顶撞。公开场合受到领导不公正的批评时，当面顶撞是最不明智的做法。这样你下不了台，领导也下不了台。相反，如果确实存在误解，当他了解真相后会产生歉疚感，也会及时与你沟通解决。

第三，不要将批评看得太重，受到一两次批评并不等于你在领导心目中失去了地位，也不至于影响了你的前途。领导批评你，或许是对你的重视和器重，如果将批评看得太重而变得灰心丧气，则很容易让领导看不起，从而不再信任和器重你。

### （二）汇报工作的礼仪

汇报工作是职场工作中必不可少的一项内容，更要注意一些细节。

#### 1.守时

下级向领导汇报工作，务必按约定时间到达。过早到达，会让领导因准备不充分而显得难堪；姗姗来迟，则又会让领导等候过久。万一因故不能赴约，要尽可能有礼貌地及早告知领导，并以适当方式表示歉意。就是因故迟到，也要向领导致歉，并说明原因，以争取领导的谅解。

#### 2.做好准备

请示汇报分为临时请示汇报和预约请示汇报两种。无论临时请示汇报还是预约请示汇报，都必须预先做好准备。请示前要想好请示的要点和措辞；汇报前要拟好汇报提纲，选好典型事例，不做准备的请示汇报不但浪费领导的时间，而且是对领导极大的不尊敬，是严重的失礼行为。

#### 3.先敲门再进办公室

到领导的办公室去汇报工作，千万不能急急忙忙破门而入，而应该先轻轻地敲门，经允许后再进去。即使在夏天，办公室的门是敞开着的，也不要贸然闯入，而应以适当方式让领导知道有人来了。汇报时，应该注意自己的仪表、姿态，做到文雅大方、彬彬有礼。

#### 4.语言准确、简练

口头汇报的语言不像书面文章那样讲究，但也要做到准确、简练。用词不当、词序不妥、语言结构残缺甚至混乱，就不可能清楚地表达自己的观点。语言应力求自然朴实，做到言简意赅。切忌不顾实际、信口开河、堆砌辞藻、烦冗啰唆、华而不实。还要避免口头禅，如"嗯""啊""这么""那个"等，因为这样会使领导心烦，并认为你的汇报内容贫乏。

#### 5.语速与音量适当

汇报工作，一定要让领导听清楚，并能随时领悟你汇报的内容。因此，说话不能太快。对一些次要问题可以说得稍微快些，但在重要问题上一定要慢，必要时还应重复，以便让领导记录和领会你的意思。但应注意，汇报时语速也不宜太慢，因为这容易让对方精力分散。汇报时还要把握好音量。若音量太大，像是做报告，缺乏交流感情的气氛，会让领导感到不舒服；音量太低，则容易被认为恐惧、胆怯，从而影响汇报的说服力。

6.尽量压缩汇报时间

领导工作很忙，时间有限，所以汇报的时间务必尽力压缩，最好限定在半小时内，若15分钟就更好。从人的精力角度看，超过半小时效果也是不好的。如果说了20分钟还没说到正题上，就会使领导感到烦躁，从而影响汇报效果。将汇报限定在半小时内，就要求你对汇报中不相干、不重要的内容进行压缩。如能留些时间让领导提问，你还会知道领导注意或感兴趣的问题所在，领导也会感到你是个很懂礼貌的人。

## 三、与同事相处的礼仪

同事是与自己一起工作的人，与同事相处得如何，直接关系到自己的工作、事业的进步与发展。如果同事之间关系融洽、和谐，人们就会感到心情愉快，有利于工作的顺利进行，从而促进事业的发展；反之，同事关系紧张，经常发生摩擦，就会影响正常的工作和生活，阻碍事业的正常发展。

### （一）基本礼仪

1.基本礼仪是尊重同事的表现

（1）见面主动问候，见面问候是最基本的礼仪，在同一个单位里共事，即使是很熟悉，碰面后也要问候，主动给他人打招呼可以表达出你的热情，给别人受尊重的感觉。所以，同事见面时要主动问候对方，而不是等着对方向你问候了才做出回应。

（2）用友善的眼光注视别人。眼睛是心灵的窗户，用友善的眼光注视别人，对每一个人投以微笑，用友好的方式来表达自己，别人也会以同样的方式来回报你。尊重公司里的每一个人，这不仅仅是一句口号，更重要的是需要你切实地去贯彻执行。

（3）学会倾听，倾听是对别人的一种尊重，还会赢得他人的信任，专心地听别人讲话是你所能给予别人最好的礼物，对领导要学会倾听，对同事同样也要学会倾听，因为人们总是喜欢关注自己的问题和兴趣，当你认真倾听对方的谈话时，对方会有被重视的感觉。注意倾听别人讲话总是会给人留下良好的印象。

2.原则性问题不可忽视

（1）尊重同事的成果。成果是一个人辛勤劳动的结果，每个人的成果都是用智慧、劳动、心血创造出来的，因此肯定非常希望受到他人肯定。因此，当别人展现自己的成果时，马上给予否定是很不礼貌的，这样会刺伤对方的自尊心，即使你觉得不好，也不要直接说出来，因为你的一句否定很有可能影响你和同事之间的关系，所以应保持沉默或者非常委婉地表达，尽量让别人容易接受。

（2）尊重同事的人格。同事之间应该学会相互尊重，只有尊重他人的人格，方能严守做人的准则。我们知道，每个人都具有独立的人格，虽然大家的出身、经历、社会贡献有所不同，但在人格上是平等的。因此，要想赢得他人的尊重，必须先学会尊重他人，这是做人的最基本准则。同事之间乱起绰号，拿别人的事情当笑料，取笑别人的习惯爱好，这些都是没有素质和不尊重他人的表现。因此，在与他人相处时，必须懂得尊重他人人格的重要性，从自己的一言一行做起，遵循为人谦逊、待人诚实、对人尊重的做人准则。

**礼仪小故事**

　　邱某是某公司的一名职员，他的性格比较内向，不太喜欢和同事们一起说笑，但是，他是一位兴趣爱好非常明显的人。他对军事武器颇有研究，喜欢在网上关注这方面的信息，或查找有关这方面的图片，对这方面的消息了如指掌。很多同事对他这方面的爱好表示赞赏。可是有一位员工顾某，表示很不能理解。闲暇之时，邱某在网上找这方面的资料时，顾某冷嘲热讽地说："我们这里出了军事专家啦，待在这儿真是浪费人才了，应该向布什申请个职位嘛。"邱某听后，觉得自己的人格尊严受到了侵犯，和他大吵了起来。

　　（3）保守同事的秘密。要做到尊重同事，还必须自觉保守同事的秘密。同事的个人秘密，通常有不愿让其他人知道的隐情。要是同事能将自己的隐私告诉你，那只能说明同事对你有足够的信任，因此，不随意泄露个人隐私是巩固职业友情的基本要求，如果这一点做不好，恐怕没有哪个同事敢和你推心置腹。

　　3. 尊重要讲态度

　　（1）做错了事应该及时道歉。同事之间每天在一起相处，一时的失误在所难免。如果出现失误，应主动向对方道歉，求得对方的谅解。在工作的时候出现矛盾，也要做到对事不对人，尽量不牵涉个人的感情。同事之间无论是出现了哪一类的矛盾，道歉是不能少的，这是对别人最起码的尊重。对事情不要耿耿于怀，否则既影响了自己的心情，也会影响工作效率。

　　（2）不要以自我为中心。在办公室里，不要以自我为中心。很多人在与别人相处中自己想说什么就说什么，自己想做什么就做什么，这样很容易在无意间伤害别人。在说与做之前，多想想别人的感受，多顾及身边的人。同时也不要强人所难，把自己的思想强加给别人，要知道，每个人都有自己的想法，都有自己不同的兴趣，要尊重别人的意愿，因为自己喜欢的东西别人不一定喜欢。人人都有表现欲，人人都想被人重视、受人尊重。这需要我们在交际中"看轻"自己，尊重别人，不强人所难，不居高临下，虚心地听取别人的意见，更多地为同事着想。只有如此，才能走出以自我为中心的漩涡，使自己成为受欢迎的人。

　　（3）不要对同事乱发脾气。同事之间相处，每个人都是平等的，没有谁是你的出气筒。或许你在家里是独生子女，可以乱发脾气，但是在办公室，没有人愿意接受你的脾气。因此，不要把自己的个人情绪带到办公室来，乱发脾气其实是无能的表现，会让同事看不起你。

### （二）礼仪禁忌

1.言语禁忌

（1）逢人诉苦。在工作中、生活上遇到不顺心的时候，总喜欢找人倾诉，总希望得到别人的安慰，得到别人的指点。虽然这样的交谈富有人情味，能使同事之间变得友善，但是研究调查表明，只有不到1%的人能够严守秘密。所以，当遭遇个人危机或家庭、婚姻变故时，最好不要到处诉苦；当工作中出现了危机，做事不顺心，对上司、对同事有意见、有看法时，也千万不要在办公室逢人便说，而应把注意力放到充满希望的未来，做一个生活的强者，同事就会对你投以敬佩多于怜悯的目光。

（2）把谈话当辩论。每个人的性格、志趣、爱好并不完全相同，对同一事情的看法也是"仁者见仁，智者见智"。当然，每个人都希望有更多的人认同自己的观点，也竭力想说服他人赞同自己的看法。但要注意：与人相处要友善，说话态度要谦和；对于那些不是原则性的问题没有必要争个是是非非；即使是原则性的问题，也要允许别人持保留意见，千万不要为了让别人服气就喋喋不休，甚至争得面红耳赤。

（3）散播"耳语"。耳语，就是在别人背后说的话。只要人多的地方，就会有闲言碎语。这些耳语就像噪声一样，影响人的工作情绪。因此，要懂得该说的就勇敢地说，不该说的就绝对不要乱说。

2.行为禁忌

（1）拉帮结派。同事间由于性格、爱好、年龄等因素的差别，交往频率难免有差异，但绝不能以个人的好恶划界限。在公司里面拉帮结派、排斥异己会破坏同事间团结合作的关系，导致同事间相处紧张；也不要因为趣味相投而结成一派，形成小圈子，这样容易引发圈外人的对立情绪。一位正直无私的人，待人处事定要一视同仁，不要将自己置于无谓的人际纠葛纷争之中。

（2）满腹牢骚。发牢骚是人们发泄不满的一种手段，通常有3种类型：一是直露攻击式，即指名道姓地攻击、埋怨某人某事，措辞大多过火过激；二是指桑骂槐式，即对某人某事不满，但并不直接进行攻击，而是采用迂回的方式表露自己的怨气、怒气；三是自我发泄式，即遇到看不惯的事，关起门来自我发泄，情绪反应往往比较激烈，但很快就可恢复平静；四是暴躁狂怒式，即在他人面前尽情地发泄不满和怨恨情绪，言语粗暴、情绪激动。

在工作中，特别是在同事面前不要乱发牢骚，应该保持高昂的情绪，即使遇到挫折、饱受委屈、得不到领导的信任，也不要牢骚满腹、怨气冲天。

（3）过分表现。当今社会，充分发挥自己的才能，充分表现出自己和优势没有错，但是，表现自己必须分场合和时间，过于表现，会使人看上去矫揉造作，引起旁观者的反感。

**礼仪小故事**

　　李某是一家大公司高级职员，平时工作积极主动，表现很好，待人也热情大方，跟同事关系也不错。可是，一个小小的动作却使她的形象在同事眼中一落千丈。

　　有一天，公司主持开一场员工大会，在大家等待总经理到来之前，有一位同事觉得地板有些脏，便主动拖起地来。而李某并不关注，一直站在阳台旁边。突然，李某走过来，坚持拿过同事的拖把替他拖地。本来地已差不多拖完了，根本不需要她的帮忙，可李某却执意要拖，那位同事只好把拖把给了她。李某刚接过拖把不一会儿，总经理便推门而入。

　　总经理见李某在勤勤恳恳地拖地，微笑地表示赞扬。

　　李某这种虚伪的做法被同事知道了，她在公司的人际关系越来越差了。

　　在办公室里，本来同事之间就处在一种隐性的竞争关系之中，如果一味刻意表现，不仅得不到同事的好感，反而会引起大家的排斥和敌意。真正善于表现的人常常既表现了自己，又未露声色，真正的展示教养与才华的自我表现绝对无可厚非，刻意表现才是最愚蠢的，往往得不偿失。

　　（4）故作姿态。在办公室里不要给人与众不同的感觉。无论穿衣，还是举止言谈，切忌太过前卫，让人感觉风骚或怪异，从而招来同事的耻笑。

　　（5）择人而待。在工作岗位对待同事要一视同仁，不要区别对待有能力的同事和能力较弱的同事，给人一种势利小人的印象。

# 第三节　会议礼仪

　　会议是一种围绕特点目的和主题开展的，有组织、有领导、有目的的议事活动，它是在限定的时间和地点，按照一定的程序进行的。会议一般包括议论、决定、行动3个要素。因此，必须做到会而有议、议而有决、决而有行，否则就是闲谈或议论，不能成为会议。

　　会议礼仪，是指召开会议前、会议中、会议后的礼仪及参会人员应注意的一系列职业礼仪规范，懂得会议礼仪对会议精神的执行有较大的促进作用。

## 一、会议的种类

　　会议作为人们从事社会活动或从事各项工作的一种重要手段和方法，其应用十分广泛，不同的会议在形式和目的上有天壤之别，特点和办会要求也不尽相同，区分会议类别的目的是为了更好地对会议进行组织和管理，在更大程度上发挥会议的作用。会议从各种不同角度可以划分出多种类型。

### （一）按会议的规模划分

1. 小型会议

指出席人数少则几人，多则几十人的会议，但往往不少于3人，不多于100人。如各种办公会、座谈会、现场会。小型会议一般安排在工作现场或小型会议室召开。

2. 中型会议

指出席人数在100~1000人至之间的会议。如节日慰问会、表彰会，学术交流会和大型企事业单位的职代会。中型会议根据与会人数，可安排在会议厅或礼堂召开。

3. 大型会议

指出席人数在1000~10000人之间的会议。如全国人民代表大会、博览会、交易会。大型会议一般在礼堂、会堂或剧场、会议中心召开。

4. 特大型会议

是指出席人数在10000人以上的集会。如大型节日集会、庆祝大会等。特大型的会议一般可在体育场、露天广场召开。

### （二）按会议活动特征划分

1. 商务型会议

一般是指公司、企业因业务、管理、发展等需要而展开的会议。出席这类会议的人员素质比较高，一般是企业的管理人员和专业技术人员。

2. 政治性会议

一般是指国际政治组织、国家和地方政府为某一政治议题召开的各种会议属于政治性会议。政治性会议根据内容需要一般采取大会和分组讨论等形式。

3. 展销会议

参加商品交易会、展销会、展览会的各类展商及一些与会者除参加展览外，还会在饭店、会议中心等场所举办一些招待会、报告会、谈判会、签字仪式、娱乐活动等，这些会议可以统称为展销会议。

4. 文化交流会议

各种民间和政府组织组成的跨区域性的文化学习交流活动，常以考察、交流等形式出现。

5. 培训会议

用一个会期对某类专业人员进行的有关业务知识方面的技能训练或新观念、新知识方面的理论培训，培训会议形式可采用讲座、讨论、演示等形式进行。

6. 度假型会议

指一些公司或社团协会等机构利用节假日、周末等时间组织人员边度假休闲，边参加会议的形式。这样既能增强互相了解，增强机构的凝聚力，又能解决所面临的问题。

7.专业学术会议

这类会议是某一领域具有一定专业技术的专家学者参加的会议，如专题研究会、学术报告会、专家评审会等。

### （三）按会议研究内容划分

1.决策协调型会议

一般指会议领导层发挥集体领导作用和研究处理日常工作所进行的定期的、经常的会议。

2.研究会议

一般指理论研究讨论和论证各种工作的会议。

3.检查汇报会议

一般指就某一方面的工作进行汇报检查和安排的会议。

4.发布通报会议

一般指用于发布信息、通报情况的会议。

### （四）按会议所跨的地域范围划分

1.国际性会议

这是指会议的内容涉及不同国家和地区，与会者来自不同国家和地区的会议，如联合国大会、国际经济发展会议等。

2.全国性会议

这是指会议的内容涉及全国性问题，参加会议的人来自全国各个地区的会议，如全国人民代表大会、全国劳动模范表彰大会等。

3.地区性会议

这是指省、市、县或其他地区性的会议，如市政府常务会议等。

4.部门性会议

这是指根据部门的工作职能而召开的会议，如部门员工例会、业务洽谈会、培训会等。

### （五）按会议周期划分

1.定期会议

这是指有固定周期，定时召开的会议。

2.不定期会议

这是指周期和会期根据实际情况确定的会议，有客观需要或条件成熟便举行，必要时也可以举行临时会议，紧急会议和特别会议。

### （六）按会议的形式划分

1.圆桌会议

这是指由 10~20 名与会人员，围着圆桌而坐，各自以平等的地位自由发言的会议。

2.代表人会议

这是指从参加者当中，选出两名以上的代表人，在全体人员面前讨论特定的议题，接着由全体人员公开讨论并质询的会议。

3.公开讨论会议

这是指大家就某一个公开的议题各抒己见，热烈讨论的会议。

4.小组讨论会议

这是指参会者人数太多时，事先分成几个小组，分别由各个小组讨论不同的议题，再由小组推派的代表整理所有的意见的会议形式。

5.演讲型讨论会议

这是指由几位专门人员，在全体人员面前，从各自的立场发表对特定议题的意见，再经全体公开讨论质询的会议。

6.头脑风暴会议

这是指以自由畅想、收集较多的创意为目标的会议。在该会议中对所提出的创意，不在当场表示意见或予以批评，而是另外开会整理、评估、汇集，并使之具体化。

7.议题型讨论会议

这是指在预先分发有关议题的详细资料，使参会者对内容都熟知的前提下，让赞成者和反对者各自发表意见，并付诸表决的会议。

8.远程电视电话会议

这是指利用计算机、传真、电子黑板及各种人机通信系统召开的会议。

9.网络会议

这是指利用网络技术进行会议信号的传递，会议的各方均可以通过网络进行发言、参与讨论的会议。

## 二、会议的策划

正所谓，"没有规矩，不成方圆"，任何会议，要达到预期的目的，就要统一思想、讲规则，讲程序，上下齐心步调一致地来组织、管理、实施。它需要周密、科学地策划，需要有严谨的会议方案、会议经费预算和会议执行计划。

### （一）会议方案的制定

为了让会议方案做到既有前瞻性又有科学性，在做会议方案的时候就要遵循科学的原则。

1.会议方案遵循的四原则

（1）利益主导原则

企业在从事商业活动过程中是否获利是衡量企业生存与发展里的首位要素，所以现代"商务策划"理论中也将此项作为第一原则。简单地讲，所有不可获利的商务策划都是伪策划，都是不成功的。会议也是商务活动的一种，因此会议的策划者在进行会议策划的时候要明确企业自身、客户的利益所在，秉持共赢的理念，对企业的资源进行合理的配置，尽量在保证企业实现"投入—产出"最大化的基础上，保证客户的利益的实现。

（2）整体规划原则

会议策划是一项系统工程，需要将诸多事物联系起来，进行整合，围绕企业的整体目标开展活动。一次会议的成功举行，包括会议场地选择、食宿安排、邀请函设计与发放、会议期间的组织与管理、会后评估等诸多因素。为了保证会议的成功举行，会议策划者必须具有全局观，做出周到的统筹规划，在有限时间内用最有效的方式进行计划和协调。

（3）目的性原则

任何商务活动总是围绕一定的目的而开展的，会议也不例外，有为了达成与客户的合作而召开的会议、有为了打造品牌形象而召开的会议、有为了推广产品而召开的会议，无论目的是什么，召开会议总是有目的的。因此，会议策划也必须围绕会议的目的来进行，力求使会议发起者能够最大限度地达成其目的。

（4）可操作性原则

会议策划的可操作性要求会议策划不但要为会议的召开提供策略指导，而且要为其提供具体的行动计划，使会议活动能够在总体策略的指导下顺利进行，这就需要策划者必须结合市场的客观情况，以及公司的实际需要和能力来进行会议策划，超出了公司能力范围内的会议策划及创业无论再完美再高尚都会失去意义。

2.会议方案的六要点

会议方案就像是一场会议活动的"剧本"。我们知道，一部剧要精彩，首先要有一个好的"剧本"，那么，针对会议，我们就要站在全局的高度对会议各个要素多研究，力求做到既面面俱到、滴水不漏，又主题清晰、目标明确。一份完整的商务会议策划方案包括六大要点。

（1）会议主题和议题

会议的主题是会议的中心思想，是围绕着会议目标确定并贯穿的会议中各项议题的主线，是会议的灵魂；会议议题是对会议主题的细化，是紧扣主题付诸会议讨论或解决的具体问题。制定会议方案时要注意，一次会议最好只有一个主题，综合性会议，最多也不要超过3个议题为好。

（2）会议规模和规格

在制定会议方案时要注意制定的会议接待方案及方式应该与会议的规模和规格相匹配，高于或者低于应有规格的会议接待方案和方式都是不可取的。

（3）会议时间和地点

会议时间包括会议实际进行时间和会议过程中的休会时间。会议地点选择的重点是会场大小适中，会场地点适中，环境适合，交通方便，会场附属设施齐全。

（4）会议议程和日程

会议议程是整个会议议题性活动顺序的总体安排。会议日程，是以天为基础，根据会议议程而所做出的具体安排。会议议程讨论好的事情，则不再更改，而会议日程则是遇到特殊情况，会做相应的改变。

（5）会议组织和分工

会议组织主要指会议组织部门和人员落实。包括与会议有关的每项组织工作，每一个工作环节都必须有专人负责，责任到人，并明确任务和要求。会议组织分工包括文件起草和准备、会务组织、会场布置、会议接待，生活服务、安全保卫、交通疏导、医疗救护等。

（6）会议文件和材料

包括大会的主报告，大会发言单位的材料，会议日程表、参加会议人员名单、住宿安排、主席台座次、分组名单、讨论题目和分组讨论地点、作息时间表，会议的参阅文件和相关资料。

**（二）会议经费预算**

1.制定会议经费预算的原则

制定会议经费预算时应当遵循以下几项原则。

（1）节俭办会。制定会议经费预算时严格遵循节俭办会的宗旨，根据实际需要科学合理地分配各项开支，力求资金专款专用，真正用之于会。

（2）总量控制。严格控制经费总量，每一个会议的经费都有一定的限度，所有开支都必须控制在适度范围之内，不能无限制地增加，会议成本总量不能超过会议预期收益，否则开会就没有任何必要了。

（3）确保重点。在经费数量有限或经费不足时，要确保重点，确保有限的经费花在刀刃上。

（4）收支平衡。对会议的每一项开支都应严格审核，力求达到预算经费与实际开支的平衡。能省则省，能减就减。

（5）留有余地。要充分考虑会议期间可能出现的一些不可预测性的费用开支，预算时要适当留有余地。

2.会议经费预算的具体内容

会议经费预算的具体内容包括以下几个方面。

（1）会议场地租赁费用。如括会议室、大会会场的租金，以及其他会议活动场所的租金。

（2）会议办公费用。如会议所需办公用品的支出费用，会场布置等所需要的费用。

（3）会议设施设备费用。如各种会议设施设备的购置和租用的费用。

（4）会议宣传公关费用。如会议前期的宣传、现场的录像费用，与有关合作各方交流时花费的费用。

（5）会议资料费用。包括文件资料、文件袋、证件票卡的印刷制作等开支。

（6）会议交通费用。参会人员交通往返的费用，如果由会议主办单位承担，则应列入预算。

（7）会议餐饮费用。通常由主办单位对会议餐饮补贴一部分，由与会者承担一部分。

（8）会议住宿费用。一般情况下住宿费是由与会人员自理一部分，由会议主办者补贴一部分，也有主办单位全部承担的情况（如果没有住宿安排，应明确与会人员完全自理，则预算中可不列此项）。

（9）会议通信费用。主要指发会议通知、发电报、传真、打电话等进行会议联络所需的费用。如果召开电视电话等远程会议，则使用有关会议设备系统的费用也应计算在内。

（10）预算外不可预估费用。会议经常会有一些不可预见的开支出现，做预算时要留有余地，以免造成费用不够用的情况。

**礼仪小常识**

### 会议策划方案示例

一、会议主题

2021 年XX影视集团年终表彰大会

二、会议时间

2021 年 12 月 26 日上午 8:30—11:30；下午 2:00—6:00

三、会议地点

君临大酒店

四、会议分组安排

| 组别 | 负责人 | 负责内容 |
|---|---|---|
| 总指挥 | XXX | 负责整个会议流程及安排各小组总领导 |
| 策划组 | XXX | 负责会议内容、会场布置、会议方式等策划 |
| 组织组 | XXX | 根据各组需求，安排人员及分配工作 |
| 后勤组 | XXX | 负责车辆、安保、饮食、休息服务及来宾接站，送站服务工作等 |
| 宣传组 | XXX | 负责通过各种传播渠道宣传会议及会议参加人员通知工作 |
| 秘书组 | XXX | 负责会议前材料的派发和领导讲话记录、语言文字翻译、会议总结等 |

五、参与人员

省领导（2 人）、机关单位相关人员（2 人）、集团领导（4 人）、分公司负责人（10 人）、各部门负责领导（20 人）、年终表彰先进人员（30 人）、各分公司各部门工作人员代表（50 人）、其他相关工作人员（15 人）

合计：133 人

六、拟定会议日程

上午

| 6:00 | 各工作组就位、车辆出发、工作人员就位开始布置 |
| 8:30—10:00 | 各考勤组开始对相关人员、签到考勤工作 |
| 10:00—11:30 | 省委领导讲话、机关单位相关人员讲话 |
| 11:30—12:30 | 全体人员用餐 |

下午

| 1:45—2:00 | 各考勤组开始对相关人员进行签到考勤工作 |
| 2:00—4:00 | 集团领导讲话、各分公司负责人讲话并进行相关报告与总结 |
| 4:00—6:00 | 年终表彰先进代表讲话、各部门领导进行相关总结 |
| 6:10 | 各工作组就位、车辆出发、工作人员就位开始整理会场 |

七、会议内容

第一项：省委领导讲话（省委领导、相关机关单位通过PPT、数据及相关材料讲述XX影视集团近几年的发展，以及在政府的帮助下所取得的成绩和未来相关扶持政策）。

第二项：集团领导讲话，各分公司进行2021年报告与总结（集团领导通过PPT、数据、短片及材料讲述2021年在某背景下所取得的成果和所遇到的问题、不足，以及今后解决问题方法。各分公司2021年的报告与总结）。

第三项：对先进集体、个人等进行颁奖，先进代表讲话，此次会议各组部门负责人对此次会议进行相关总结。

八、经费预算

场地、伙食、车辆、纪念品、服务人员加班费、宣传等支出项目分列计算。

九、发生突发状况的紧急处理

会议活动要抓好重点，日期不改，主体不变，人员大部到位，日程按步骤进行都算成功。会场消防设施一定要检查到位。领导事项需要有备份处理。拟讲话领导未到场可及时进行下一步骤。

## （三）会议执行计划

会议方案制定好以后，就需要严格按照方案的内容去执行，让方案的内容落到实处，力保会议的顺利进行。一分完整的会议执行计划包括以下几个方面。

（1）确定日期时间及地点。

（2）制定实施流程及细节。

（3）确定参会人员及嘉宾。

（4）落实人员分工及要求。

（5）预定会场及位次安排。

（6）拟发编印通知及文件。

**礼仪小常识**

会议通知模板

| 会议通知模板 | |
|---|---|
| 主题 | |
| 时间 | |
| 地点 | |
| 参会人员 | |
| 内容及要求 | |

>>>

**会议通知模板**

| 会议主题 | |
|---|---|
| 会议时间 | |
| 会议地点 | |
| 会议主持 | |
| 会议记录 | |
| 参加人员 | |
| 主题内容 | |
| 所需资料 | |
| 参会人员签字 | |
| 会议纪律 | |

## 三、会议的准备工作

大型的商务会议具有提升形象、促进建设、创造经济效益等作用，小型的商务会议也同样具有沟通信息、交流思想、促进工作的效果，那不管是大型商务会议还是中小型商务会议，讲究会议礼仪是开好会议的前提条件，也是保证会议成功必不可少的途径。在进行会议准备的时候同样要讲求礼仪规范。

### （一）会场准备

会议服务前的准备工作是确保会议顺畅进行并获得圆满成功的重要环节，虽然说会议服务必须贯穿整个会议的前、中、后各个不同的阶段，但是一个完善良好的会前准备工作可以让整个会议服务事半功倍，想要做好会前的准备工作，会场准备是必不可少的。

会场准备又包括会议场地内、外布置，包括台型摆放、会议摆台、会场装饰，物料及设备设施准备，以及座次安排，包括大小型会议会场座次安排与主席台座次的安排。

1.会议场地内、外布置

会议场地内、外的布置要根据会议性质，突出会议主题和宗旨，在布置会场时应有序、整洁、有条理，并且从会议实际效果和自身经济能力出发，做到以最小的成本创造最大的经济效益，达到实用和谐的最终效果。

（1）台型摆放

在会议场地内部的布置中我们要重视会场的台型摆放。台型的摆放要根据当天参加会议的人数而定，还要考虑到会议的内容和活动形式，来选定相对应的台型摆放。最常见的台型摆放主要包括6种。

①剧院式台型

剧院式台型（见图 10-1）的摆放十分简单，不要求有过多的设计，基本上采取的是一个萝卜一个坑的形式，可最大限度地利用会议室的空间以容纳更多的人数，但同时也剥夺了与会者用来放资料的空间。常见于大型代表会议、新闻发布会、论坛、启动仪式等。

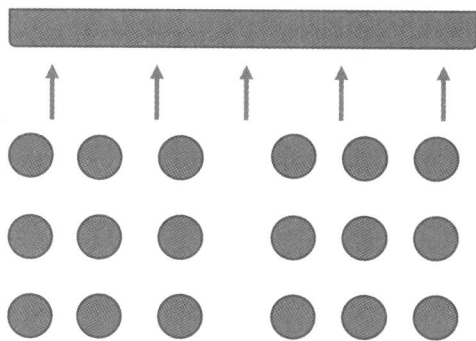

图 10-1　剧院式台型

②课桌式台型

在课桌式台型（见图 10-2）的会议室内将桌椅按排端正摆放或成 V 字形摆放，按教室式布置会议室，每个座位的空间将根据桌子的大小而有所不同。相比于剧院式的摆放，课桌式更具有灵活性，不仅能提供摆放资料的空间，还可以最大限度容纳人数，这种形式便于听众做记录，适用于论坛、新闻发布会、研讨会、培训、讲座等会议形式。

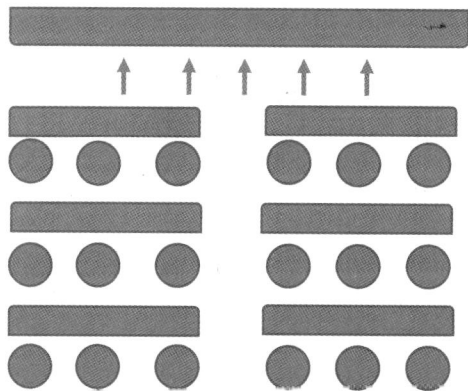

图 10-2　课桌式台型

③宴会式台型

宴会式台型（见图 10-3）的桌子使用中式圆桌，围绕圆桌摆放座椅，常用于宴会的摆台。桌与桌之间留有过道。在宴会摆台时，除了主桌之外，其他圆桌没有摆台方向的区分，一般用 10 人桌。适用于用餐、年会等场合。

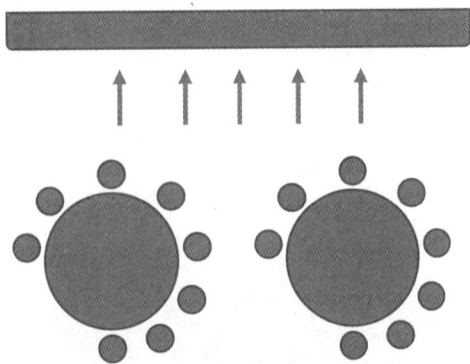

图 10-3　宴会式台型

④U形台型

将桌子连接着摆放成长方形，在长方形的前方开口，椅子摆在桌子外围，通常开口处会摆放放置投影仪的桌子，中间通常会放置绿色植物以做装饰；不设会议主持人的位置以营造比较轻松的氛围；多摆设几个麦克风以便自由发言；椅子套上椅套会显示出较高的档次。适用于40人以下的小型会议，方便面对面地交流或做笔记，领导坐在桌子短边，投影机放在开口中央（见图10-4）。

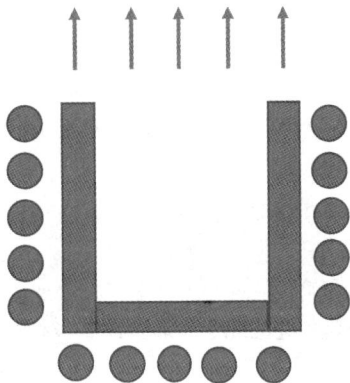

图 10-4　U形台型

⑤岛屿式和鱼骨式台型

岛屿式台型（见图10-5）摆放是把将会议室的桌子按照岛屿形依次摆开，在桌子的周围摆放座椅，组与组之间留出走路的间隔，使整体样式显现出一种小岛的形状，变阵后也可形成鱼骨式台型（见图10-6）。此类会议摆台较适合研讨和小组讨论结合的会议内容，增加小组间交流的同时还可以聆听会议主持的发言。

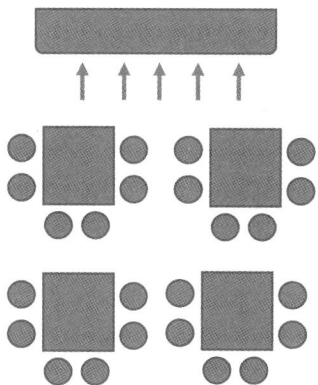

图 10-5　岛屿式台型

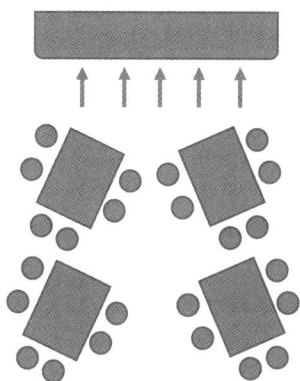

图 10-6　鱼骨式台型

⑥回字形台型

回字形台型（见图 10-7）也称口字形台型，是将会议桌摆成一个封闭的"口"字形状，椅子放置在"口"的外围。通常桌子上都会围上桌裙，中间通常会放置较矮的绿色植物，增加装饰效果。此种类型的台型常用于学术研讨会一类型的会议，前方设置主持人的位置，可分别在各个位置上摆放上麦克风，以方便不同位置的参会者发言。此种台型容纳人数较少，对会议室空间有一定的要求。主要适用于公司例会、部门例会等。

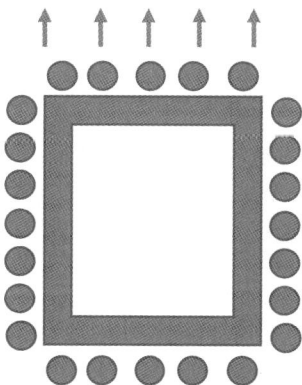

图 10-7　回字形台型

（2）会议摆台

会议摆台需要根据会议要求来进行。摆台之前要事先了解预订会议的时间、地点、台型、人数、接待级别、特殊要求及更多客人的信息等；根据预订参会人数及其他要求备齐摆台所需桌椅、台布、茶杯、杯垫、毛巾碟、烟缸、矿泉水等物品；在每个茶杯内放入3克茶叶。准备工作做好以后就可以摆台了，具体规范如下。

①根据设计出的台型摆放会议桌、铺台布。摆放会议桌时要求桌与桌拼连时横竖须成一条直线且摆放整齐平稳，台型对边距会议室墙壁距离一致，台型四周与会议室墙壁四周分别平形，行与行间距一致、宽窄适度；铺台布时要求位于座位正前方的台布边缘距离地面1厘米，左右边缘下垂距离一致。

②摆椅子。正常情况下，每张会议桌摆放椅子3把，椅子正前边缘轻靠桌布，间距一致，横竖成一条直线，颜色统一，干净无破损。

③摆茶杯。在每把会议椅正中前方距靠近座位桌边距离35厘米处摆放杯垫，店徽正面朝向客人，茶杯摆在杯垫正中，杯把统一朝向客人右侧；杯盖上如有店徽的，店徽正面朝向客人；杯盖上如有气孔的，气孔统一朝向杯把。

④摆水杯。在距离茶杯杯垫1~2厘米的左侧摆放杯垫，店徽正面朝向客人，其水平中心线与茶杯杯垫的中心线在同一直线上，在杯垫正中间摆上水杯。

⑤摆矿泉水。在距离水杯杯垫1~2厘米的左侧摆放杯垫，店徽正面朝向客人，其水平中心线与茶杯杯垫的中心线在同一直线上，在杯垫正中间摆上矿泉水，商标正面正对客人。

⑥摆毛巾碟。在距离矿泉水垫1~2厘米的左侧摆放毛巾碟，其水平中心线与茶杯杯垫的中心线在同一直线上。

⑦摆放烟缸。每两个茶杯之间摆放一个烟缸，烟缸的水平中心线与茶杯的中心线在同一直线上，如有店徽的，店徽正面朝向客人。

⑧摆笔和便笺纸或文件。在每把会议椅正中前方距靠近座位桌边距离1厘米处摆放便笺纸，要求摆放端正、整齐；在距便笺纸右下角5厘米的45°线上摆上笔，笔尖、店徽统一向上。

⑨注意③—⑧项均须使用托盘操作。

⑩撤除会议室多余物品，通知相关人员摆放植物、音控安装话筒。

（3）会场装饰

不同的会议要求有不同的环境，座谈会会场要求和谐融洽，庆祝大会会场要喜庆热烈，纪念性会议要隆重典雅，日常工作会议要实用简单，这就需要我们对会场进行装饰性布置。对会场进行的装饰性布置并不是会议活动的必要条件，但是对会议的效果可以起到非常好的作用。我们在进行会场装饰时，要准备的物品包括主席台背景板的布置、地面及墙面的装饰、会场外空飘、彩飘、旗帜、宣传背景板等。

主席台是会场装饰的重点。一般应在主席台上方悬挂会标，会标上用美术字标明会议的名称；主席台背景处可悬挂会徽或旗帜，以及其他艺术造型等；主席台上或台下可摆放花卉。

除了主席台外，还应该在会场四周和会场门口悬挂横幅标语、宣传画、广告、彩色气球等，还可摆放鲜花等装饰物。

在会场布置的色调选择方面，应注意会场内色彩的搭配和整体基调，选择与会议内容相协调的色调。

会场花卉的布置应该根据会议内容，进行适当的选择，一般性会议选择月季、扶桑等花卉；比较庄重的会议适宜摆放君子兰、棕榈、万年青等。

2.物料及设备设施准备

（1）物料准备

不同的会议的物料准备包括的内容不尽相同，一来说需要准备以下物品：指引牌、地贴、水牌、指示展架、证件、桌布、桌签、签到簿、名册、茶杯、矿泉水、会议所需资料、纸笔等。

（2）设备设施准备

现代化的会议离不开各种辅助器材，如音响、照明、空调、电脑等，还有各种视听器材（如投影仪、幻灯机、录像机、话筒、激光指示笔）等，这些在会议开始前都要准备妥当，切记在会议召开前必须先检查各种设备是否能正常使用，如果要用幻灯机，则需要提前做好幻灯片；录音机和摄像机能够把会议的过程和内容完整记录下来，有时需要立即把会议的结论或建议打印出来，这时就需要准备一台小型的影印机或打印机。

（3）座次安排

中国是礼仪之邦，中国人的衣、食、住、行素来都有"礼"可循，会议座次安排，也是会议中最重要的一个环节，如何安排领导、嘉宾、与会人员的座次，是极为讲究的，同时还要保证所有的与会人员能够看见、听见发言人的发言。

①会场座次安排

a.大型会议会场座次安排

大型会议会场的座次规则是面对主席台，前排座次身份高于后排，中心座次身份高于两侧。没有在主席台就座的领导或者嘉宾应该安排在最前排就座，其余的参会者依次在后面区域就座；如果会议中，有需要表彰的领奖人员，则应按照授奖顺序，集中安排在会场左侧或者右侧便于走动的位置；如果参会人员较多，可按商务礼仪中右高左低的原则将参会人员安排在左右两边区域的适当位置；对一些年老体弱、行动不便的代表应予以照顾，要尽量安排在靠近通道、便于进出的位置；媒体记者和工作人员一般安排在会场后侧。图10-8是大型会议的其中一种会场座次安排方式，在具体安排会场座次时，需要根据场地的具体情况做综合考虑，既不墨守成规、生搬硬套，又要做到遵守规范灵活掌握。

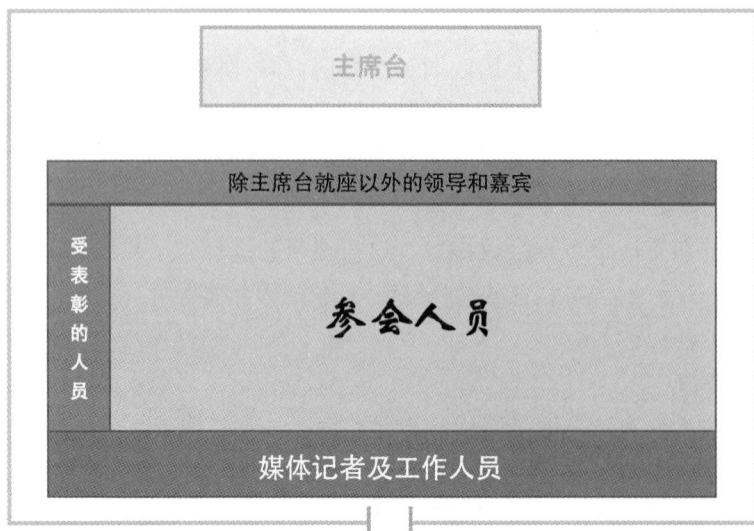

图 10-8　大型会议会场座次安排

b. 大型会议主席台的座次安排

在大型会议中，主席台的座次安排通常按照国际惯例，以面向观众为准，遵循"居中为上，右高左低"的原则，同时当主席台的座位安排为两排及以上时，还要遵循"前排高于后排、中央高于两侧"的原则。图 10-9 是当领导人数为单数时主席台座次的排列方法；图 10-10 是当领导人数为双数时主席台座次的安排方法。

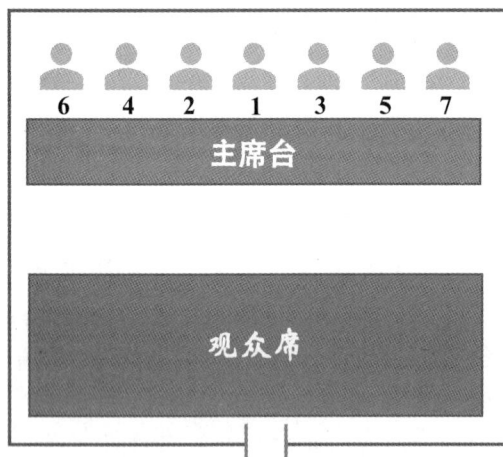

图 10-9　大型会议主席台的座次安排
（领导人数为单数）

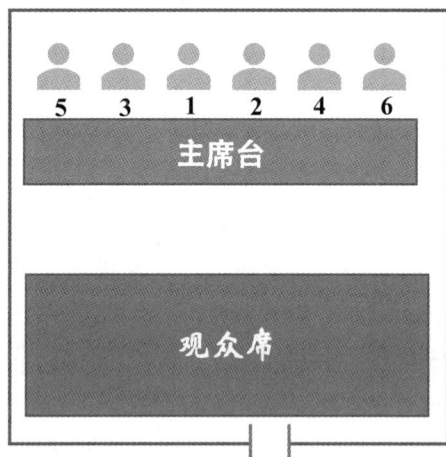

图 10-10　大型会议主席台的座次安排
（领导人数为双数）

②小型会议座次安排

小型会议的位次安排，一般遵循下列 5 个原则。

一是面门为上。面对房门的座位，其位次高于背对门的座位。

二是居中为上。居于中央的座位，其位次高于两侧。

三是以右为上。即以面门的方向为准，右侧座位的排序高于左侧的座位。

四是远门为上。即距离门的远的座位，其位次通常高于距离门近的座位。

五是依景为上。即会议室内的中心座位往往背依室内的字画、装饰墙等主要景致。

图 10-11 是参会的主客双方人数为单数，且会议桌横向摆放时的座次排列，此时由于客方高于主方，处于尊位，因此客方面门而坐。图 10-12 是会议桌竖放时的座次排列，此时不存在面对门的座位，应以进入房间的方向为准，右高左低，客方居右；其次，同侧座次排列，居中为上，1、2 号嘉宾同时居中，右高左低，1 号嘉宾位于 2 号嘉宾右侧，这就是我们所谈到的以右为尊。依此类推进行排序。

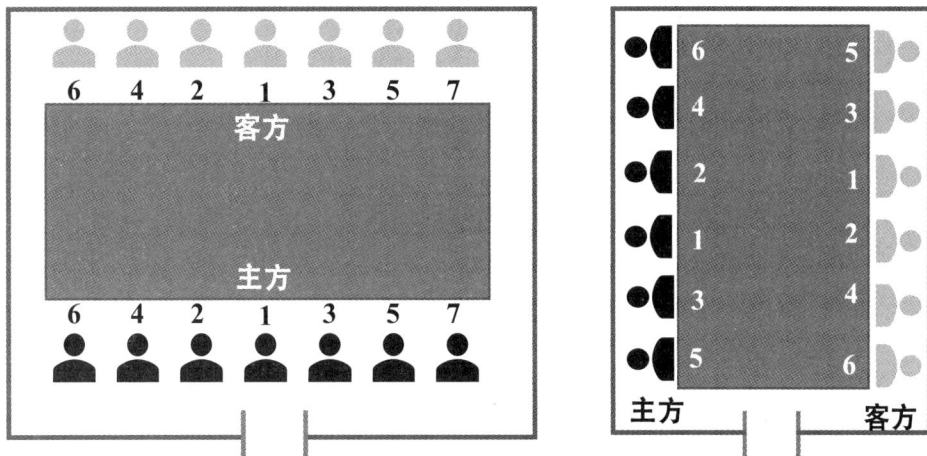

图 10-11　小型会议会议桌横向摆放时的座次安排　　图 10-12　小型会议会议桌竖向摆放时的座次安排

排列座次是会场准备的一项重要工作，座位的编排与会议成效的高低具有密切的关系，参会人员有固定的座位，会感到舒适方便，会场也就显得整齐有序。

## 四、参会礼仪

礼仪规范是会议有序高效进行的重要保障，每一位参会者都应该要遵守的必要的礼仪规范。

### （一）参会人员礼仪规范通识

1.会前礼仪规范

（1）着装应符合会议要求

所有参会人员应根据会议性质和场合选择恰当的、规范的参会服饰，要做到服装整洁，切记不修边幅，过于随便。如果是户外会议要应事先询问主办单位是否可着休闲服。如果是领导或者是发言者，一定要对着装进行合理的选择。根据会议的正式程度，选择正装或者是商务休闲装，做到衣冠整齐、仪态端庄、精神饱满。

（2）仪容

参加会议的女士应该化淡妆、不浓妆艳抹；不喷洒香味浓烈的香水；散发则需扎起或盘起，保持优雅自然的感觉。参会的男士头发不得长过上耳，干净清爽；胡子不能太长，应经常修剪；脸部应保持干爽，给人精力充沛的感觉。

（3）守时

出席会议时遵守时间是基本的会议礼节之一。只要承诺出席会议不论职位或高或低，是否预备发言，都应准时到会，一般至少比会议时间提前10分钟入场。不要迟到，迟到可以视为是对本次会议不重视或是对会议主持人及其他与会者的轻视与不尊重。确有其他原因迟到的，要向主持人及与会者点头致歉。

（4）入座

如果有桌签，应该按照桌签上的名字就座；如果没有桌签应听从工作人员的引导入座；如果没有指定位置则先到前排就座，前排满了方可往后坐。要注意入座时要轻挪椅子，不要发出太大的声音，一般应从椅子的左侧入座。

（5）等候

进入会场以后，在会议开始之前，将桌面摆放整齐，尽量只摆放笔、笔记本和水；不要在会场内随意走动，邻座沟通需轻声，手机会前要静音或关机，遵守会中秩序。

2.会中礼仪规范

（1）会议进行期间，参会者应认真倾听报告或他人发言，不做与会议无关的事情，认真记录会议重点，保持良好倾听状态。切记不要在下面闲聊、看书报、打瞌睡、摆弄小玩意儿、抽烟、吃零食或随意进出会场。

（2）在会议进行中，参会者要发言时，应先举手示意，待同意后方可起身表述，发言时声音应该洪亮有力，口齿清楚，态度平和，手势得体，不可手舞足蹈，忘乎所以或口出不逊。发言尽量简短，观点明确，待回答完毕并得到就座许可，方可就座。

（3）当有其他的参与者发言时不要打岔，如有问题可举手，经过会议主持人认可后再发言。适时对发言人给以热烈掌声，掌声需整齐有力，对对方表示尊重。

（4）参加会议时要保持良好的仪态，坐椅子2/3处，背部不与椅背接触，挺腰平视主席台，精神饱满。脸色平和，不漠然，不东张西望，不打哈欠，适时点头微笑以示尊重。

3.会后礼仪规范

会议结束后参会者要及时清理桌面、把纸屑等杂物扔进垃圾桶，收拾起笔和笔记本，不遗忘相关物品。服从主持人的指令，靠门近的人员起身先行离开，会场里面人员在座位上安静等候。离场时注意轻挪椅后起身，不要发出太大声响，从椅子的左侧离开座位，并将椅子推入桌下，轻声不喧哗，有序离开会场。

**（二）会议主持人礼仪**

会议的主持人不仅是会议主题的提炼者与传达者，还是会议的引导者，是会议成功举行的关键，对会议起着举足轻重的作用。

1.准备好主持词

开会前要清晰地明确会议主题、议题、程序和开会的方式方法、参会者的相关情况等，事先拟定好主持词。主持词是主持人用来主持会议的文字资料，是为会议服务的，会议主持词要根据会议的安排，对有关内容和事项做出说明，对一些重要问题进行强调，对领导讲话做出简明扼要的评价，并对会后如何贯彻落实会议精神提出要求、布置任务。

## 礼仪小常识

### 会议主持词的构成

主持词一般包括以下几个部分。

1. 开头部分

这一部分主要介绍会议召开的背景、会议的主要任务和目的，以说明会议的必要性和重要性。可分为以下五方面内容。

（1）首先宣布开会。

（2）说明会议是经哪一级组织或领导提议、批准、同意后决定召开的，以强调会议的规格，以及上级组织、上级领导对会议的重视程度。

（3）介绍在主席台就座的领导和与会人员的构成、人数，以说明会议的规模。

（4）介绍会议召开的背景，明确会议的主要任务和目的，这是开头部分的"重头戏"，也是整篇文章的关键所在。介绍背景要简单明了，如"这次会议是在××情况下召开的"，寥寥数语即可。因为介绍背景的目的在于引出会议的主要任务。会议的主要任务要写得稍微详尽、全面、具体一些，但也不能长篇大论，要掌握这样两个原则：一是站位要高，要有针对性，以体现出会议的紧迫性和必要性；二是任务的交代要全面而不琐碎，具体中又有高度概括。

（5）介绍会议内容。为了使与会者对整个会议有一个全面、总体的了解，在会议的具体议程进行之前，主持人应首先将会议内容逐一介绍一下。如果会议日期较长，如党代会、人大政协"两会"，可以阶段性地介绍，如"今天上午的会议有几项内容""今天下午的会议有几项内容""明天上午的会议有几项内容"。如果会议属专项工作会议，会期较短，可以将会议的所有内容一次介绍完毕。

2. 中间部分

在这一部分，可以用最简练的语言，按照会议的安排，依次介绍会议的每项议程，通常为"下面，请××讲话，大家欢迎""请××发言，请××做准备""下一个议程是××"之类的话。

有时在一个相对独立或比较重要的内容进行完了之后，特别是领导的重要讲话之后，主持人要做一简短的、恰如其分的评价，以加深与会者的印象，引起重视。如果会议日期较长，在上一个半天结束之后，应对下一个半天的会议议程做一简单介绍，让与会者清楚下一步的会议内容。

如果下一个半天的内容是分组讨论或外出实地参观，那么，有关分组情况、会议讨论地点、讨论内容、具体要求，以及参观地点、乘坐车辆、往返时间、注意事项等都要向与会者交代清楚，以便会议正常进行。会议主持词的中间部分写作较为简单，只要过渡自然、顺畅，能够使整个会议联为一体就行了。

3.结尾部分

这一部分主要是对整个会议进行总结，并对如何贯彻落实会议精神提出要求，做出部署。

（1）宣布会议即将结束。

（2）对会议做简要的评价。主要是肯定会议效果，如："××的讲话讲得很具体，也很重要……""这次会议开得很好，很成功，达到了预期目的"之类的话。

（3）从整体上对会议进行概括总结，旨在说明这次会议所取得的成果：解决了什么问题，明确了什么方向，提出了什么思想，采取了哪些措施等。总结概括要有高度，要准确精练，恰如其分，它是对会议主要内容的一种提炼，对会议精神实质的一种升华。总结会议，但不是对会议内容的简单重复，而是突出重点；概括会议，但不是对会议内容的泛泛而谈，而是提升会议的主旨。这样，就使与会者对整个会议的主要内容和精神实质有一个更为清晰的了解和把握。

（4）就如何落实会议精神提出要求。每次会议都有其特定的目的，为达到这个目的，会后都有一个如何落实会议精神的问题。

因此，这不但是结尾部分的重点，也是整个主持词的重点。写好这一部分，要做到以下几点。

第一，语言要简洁明了，一是一，二是二，不绕弯子，不做解释说明。

第二，要求要明确、具体，不能含糊其辞，要体现出会议要求的严肃性、强制性、权威性。

第三，布置任务要全面，不能漏项，否则，就会影响会议的落实效果。

第四，要看会议的性质和内容选取写作方式，如必须完成任务的专项工作布置可采用命令的口气、动员大会性质的可采用号召式，这当然要根据会议的性质和内容，选择恰当的写作方式。

第五，与会单位要将会议贯彻落实情况在一定期限报会议组织单位，以便检查会议落实情况。

**2.主持人形象要符合会议要求**

主持人的形象是多元化的，应根据会议的性质和主题选择恰当的发型、妆容，服饰，并与会议融合为一个整体，所以会议主持人形象标准必须要遵循和会议性质和谐统一的原则。

参加会议时，主持人要进行必要的化妆，发型应当庄重而大方。主持人的着装应较为正式，根据季节和会议性质的类别不同，可选择较正式的商务正装、商务休闲装或礼服等，例如，男主持人可选择深蓝色或深灰色的西装与浅色衬衫，搭配协调的领带；女主持人可选择裁剪合体、做工考究，面料挺括，既偏职业化又具时尚感的服装，搭配简单大方的饰品，色彩以单色、柔和为主，肉色丝袜、高跟皮鞋。总之，要体现出端庄得体、优雅大方、稳重雅致的风格。

会议主持人的形象主要分为 3 种：第一种是正式的商务会议形象，适用于主持新产品推广会、项目竞标会、项目发布会、行业峰会、招股说明会和商业论坛等会议，此时主持人应穿着商务正装进行主持。第二种是干练的培训沟通会形象，适用于主持培训沟通会议等，此时主持人应穿着商务休闲装。第三种是隆重的企业年会形象，适用于主持答谢宴会、公司年会等会议，此时主持人应穿着礼服进行主持。

3. 主持人的仪态举止要规范

主持人主持会议时，从走向主持位置到落座等环节都应符合身份，其仪态姿势都应自然、大方。

主持人在步入主持位置时，步伐要刚强、有力，表现出胸有成竹、沉稳自信的风度和气概，要视会议内容掌握步伐的频率和幅度。主持庄严隆重的会议，步频要适中，以每秒约 2 步为宜，步幅要显得从容；主持热烈、欢快类型的会议，步频可以稍微快一点，每秒至少约 2~2.5 步之间，步幅略大；主持纪念、悼念类会议，步频要放慢，每秒约 1~2 步之间，步幅要小，以表达缅怀、悲痛之情；平常主持工作会议，可根据会议内容等具体情况决定步频、步幅：一般性会议，步频适中、步幅自然；紧急会议、重要会议，可以适当加快步频。行进中要挺胸抬头，目视前方，振臂自然。

主持人主持会议时，无论是站着还是坐着，都应保持正确的站姿或坐姿。不能出现抖动双腿、依靠桌椅、身体歪斜等不雅动作。在台上不要与场上的熟人打招呼、寒暄等，可以微笑点头致意。主持人与一般讲话者不同，一般不需要手势，在一些小型会议进行总结概括时，可以加入适当手势，但是动作不能过大。主持人在主持过程中，应与参会者进行礼貌的目光交流，不能只看稿子不看人，或者始终只看一个人或某几个。

4. 主持人的语言要符合礼仪规范

主持会议要通过语言表述来进行，因此，主持人应特别注意语言的礼仪规范。

（1）主持的所有言谈都要服从会议的内容和气氛的要求，语音、语调、语速都要与会议的主题相吻合。

（2）使用文明用语。主持人在主持时要注意使用文明用语，这样既能表现出较好的个人修为和文化修养，表明一个人待人处事的立场和态度，也能让人身心愉悦，给人以高雅、气质不凡的感觉。

（3）以平等态度与嘉宾或参会者进行交流。主持人一定好摆正自己的位置，以一种平等的态度与嘉宾或现场的参会者进行交流。既不能居高临下，也不能唯唯诺诺，时刻保持不卑不亢的状态。会议进行过程中，对持不同观点、认知的人，应允许其做充分解释，会议出现僵局时要善于引导，出现空场、冷场时应及时补白。要处处尊重别人的发言和提问，不能以任何动作、表情或语言来阻止别人，或表示不满。要用平静的语言、缓和的口气、准确的事实来阐述正确主张，使人心服口服。

（4）口齿清楚，思维敏捷，积极启发，活跃气氛。主持人一定要明确开会的目的，比如，主持记者招待会，主持人、发言人要对记者提出的问题，反应敏锐，流利回答，不能支支吾吾；开座谈会、讨论会等，主持人要阐明会议宗旨和要解决的问题，切实把握会议进程和会议主题，勿使讨论或发言离题太远，而应引导大家就问题的焦点畅所欲言；同时，要切实掌握会议的时间，不使会议拖得太长。

5. 主持人充分引导会议内容

主持人在遇到冷场时，要善于启发，或选择思想敏锐、外向型的同志率先发言，有时可以提出有趣的话题或事例，活跃一下气氛，以引起与会者的兴趣，使之乐于发言。遇到有人发表离题万里的意见时，主持人可根据具体情况，接过议论中的某一句话，或插上一句话做转接，巧妙柔和地使议论顺势回到议题上来，比如，微笑着用真诚的语调说："你提的这个问题不错，等以后再谈吧，现在让我们回到刚才的问题上来"，或者说："如果你有兴趣的话，等会后我们单独谈这个会议外的问题……"当与会者发生争执时，如果因事实不清，可让与会者补充事实，如事实仍不甚清，可暂停该问题的争执。主持人要保持头脑清醒，不要介入争论之中，引用分析的话题来分散与会者的精神，缓和冲突；当遇到长篇大论者时，主持人应该及时打断他，抓住他话中与会议有关的话问另外一人，例如，可以这样说："某某，你怎么看待这个问题？"

6. 主持人要善于掌握会议进程

在一场会议中，主持人就像交响乐团的指挥，需要随时控制、掌握会议进程，为此主持人应做好下述几点。

（1）会议召开之前，主持人需认真研读有关文件材料，了解议题和议程、了解与会者的构成情况及基本意见倾向。

（2）主持人必须严格按照会议议程进行会议，明确会议开始和结束的时间，始末守时。

（3）主持人在会议期间应避免同其他与会者发生争论，不能偏袒任何一方，更不能强迫他人接受自己的看法。不要显摆自我，要虚心谦和，忌各种语病。批评要有建设性，同时应当委婉、平和、不进行人身攻击。

（4）在组织讨论时，应规定范畴，使每一位与会者享有平等的发言机会和权利。应善于及时纠正脱离议题的发言倾向，并用适当的方式维护与会者的发言积极性。

（5）应善于比较、鉴别和综合分析各种发言，正确集中大家的意见。经常用简明的语言概括讨论内容和有关发言人的发言。

（6）当时机成熟时，应适时终止讨论或辩论，及时达成协议，一个议题结束后应立即转换议题，以节约时间、控制场面。

（7）多议题会议应科学合理地安排次序，一般情况下，需要大家开动脑筋、集中献计献策的议题应放在会议前半部分时间进行。

（8）会议较长时，应安排短暂的休息。休息不要安排在发言高潮，而应在某一问题或其中一个方面的讨论结束时。

（9）应以各种方法和措施，预防或控制与会者中途退席，特别是应使重要人物不中途退席。

（10）当会场出现混乱时，应保持镇静，及时采取措施并维护会场秩序。

### （三）领导者礼仪规范

会议是领导工作的重要手段与方法，领导者在会议中起着主导作用，领导者要想使会议达到预期效果，通过礼仪规范来保障会议有序有效地进行也是重要方面之一。会议礼仪很多，领导者特别要注意着眼于领导者角色的礼仪规范。

1. 规范端庄的参会形象

作为会议的领导，要对自己的个人形象进行修饰和检查，根据会议的正式程度，选择恰当的正装或是商务休闲装，衣着整洁，仪态庄重，精神饱满。

2. 端庄得体的仪态

会议中，无论是站还是坐，领导都要保持正确的站姿和坐姿。领导发言时应在发言前面带微笑环顾一下会场，如果会场里掌声四起，可以适时鼓掌答礼，等掌声静落之后再发言；如果站立发言，应当双腿并拢，腰背挺直；如果坐着发言，应当身体坐直，双臂前伸，双手轻抚于桌沿；持稿发言时，如无讲台，应当双手持稿的底中部，稿纸上端的位置于下巴之下胸部之上，既方便阅读，又方便与观众进行目光交流，不能长时间埋头读稿，旁若无人；发言结束时，应向与会者表示感谢。

3. 明确清晰的讲话

领导在会议中的讲话对会议来说是非常重要的，需要做到以下几点。

（1）领导在讲话时，首先要考虑听者的身份，并根据听者的文化层次、知识水准、年龄性别、人数多少等因素，来考虑自己的讲话角度，把握讲话的理论深度和听众的接受程度，以抓住多数人的视听心理来组织安排，提高讲话的针对性。

（2）领导者讲话的场合千差万别，报告、请示、汇报、演说、谈心、讨论、谈判、表态、贺喜、治丧等各不相同，所以在语言表达的手段、技巧、用词、语气、表情、风度等方面，要与特定的场合协调得体。

（3）一般来讲，在领导讲话的最开始，听者的心理和注意力都比较集中，期望值高，好奇心强，在这个黄金时间讲好开头语是很重要的。从常规上讲，最好单刀直入，开门见山，把主要内容、主要观点、基本要求和大致事由，用简练的语言告诉大家。当然，手法要新颖，要以不凡的开头，达到一鸣惊人的效果。

（4）领导者在讲话时，要善于把听众的心理，注意控制讲话的时间。该长则长，该略则略。无论长话或短话，都要注意语言的交流与纯化。不说与题无关、重复啰唆的废话，不说言之无物、无的放矢的空话，不说违背事实、言不由衷的假话，不说"穿靴戴帽"的套话。

（5）一篇好的讲话，绝不是虎头蛇尾，前紧后松。要想达到完美的效果，精彩的结尾也很重要。领导讲话结尾时要做到精悍有力，有号召性。

## 五、会议服务礼仪

### （一）会前迎宾服务

会议开始前一小时，迎宾人员应在会议室门口立岗迎候参会人员的到达。来宾到达时应领到签到处签到。引导来宾入座时，要面带微笑，用语礼貌，举止大方，手、语并用。冬季，对进入会场的来宾脱下的衣帽，服务人员要及时接下，并挂至衣帽架上。

### （二）会场服务

1.茶水服务

（1）提前半小时准备好开水，会前 15 分钟开始沏茶。

（2）倒茶七八分满，不能太满溢出，太少看着不够喝。

（3）杯盖不接触桌面，手指不触碰杯口，杜绝杯盖碰撞声音。

（4）续水时右进右出，摆茶杯时杯耳与客人形成45°，杯盖留 5 厘米缝隙。

（5）续水从主位嘉宾开始，顺时针依序进行，主席台上从参会者背后续水。

（6）续水时注意手势规范，视会场情况轻声示意避免无意碰撞。

（7）服务中注意不要将茶水溅出，以免烫伤参会者或污染桌面。

2.会场其他服务

（1）会议开始后，在会议室门口挂上"请勿打扰"牌子。

（2）会议开始后，会议服务人员应站立在会场周围，观察所负责区域是否需要提供服务。

（3）会议服务人员一般不得随意出入会议室，同时尽量避免在会议室内随意走动，确有紧急事项，服务人员可用纸条传递信息。

3.会议结束的服务

（1）会议结束时，会议服务人员应立即开启会议室大门，并在门口立岗、微笑送客。

（2）会议结束时，应立即送还来宾会前脱下的衣帽，注意不可出错，如发现有来宾遗忘的衣帽或其他物品，应立即与来宾联系或交主管处理。

4.会场服务的注意事项

（1）不能因为站立时间过长而倚靠会场墙壁或柱子。

（2）服务过程中，语气要柔，动作要轻，应避免干扰讨论问题或发言的与会人员。

（3）会前不得随意翻阅会议文件或打听会议内容，对于所听到的会议内容，应注意保密。

## 六、会议结束后的清理及评估

### （一）有序离开并清理会场

（1）有序引导。会议结束要引导参会人员安全有序离场。

（2）检查会场。参会人员全部离开会场后，要检查会场有无遗忘的物品。如发现要及时与会务负责人联系，尽快转交失主。

（3）清理会场。做好会场清理工作。要及时拆卸、撤走、清扫会场内外临时性布置，保持地面整洁；还清借用、租用设备、会议用品、用具等，确保设备设施、桌椅无损归位；会议文件、资料及时回收整理，做到保密、安全、妥善保管。最后关闭电源、关好门窗，再巡视一遍，确认无误后撤出关门。

**（二）收集善后总结评估**

（1）做好会务会费结算工作。做到账款两清、准确无误，并妥善保管相关合同、账目收据，防止混乱丢失。

（2）会议文件收集整理归档总结的工作。

（3）做好撰写会议纪要的工作。

（4）会议评估及决策落实跟踪到位。

# 第四节　仪式礼仪

仪式是指在人际交往中，特别是在一些比较重大、比较庄严、比较隆重、比较热烈的正式场合里，为了激发起出席者的某种情感，或者为了引起其重视，而郑重其事地参照合乎规范与管理的程序，按部就班地举行某种活动的具体形式。

## 一、仪式的概述

### （一）仪式的作用

#### 1. 宣传作用

仪式带有一定的宣传性，如同广告。在古代，皇帝登基等要搞一个登基大典，登基大典的功能就是宣告一代新皇的统治开始形成，告诉天下人要服从新皇的统治。现代的仪式也是一种宣传，意在让所有参加仪式的人以口传口，把仪式的意义传达给更多的人，让更多的人知道某件事情的发生及其意义。

#### 2. 排他作用

仪式的受众是有选择的。比如企业的开业庆典，一般会邀请到政府官员、销售商、原料供应商、银行家、学者，这些人的共同特点就是共同掌握着某种资源，庆典的间接作用之一就在于间接地告诉那些潜在的竞争者：本企业资源集中，需要考虑是否要在同一领域竞争；而升旗仪式的受众则是有着共同目标或归属的人，非本国人则一般不会参与他国升旗仪式。其他的各种仪式也或多或少有着一定的排他性意义。

### 3.凝聚成员意志

仪式有大有小，根据实力及影响而不同，要凝聚起所有参与这一群体的人的意志、思想、精力等去为着某项事业而努力。仪式的这一标志性意义，就是群体的凝聚性。

### （二）仪式的意义

#### 1.仪式代表着一种传统

仪式的这种传统性其实就是它的历史性。

#### 2.仪式代表着一种文化

仪式是人类文明的缩影。

#### 3.仪式代表着一种神圣感

各种事物仪式的神圣感，保证了这些事物在人类心中的重要性。

## 二、签约仪式礼仪

签约仪式是为表示郑重和隆重而举行的仪式。签约仪式是仪式礼仪的重要内容。对于一个单位来说，为签约而专门举办一个仪式，体现了签约对本单位的重大意义。对这样事关各方利益的"里程碑"式事件，各方都应当严格按照签字仪式礼仪要求，表现出己方严谨、专业的态度。

### （一）签约仪式的准备

签约仪式由双方正式代表在有关协议或合同上签署产生法律效力的签字，体现双方诚意和共祝合作成功的庄严而隆重的仪式。因此，主办方要做好充分的准备工作。

#### 1.确定参加仪式的人员

根据签约文件的性质和内容，安排参加签约仪式的人员。参加签约仪式的人员的安排，原则上是强调对等。签约双方的人员职务和数量应大体相当。一般来说，双方参加洽谈的人员均应在场。客方应提前与主办方协商自己出席签约仪式的人员，以便主办方做相应的安排。具体签字人，在地位和级别上应要求对等。

#### 2.作好协议文本的准备

签约之"约"事关重大，一旦签订即具有法律效力。所以，待签的文本应由双方与相关部门指定专人，分工合作完成好文本的定稿、翻译、校对、印刷、装订等工作。除了核对谈判内容与文本的一致性以外，还要核对各种批件、附件、证明等是否完整准确、真实有效，以及译本副本是否与样本正本相符。如有争议或处理不当，应在签约仪式前，通过再次谈判以达到双方谅解和满意方可确定。作为主办方，应为文本的准备过程提供周到的服务和方便的条件。

#### 3.落实签约仪式的场所

落实举行仪式的场所，应视参加签约仪式人员的身份和级别、参加仪式人员的多少和所签文件的重要程度等诸多因素来确定。著名宾馆、饭店，政府会议室、会客厅都可以选择。既可以大张旗鼓地宣传，邀请媒体参加，也可以选择僻静场所进行。无论怎样选择，都应是双方协商的结果。任何一方自行决定后再通知另一方，都属失礼的行为。

4.签约仪式现场的布置

签约仪式会场布置包括仪式会场的装饰和签约仪式的座次安排两个方面。

（1）签约仪式会场的装饰

①现场布置的总原则是庄重、整洁、清静。

②在签约现场的厅（室）内，设一加长型条桌，桌面上覆盖着深冷色台布（应考虑双方的颜色禁忌），桌后只放两张椅子，供双方签约人签字时用。

③桌上放好双方待签的文本，上端分别置有签字用具（签字笔、吸墨器等）。如果是涉外签约，在签字桌的中间应摆一国旗架，分别挂上双方国旗，注意不要放错方向。如果是国内地区、单位之间的签约，也可在签字桌的两端摆上写有地区、单位名称的席位牌。

④签字桌后应有一定空间供参加仪式的双方人员站立，背墙上方可挂上"××（项目）签字仪式"字样的条幅。

⑤签字桌的前方应开阔、敞亮，如请媒体记者应留有空间，配好灯光。

（2）签约仪式的座次安排

主方在安排签约双方的座次时，应该按照商务礼仪和涉外礼仪的原则，以右为尊，即将客方主签人安排在签字桌的右侧就座，主方主签人在左侧就座，各自的助签人在其外助签，其余参加人在各自主签人的身后列队站立。站立时，各方人员按职位高低由中间向边上依次排序，如图10-13所示。

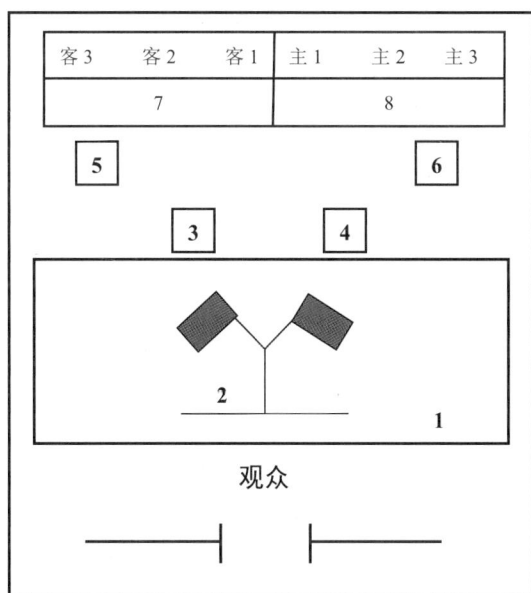

图10-13 签约仪式的座次安排

## （二）签约仪式的程序

第一步，礼节性会见。主方参加签约仪式的人员需要在迎客室迎候合作方，安排礼节性会见。

第二步，宣布仪式开始并介绍嘉宾。

第三步，双方领导致辞。因为双方领导都要致辞，所以就存在先后顺序，此时应该是主方领导先致辞，因为在发言时往往尊者在后面，客方为尊，所以后发言。

第四步，签署合同。此时应该先签己方的文本，再签客方的文本。

第五步，饮香槟祝贺。当合同签署完成后，工作人员将香槟送上，走向身份最高的领导，随后双方人员按身份从高到低，客方优先的规则，每人取走一杯，互相寒暄、祝贺、碰杯、饮酒。

第六步，宣布仪式结束，发布新闻。宣布仪式结束后，双方人员退场，退场时应请双方最高领导和客方先退场，然后主办方再退场。

## （三）助签人员的协助

参加过签约仪式的人士都清楚签约仪式的第四步——签署合同，是细节比较多的一个环节，而这个环节中的每一个细节都涉及助签人，所以在这里来分析助签人员的协助。

### 1. 递笔、示意签字的位置

当主持人宣布签约仪式现在开始的时候，两位助签人员首先要上前一步，向主签人递笔并用手指明签字的位置，随后回到原位。双方主签人在己方的文本上签字。

### 2. 协助交换文本

当签字完成后，助签人再次走向前，双手拿起文本，退到原位，向内转身，走向另一位助签人，交换文本后转身回到签字人处，并将文本放于桌面，注意交换文本时是右手递左手接。双方主签人在交换后的文本上再次签字。

签约仪式的
座次安排

### 3. 接过主签人完成的文本

二次签字结束后，两位主签人起身交换文本、握手。交换文本时，要右手递，左手接。随后，助签人接过文本。

# 三、剪彩仪式礼仪

**礼仪小故事**

### 剪彩仪式的由来

据说 1912 年美国圣安东尼奥的华狄密镇上，有一家大百货公司将要开张。老板威尔斯为了讨个利市，严格地按照当地的风俗办事，一大清早就把店门打开，并在门前横系着一条布带。万事俱备，只等正式开始的时刻了。但万万没有想到，在离正式开张前不久，老板的 10

岁小女儿牵着一条哈巴狗，从店里匆匆地跑出店外，无意中碰断了横在门前的布带。这时在门外久候的顾客及过路行人，以为该公司正式开始营业了，于是乎蜂拥而入，并且争先恐后地购买货物，真是生意兴隆，大开利市。不久以后，当威尔斯的第二分公司又要开张时，他忽然想起第一次开张时的盛况。为了发财致富，老板又如法炮制一番，效果自然不错。后来，人们效仿此法，又用彩带取代了色彩单调的布带，并用剪刀剪断彩带，有的甚至用金制剪刀。这样一来，人们就正式给它起了个"剪彩"的名称。

这一形式后来风靡了全世界。如何剪彩不仅是买卖开张时要举行的仪式，而且连工程开工、落成等许多事情也都要剪彩。

剪彩仪式是指商界的有关单位，为了庆祝公司的成立、公司的周年庆典、企业的开工、宾馆的落成、商店的开张、银行的开业、大型建筑物的启用、道路或航道的开通、展销会或展览会的开幕等而举行的一项隆重性的礼仪性程序。

**（一）剪裁仪式的物品准备**

1.红色绸带

红色缎带是剪彩仪式中的主角，也就是"彩"，应当是由一整匹未曾使用过的红色绸缎，中间结成数朵花朵而成，也有的稍微简单些，直接以长度为2米左右的细窄的红色缎带或者以红布条、红线绳、红纸条作为"彩"。一般来说，红色缎带上所结的花团不仅要生动、硕大、醒目，而且其具体数目往往还同现场剪彩者的人数直接相关。基本情况有两种：一是花团的数目较现场剪彩者的人数多上一个；二是花团的数目较现场剪彩者的人数少一个。前者可使每位剪彩者总是处于两朵花团之间，显得比较正式；后者则不同常规，亦有新意。

2.新的剪刀

新剪刀即专供剪彩者在剪彩仪式上正式剪彩时所用的剪刀，必须崭新、锋利而且顺手，每位现场剪彩人员人手一把。在正式剪彩开始之前，应该对剪刀进行认真的检查。剪彩结束后，主办方可将每位剪彩者所使的剪刀经过包装之后，送给对方以示纪念。

3.白纱手套

白色薄纱手套即专门为剪彩者准备的手套。最好每位剪彩者都配上一副白色薄纱手套，以示郑重。有时，也可不准备白色薄纱手套。

4.托盘

托盘即剪彩仪式上助剪彩者用来盛放红色缎带、剪刀及白色手套的托盘。最好是崭新的、洁净的，通常首选银色的不锈钢制品，可以在使用时铺上红色绒布或绸布。

就其数量而论，剪彩时，可以用一只托盘盛放剪彩用品，并依次向各位剪彩者提供剪刀与手套，并盛放所有红色缎带；也可以为每一位剪彩者配备一只盛放剪刀和手套的托盘，而红色缎带则专由一只托盘盛放。通常采用后一种方法，显得更加正式一些。

5.红色地毯

红色地毯主要铺设在剪彩者正式剪彩时的站立之处。其长度可视剪彩人数的多寡而定，其宽度则不应在 1 米以下。在剪彩现场铺设红色地毯，主要是为了营造一种喜庆的气氛，提升剪彩仪式的档次。有时，也可不予铺设。

**（二）剪彩仪式的人员准备**

剪彩的人员主要是由剪彩者与助剪者等两个主要部分的人员所构成的。

1.剪彩者

剪彩者，即在剪彩仪式上持剪刀剪彩之人。根据惯例，剪彩者可以是一个人，也可以是几个人，但是一般不应多于 5 人。通常，剪彩者多由上级领导、合作伙伴、社会名流、员工代表或客户代表担任。

确定剪彩者名单，必须是在剪彩仪式正式举行之前。名单一经确定，即应尽早告知对方，使其有所准备。在一般情况下，确定剪彩者时，必须尊重对方个人意见，切勿勉强对方。需要由数人同时担任剪彩者时，应分别告知每位剪彩者届时他将与何人同担此任。这样做，是对剪彩者的一种尊重。千万不要"临阵磨枪"，在剪彩开始前方才强拉硬拽，临时找人凑数。

必要之时，可在剪彩仪式举行前，将剪彩者集中在一起，告知对方有关的注意事项，并稍事训练。按照常规，剪彩者应着套装、套裙或制服，将头发梳理整齐。不允许戴帽子或戴墨镜，也不允许其穿着便装。

若剪彩者仅为一人，则其剪彩时居中而立即可；若剪彩者不止一人时，则其同时上场剪彩时位次的尊卑就必须予以重视。一般的规矩是：中间高于两侧，右侧高于左侧，距离中间站立者愈远位次便愈低，即主剪者应居于中央的位置。需要说明的是，之所以规定剪彩者的位次"右侧高于左侧"，主要是因为这是一项国际惯例，剪彩仪式理当遵守。其实，若剪彩仪式并无外宾参加时，执行我国"左侧高于右侧"的传统做法，亦无不可。

2.助剪者

助剪者，指的是剪彩者剪彩的一系列过程中从旁为其提供帮助的人员。一般而言，助剪者多由东道主一方的女职员担任。现在，人们通常称她们为礼仪小姐。

具体而言，在剪彩仪式上服务的礼仪小姐，又可以分为迎宾者、引导者、服务者、拉彩者、捧花者、托盘者。迎宾者的任务，是在活动现场负责迎来送往。引导者的任务，是在进行剪彩时负责带领剪彩者登台或退场。服务者的任务，是为来宾尤其是剪彩者提供饮料，安排休息之处。拉彩者的任务，是在剪彩时展开、拉直红色缎带。捧花者的任务则是在剪彩时手托花团。托盘者的任务，则是为剪彩者提供剪刀、手套等剪彩用品。

在一般情况下，迎宾者与服务者应不止一人。引导者既可以是一个人，也可以为每位剪彩者各配一名。拉彩者通常应为两人。捧花者的人数则需要视花团的具体数目而定，一般应为一花一人。托盘者可以为一人，亦可以为每位剪彩者各配一人。有时，礼仪小姐亦可身兼数职。

礼仪小姐的基本条件是，相貌较好、身材颀长、年轻健康、气质高雅、音色甜美、反应敏捷、机智灵活、善于交际。

礼仪小姐的最佳装束应为：化淡妆、盘起头发，穿款式、面料、色彩统一的单色旗袍，配肉色连裤丝袜、黑色高跟皮鞋。除戒指、耳环或耳钉外，不佩戴其他任何首饰。有时，礼仪小姐身穿深色或单色的套裙亦可。但是，她们的穿着打扮必须尽可能地整齐划一。必要时，可向外单位临时聘请礼仪小姐。

**（三）剪彩嘉宾与拉彩人员的位置关系**

在剪彩仪式中有两个重要的细节，分别是嘉宾和拉彩人员的上场位置、嘉宾和拉彩人员在台上的位置关系。

1.上场的位置

上场位置是指嘉宾和拉彩人员应该从主席台的哪一侧登台。在这里的规则是：剪彩嘉宾由面向观众的右侧台口上场，拉彩人员面向观众的左侧台口上场，如图 10-14 所示。

图 10-14　嘉宾和拉彩人员的上场位置

2.嘉宾和拉彩人员在台上的位置关系

当剪彩嘉宾与拉彩人员在主席台上时，他们的位置关系的规则是：居中为尊，交叉站立，如图 10-15 所示。

图 10-15　嘉宾和拉彩人员在台上的位置关系

**（四）剪彩仪式的程序**

剪彩仪式的程序如图 10-16 所示。

```
┌─────────────────┐      ┌─────────────┐      ┌─────────────┐
│  宣布仪式开始    │      │  介绍来宾   │      │ 上级领导讲话 │
│  举行升旗仪式    │ ───▶ │  介绍领导   │ ───▶ │ 协作单位讲话 │───┐
└─────────────────┘      └─────────────┘      │  嘉宾讲话   │   │
                                               └─────────────┘   │
┌─────────────────┐      ┌─────────────┐      ┌─────────────┐   │
│ 宣布剪彩仪式结束 │      │  完成剪彩   │      │ 介绍剪彩嘉宾 │   │
│     退场         │ ◀─── │ 施放礼花礼炮 │ ◀─── │ 宣布剪彩开始 │◀──┘
│ 安排参观等活动   │      └─────────────┘      └─────────────┘
└─────────────────┘
```

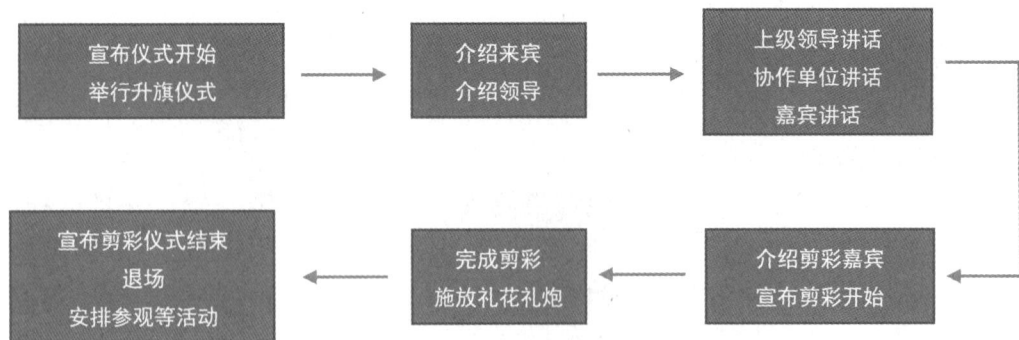

图 10-16　剪彩仪式的程序

相关细节如下。

（1）在剪彩仪式上，通常只为剪彩者、来宾和本单位的负责人安排座席。在剪彩仪式开始时，应敬请大家在已排好顺序的座位上就座。在一般情况下，剪彩者应就座于前排。若其不止一人时，则应使之按剪彩时的具体顺序就座。

（2）在主持人宣布仪式开始后，乐队应演奏音乐，现场可施放礼花礼炮，全体到场者应热烈鼓掌。

（3）发言者发言时内容应言简意赅，每人不超过 3 分钟。

（4）当剪彩嘉宾上场时，拉彩人员需要协助嘉宾完成剪彩，比如示意嘉宾剪刀的位置，带好手套等。

（5）剪彩之后，主人应陪同来宾参观被剪彩之物。随后东道主单位可向来宾赠送纪念性礼品，并以自助餐款待全体来宾。

## 四、新闻发布会礼仪

**礼仪小故事**

　　在美国，公司、政府等机构每年都要召开很多新闻发布会，但这对记者而言却是一件令人心烦、疲倦的事。原因之一是，召开新闻发布会的公司缺乏必要的媒介技巧培训，导致电视镜头里的公司总裁、总经理或其他发言人缺乏自信、表现极不自然。因而，为了更好地在目标公众心目中制造一个良好的"虚拟世界"，改变或形成公众对公司某一方面的看法，很有必要重视新闻发布会的礼仪。

　　新闻发布会，亦称记者招待会，是指政府或某个社会组织定期、不定期或临时举办的信息和新闻发布活动，直接向新闻界发布政府政策或组织信息，解释政府或组织的重大政策和事件。开好新闻发布会是塑造良好社会形象的重要活动，可以有效地提高组织或企业的知名度和美誉度。

### （一）新闻发布会的特点

第一，以新闻发布会发布消息，其形式比较正规、隆重，而且规格高，容易引起社会的广泛关注。

第二，在新闻发布会上，记者可根据自己感兴趣的方面及所侧重的角度进行提问，能更好地发掘信息。因此，这种形式下的信息沟通无论在深度还是广度上，都比其他形式更胜一筹。

第三，新闻发布会往往要占用记者和组织者较多的时间，必要时还要组织记者实地采访、参观或安排一些沟通活动，如酒会、招待会、进餐等，因此会有更多的经费支出，成本较高。

第四，新闻发布会对于组织的发言人和会议的主持人要求较高，要求他们十分机敏、善于应对、反应迅速、幽默从容等。

### （二）新闻发布会的准备工作

组织在举行新闻发布会之前，必须做好充分的准备工作。

#### 1.把握时机

一般应选择组织有重大活动开展或重大事件发生的时候举行新闻发布会。只有在必要和可能的情况下召开新闻发布会，才会收到良好的效果。也就是说，新闻发布会是一项郑重的公关活动。一般来说，组织举行新闻发布会的原因有以下几个方面：出现了紧急情况，严重灾害，新政策出台，新技术开发和新产品投产，影响社会新措施，企业的开张、关闭、兼并、庆典等。但应注意，新闻发布会不要与重大节日或其他重大社会活动冲突。

#### 2.确定新闻发布会的主题

新闻发布会的组织者一定要明确主题，以便确定邀请新闻记者的范围，做到有的放矢。如果主题不明，新闻记者就不可能按照组织者预定的目的传播信息，甚至会弄巧成拙，损害组织在公众中的形象。

#### 3.确定新闻发布会的时间

新闻发布会应该尽量不选择在上午较早或晚上，应该尽可能安排在周一、二、三的下午为宜，会议时间保证在1小时左右，这样可以相对保证发布会的现场效果和会后见报效果。

部分主办者出于礼貌的考虑，有的希望可以与记者在发布会后共进午餐或晚餐，这并不可取。如果不是历时较长的邀请记者进行体验式的新闻发布会，一般不需要做类似的安排。有一些以晚宴酒会形式举行的重大事件发布，也会邀请记者出席，但应把新闻发布的内容安排在最初的阶段，至少保证记者的采访工作可以比较早的结束，确保媒体次日发稿。

在时间选择上需要注意以下禁忌：要避开节日和假日，要避开重大的政治和社会事件，要避开其他单位的新闻发布会，要避开与新闻界的宣传报道重点撞车或相左。

4.确定新闻发布会的地点

新闻发布会的地点可以选择户外（事件发生的现场，便于摄影记者拍照），也可以选择在室内。根据发布会规模的大小，室内发布会可以直接安排在企业的办公场所或者选择酒店。酒店有不同的星级，从企业形象的角度来说，重要的发布会宜选择五星级或四星级酒店；为了体现权威性，可在人民大会堂等权威场所举行（由于审核程序烦琐，企业可委托专业策划公司全程策划筹办）。

5.确定人员

新闻发布会召开之前必须预先确定分工，如公共关系负责人、主持人、发言人、接待人员、指导人员、音响及麦克风调控人员等，其主要任务如下。

（1）公共关系负责人。发布会当天，负责媒体跟进和沟通，确保媒体的出席、接待、发布相关资料。

（2）主持人。主持人一般由主办方的公关部部长、办公室主任或秘书担任。基本条件为：精神焕发、见多识广、反应灵活、语言流畅、幽默风趣，善于把握大局，长于引导提问，并具有丰富的会议主持经验。

（3）发言人。新闻发言人应该在公司身居要职，有权代表公司讲话。他除了应对本次会议主题涉及的问题有较为深刻的专业性把握外，还应对本组织的整体情况，有关的社会环境、方针、政策都很熟悉、了解，他的发言和回答应该具有权威性。同时发言人应能随机把握会场气氛，措辞文雅而有力，风趣而庄重，头脑要机敏，口齿清晰，具有较强的口头表达能力。尤其是当记者提出一些棘手的、尴尬的或涉及组织秘密的问题时，发言人更要头脑冷静，要么随机应变，要么用含糊的方式避而不答，绝对不能认为这是记者在无理取闹而横加指责。

（4）接待人员（签到人员及引导人员）。负责参会人的签到，签到时，建议留下参会人名片，媒体签到尤其要注意核对名片，签到完成后，将参会文件包分发给参会人（也可以提前把参会文件包放在座位上），然后引导人员负责将参会人引入场内，按次序就座。

（5）指导人员。负责引导媒体入场，并提前告知媒体拍摄注意事项，比如，演讲者的位置或移动、场地中的灯光布局及其他拍摄镜头调整所需的信息。

（6）音响及麦克风调控人员。负责随时关注演讲人、主持人麦克风的状态，并准备1个以上备用麦克风。在问答环节中，负责将无线麦克风带给会场提问的人员。如果会场很大，则需要两人以上在会场左右两边待命。

另外，为了主宾方便，主办单位所有正式出席新闻发布会的人员，均须在会上正式佩戴事先统一制作的姓名胸卡。其内容包括姓名、单位、部门与职务等。

6.准备好新闻发布会所需的材料

（1）媒体工具包。包括公司简介、提前撰写好的新闻通稿、发布会议程等，需提前打印好放入文件夹，还可包括产品或纪念品，发布会后可将可公开的演讲材料、视频和照片等上传网上，将链接地址发送给记者。

（2）产品样品。可以在礼品包中将样品作为纪念品，与其他物料放在一起。如果样品无法分发，可以通过图片、透视图等方式描述。

（3）背景板/背景墙。带有公司标志（logo）及发布会主题的背景墙是发布会活动必须要准备的，包括签到背景板及演讲背景板。背景板上的内容将出现在新闻发布会的人员后面。价格因尺寸和组装容易程度而异。

（4）还可以设计一些带有公司logo元素的手持相框、条幅、面板、创意脸谱、搞笑装饰等，在新闻发布会上给参会者用于拍摄纪念照片，上面带有宣传内容，例如，"××将在××发布"，以吸引更多的人拍照，增加品牌及产品的曝光度。

7. 邀请媒体

新闻发布会最重要的一点是确保邀请媒体的数量。因此，公关人员需要在新闻发布会召开之前的2~3周内，采取以下方式与媒体接触。

（1）确定邀请的媒体

媒体邀请的基本规则为：宣布某一消息时，尤其是为了扩大影响，提高本单位的知名度时，邀请的媒体通常多多益善；说明某一活动或解释某一事件时，特别是本单位处于守势时，邀请媒体的面不宜过于宽泛，应优先选择影响巨大、主持正义、报道公正、口碑良好的媒体到场。

（2）联系媒体

邀请的时间一般以提前3~5天为宜，发布会前一天可做适当的提醒。联系比较多的媒体记者可以采取直接电话邀请的方式。相对不是很熟悉的媒体或发布内容比较严肃、庄重时，可以采取书面邀请函的方式。如果媒体离公司不远，就亲自送去。注意不要送得太早，以至于邀请信埋没于文件堆里，但也应给对方留出反应的时间。可以及时电话询问信件是否如期送达、对方是否参会等。

当然，媒体邀约的工作，也可以由外部供应商来协助完成，可以节约时间和精力。同时专业的机构媒体资源更加丰富、媒体沟通更有经验，可以确保新闻发布会的目标达成。

（3）邀请有影响力的人

在新闻发布会前，很多情况下不仅要邀请媒体记者，还要邀请社交媒体有较大影响力者及优秀的自媒体。在选择社交媒体和自媒体时，必须选择与公司产品相匹配并在特定领域中有传播能力的影响者。

**礼仪小故事**

**媒体邀请函**

一封专业的媒体邀请函可以体现发布会的专业层次，并且可以提高媒体邀约效率，避免反复重复沟通确认发布会细节。在发布标题中，请注明发布会主题，并在引言中描述新闻发布会的背景；接下来，介绍活动的时间，地点（地图），出席者，演示的内容，媒体联系人（姓名、电话、邮箱等）。图10-17为新闻发布会的邀请函及回执参考。

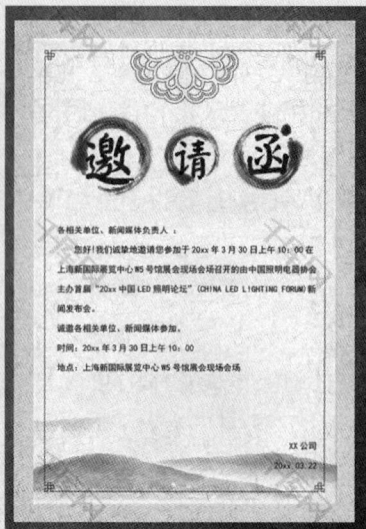

**邀请函回执**

参会单位：_____ 参会人数：_____

| 单位 | 姓名 | 性别 | 职务 | 联系方式 |
|------|------|------|------|----------|
|      |      |      |      |          |
|      |      |      |      |          |
|      |      |      |      |          |
|      |      |      |      |          |

★是否需要安排住宿：住宿（ ）人，不住宿（ ）人

联系我们：

会议主要负责人：张××，联系方式：138×××0903

图 10-17 媒体邀请函及回执参考

8.布置会场

（1）设备的布置。布置好灯光设备、音响及麦克风设备、放映设备、投影设备、电源设备，并进行布景。

（2）背景的布置。主题背景板内容含主题、会议日期等，有的会写上召开城市，颜色、字体注意美观大方，颜色可以企业 VI（visual identity，视觉识别系统）为基准。

（3）酒店外围布置。如对酒店外横幅、竖幅、飘空气球、拱形门等的布置。

（4）座次安排应主次分明，特别是有贵宾到场的情况下。会场内的桌椅设置要方便记者的提问和记录。注意席位的预留，一般在后面会准备一些无桌子的座席。

（5）会场要有记者或贵宾签到处，最好在入口处或入口通道处。

（6）在记者席上准备相关资料，使其深入了解所发消息的全部内容。

9.进行新闻发布会的彩排

一般情况在新闻发布会召开以前应该进行一到两次系统化培训。这样，你可以预见到发言人是否称职、哪些方面还欠缺。具体训练方法如下。

（1）聚集那些平时敢于直言的人，让他们坐在记者席，给他们两类问题——一类是肯定会被问到的，还有一类是你不希望被问到的。让"记者"提问。如必要，重复2~3次。

（2）让通晓技术或工艺流程的人员参加，以检查发言人所说是否准确；如涉及法律，那么公司法律顾问也应在彩排时参加。

（3）反复播放"彩排"录像，让新闻发言人看看自己的表情、体悟效果，然后提出意见。

（4）请专业人士进行培训。

同时，新闻会发布开始前，要再次检查各项准备情况，做好应对各种突发事件（如停电、恶劣天气等）的应对准备工作。

### （三）新闻发布会的程序

新闻发布会的程序如下。

（1）嘉宾签到。

（2）主持人宣布新闻发布会开始。

（3）主持人介绍发布会主题，政府官员、主要发言人、到场嘉宾等。

（4）发言人发布新闻，介绍详细情况。

（6）宣布提问开始，指定提问记者。

（7）记者提问，发言人回答问题。

（8）主持人宣布会议结束。

（9）根据情况安排宴请参观等活动。

在进行新闻发布会时，需要注意主席台的座次排列，其规则是：以面对观众为基准，主持人在最右侧，第一发言人居中，第二发言人在其右侧，如图10-18所示。

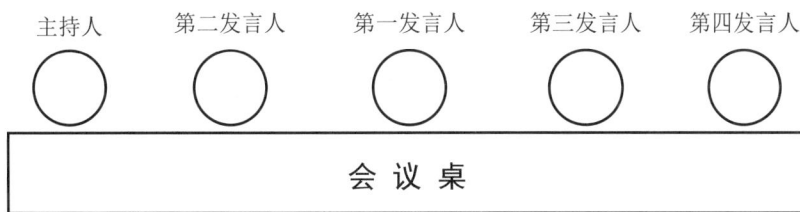

图10-18　新闻发布会主席台位次安排

## 五、升旗仪式礼仪

升旗仪式一般是指升国旗仪式活动，是进行爱国主义教育和集体主义教育的重要方式。在升国旗时应注意，无论手头上有什么事情，都要对国旗行注目礼，少先队员行队礼，军人行军礼。

### （一）国旗及升旗的意义

首先，国旗是先烈的鲜血换来的，要时刻铭记在心。

其次，国旗是国家最鲜明的标志，显示着民族的个性和尊严。

再次，国旗象征着祖国的利益高于一切，培养着国人的爱国主义情操。

最后，国旗是代表人民意志的民族之旗、是团结、胜利、希望之旗。

### （二）公司、企业升旗仪式的准备工作

1.物品准备

准备好国旗，要检查国旗是否完好；准备音乐，要进行音乐播放检测；准备话筒，要对话筒进行调试，并准备好备用话筒。

2.心理准备

参加升旗仪式的每一位人员都要庄重肃穆。

3.人员准备

要确定好升旗手和护旗手、主持人；升旗前一天要通知相关参加人员。

4.形象准备

准备参加升旗仪式的人员服装要尽可能统一，或者穿着工作装，不可穿太随便的服饰。

### （三）公司、企业升旗仪式的程序

1.出旗

旗手2名，护旗手4名。由1名旗手擎旗，带头正步行至旗杆下，将旗帜挂至旗绳的挂钩上。擎旗动作要领：要上体正直，头要正，两肩放平；右手把旗杆抓紧在食指和中指间，右手小臂自然伸直，把国旗扛于右肩；右手抓握在国旗捆接处，旗杆与身体成45°，行进时旗杆不得左右、上下晃动。

2.升国旗、奏国歌

当听到国歌响起时，护旗手手动升旗，当国旗升至适当高度时，旗手抓住旗角向斜上方将国旗展开，手臂略停后，迅速恢复成立正姿势。擎旗手要做到擎旗、撒旗、收旗动作优美，护旗手需要做到扶旗动作匀称有力度，精神饱满。国歌演奏一遍标准时间为46~47秒，在这恒定的时间内，要确保国旗匀速与国歌同步升起。升旗时所有参加人员都要对国旗行注目礼（少先队员行队礼、军人行军礼），此时参加升旗的人员要以标准站姿站立，双脚呈V字形，或双脚并拢，双手放于体侧。

3.升团队旗帜

有的公司在升完国旗以后还会升团队旗帜。

4.国旗下讲话。

5.升旗仪式结束

升旗后，由公司或企业代表在国旗下发言或讲话。仪式结束后，参加人员应按顺序依次退场，听从现场工作人员的指挥，不得擅自解散队形。

### （四）参加升旗仪式的礼仪

**1. 升旗时所有在场人员都要肃立、端正**

当主持人宣布奏国歌、升国旗仪式开始后，场内全体人员都要起立，要面向国旗肃立致敬，军人要行军礼，少先队员行队礼，其他人员要行注目礼。场外观众、主席台上的贵宾、场内的工作人员，除了身穿制服外，一律应当脱帽，并摘下太阳镜。国歌奏响时，走动或经过现场的人员都应停步，面对国旗，自觉肃立，待升国旗完毕后，方可走动。

**2. 面向国旗行注目礼时神态要庄严**

升旗仪式是一个非常严肃的、隆重的仪式，在场人员要行注目礼，仰视国旗冉冉升起。行注目礼时一定要注意自己的眼神，眼睛要始终望着国旗，目光随着国旗冉冉升起。这个时候每个人心中都充满了自豪感和使命感。这个过程要持续到升旗仪式完毕。

**3. 升旗仪式时要保持安静**

升旗仪式进行过程中，所有的人都应在原地肃立不动。场内不应有人来回走动，也不能东张西望，交头接耳，嬉闹谈笑，接打电话和吃东西等，这些都是对国旗的一种极大的不恭敬。

**4. 升国旗时应注意仪态**

国旗象征着一个国家的尊严。一个人对国旗的尊重，不但要体现在内心深处，还应体现在仪态仪容上。升旗时的仪态是：身体直立，挺胸昂首，双手下垂靠拢身体两侧，保持立正姿势，眼睛始终随国旗移动。

## 课堂讨论 /

1. 面试的种类有哪些？
2. 要想取得一场面试的成功，我们应该做哪些准备？
3. 谈谈你对办公室礼仪的看法。
4. 撰写一份公司年会的策划方案。
5. 说说签约仪式助签人的工作有哪些？
6. 简要回答剪彩仪式的程序是怎样的？
7. 新闻发布会要做哪些准备工作？
8. 开业典礼的程序是怎样进行的？

## 课后练习 /

1. 分组模拟两个企业的签约仪式。
2. 李芳参加长风汽车公司的招聘，获得了面试机会，请以4人为一组，分别扮演面试官和面试者来模拟一次面试过程。

## 学习拓展

推荐观赏如下关于职场礼仪的影视剧，了解职场中我们应该要注意的礼仪规范。

1.《丑女无敌》，了解职场中个人形象的重要性。

2.《杜拉拉升职记》，了解职场交往礼仪的规范及重要性。

3.《穿普拉达女王》，了解职场个人形象、电话礼仪、交往礼仪等的规范。

第十一章

CHAPTER 11

网络礼仪

在互联网高速发展的今天，网络商务不断改变着人们的生活方式与传统的经营模式。网络沟通因没有地域限制、不受自然因素影响、沟通成本低等优点深受商务人士的喜爱。但网络商务逐渐流行同时，网络沟通中出现的问题也日益凸显，因此，遵守网络礼仪就显得尤为重要了。

> **学习目标**

1. 了解网络商务及沟通的基本礼仪。
2. 掌握短信、邮件、微信、微博使用礼仪。

# 第一节　网络礼仪概述

网络礼仪的词汇来源 netiquette，是 network（网络）上与 etiquette（礼节）的结合。在因特网上，随时间渐渐发展出的条文式的在线行为规范，便被称为"网络礼仪"，表示尊重对方，展现自己使用网络的负责态度，以及避免带给对方使用网络的不便及无意间产生的误解。随着网络在我们生活中的作用越来越重要，与此相对应的网络礼仪，其重要性也应该被人们所认识到。忽视网络礼仪的后果，可能会对他人造成骚扰，甚或引发网上骂战或抵制等事件，虽然不会像真实世界动武般造成损伤，但对当事人也不会是一种愉快的经验。

## 一、网络礼仪的特点

### （一）普遍公认性

我们知道，由于人类各民族地域和传统的差异，目前存在的交往礼仪也是千姿百态，同样的行为会有不同的"表达式"和"礼仪"，对同样的行为也有不同的道德价值判断标准，如有的民族见面拥抱是礼仪，有的民族则认为这有失庄重甚至属于"非礼"；有的民族点头表示同意摇头表示拒绝，有的则相反。而网络礼仪则要求某种一致的"格式"，只要是"在线"居民，大家都必须认同一致的行为方式，不仅仅是一般意义上的"可以理解"，而且要求共同遵守。在网络上你就不能像今天这样，在中国的道路上驾车靠右行驶，而在某国的土地上却须靠左行驶，信息网络把各个区域连成一片，除了每个路段也许还保留自己的规则外（当然，随着真正意义上的信息高速公路的出现，这些"土"规矩将受到严重挑战），在绝大多数情况下，要求有同一的"交通"规则，制定一致的交通信号牌，网络礼仪就是这样一些"通行"的标准和方式。

### （二）技术可行性

网络社会，信息是靠电子通道传输的，因此礼仪的表达受到"线路"的制约，当多媒体传输技术没有普遍实行时，你的礼仪表达式只能是符号式的，我们日常表示礼仪的方式，握手、敬礼、干杯等不可能通过网络"现实化"，只能是符号"象征化"。网络礼仪是符号礼仪，是技术的"需要"又是技术的"必然"。

### （三）可理解性

网络专家一再告诫我们，网络交往与日常交往不同，我们日常交往的对象是可见、可知、可感的活生生的个体，他们往往就是与你在同一文化氛围中成长起来的，与你有同样的生活习惯和道德礼仪。如果你把你习以为常的东西带入网络，可能情况就会大不相同。与你"谈情说爱"的很可能是一个与你性别相同的爱捉弄别人的玩家，你收到的"即时"回信的作者很可能在地球的另一个角落。总之，在很多方面，我们与"人"打交道的感觉似乎要完全变化，例如，在以"netiquette"为名字的新闻组中的许多文章就常建议人们不要以己之心度"他人"之腹，不要对作者做任何假定。

### （四）虚拟性

互联网本身所具有的虚拟性，使得网络礼仪通过网络这个环境产生，在形式上表现为一定程度的虚拟性，人们在互联网上的礼仪要求就显示出一定的虚拟形式。

### （五）弱强制性

从礼仪的一般特征看，礼仪都具有一定程度的强制性，它既然是固化、形式化了的行为方式，就"应该"，而且在某些场合"必须"执行。当然，各种礼仪的强制度是不一样的，有些生活礼仪较弱，甚至可能变通；而有的礼仪，如宗教仪式，参加某种组织的加入仪式或庆典祭祀活动，其礼仪就具有较高的"强制性"。

网络礼仪的弱强制性，并非指目前所有的网络礼仪都是不严格的，事实上，某些网络礼仪是相当严格的，如果不遵守就可能遭到严酷的惩罚。弱强制性是指网络行为主体由于网络行为本身的特点，更具有自主性和自由度，技术的局限性和方便性，再加上价值观中对隐私权的尊重，使得行为者在许多情况下即使做了不道德的事也可能不为人知。由于网络是虚拟的沟通环境，很多人并非实名出现，网络言行对真实生活没有直接影响。这就使每一个人极其容易放松自己的道德底线，在不受约束的情况下任意发泄个人情绪，无端攻击他人。体现在网络礼仪上，就表现为"弱强制性"。

## 二、网络礼仪的必要性

随着互联网技术的发展，网民数量也快速增长，网络暴力现象层出不穷。根据《中国互联网信息中心发布的第 49 次中国互联网发展状况统计报告》显示，截至 2021 年底，我国网民规模达 10.32 亿人，较 2020 年增长 4296 万人，互联网普及率达 73.0%。

与此同时，各种网络暴力事件也不断涌现。2022 年 3 月 17 日，国务院新闻办公室就 2022 年"清朗"系列专项行动有关情况举行发布会，指出：网络暴力突破了道德底线，往往伴随着侵权行为和违法犯罪行为，有的通过侮辱诽谤、威胁恐吓等形式，输出语言暴力；有的利用人肉搜索等手段泄露个人隐私、个人信息；有的打着伸张正义的旗号，对他人骚扰嘲讽，实施道德绑架。网络暴力不仅侵害他人的尊严、名誉和隐私，也严重污染了社会风气，要坚决打击。

## 三、网络礼仪的作用

### （一）网络礼仪是网络行为文明程度的标志和尺度

我们注意到，现有的网络礼仪"格式"实际上是人们"应该"做的基本行为准则，网民都认为这些是起码的道德要求，一个人如果连这些都做不到或不会做，很难相信他能够遵循更严格、更高的网络道德标准。就像一个售货员连起码的礼貌语言都不愿用，顾客很难相信他/她的其他商业行为和日常行为会做得更好。人们从面对面直接交往，到电话交往，再到网络交往，人类交往方式的进步和变化也推动人们采用新的、变化的交往礼仪。

### （二）网络礼仪是保障网络社会正常交往和达到相互理解的重要手段

网络礼仪规则和内容的确定，大多数确实只是道德律令般的"应该"，但礼仪又的确不是随随便便就成形的，它是网络交往中人们所能找到的最能使网络社会正常运行的行为方式。正是有了这些礼仪，人们明确了哪些行为是应该的，哪些行为是不应该的。也许网络发展中有些礼仪会像我们日常交往中的一些东西变得过时而被淘汰，如磕头、作揖在今天在很多地方就被看成是不可取的"礼节"，但目前而言，确定下来的礼仪有其存在的理由，它们的基本目的都是为了保障人们网络交往的有序进行。

## 四、网络礼仪的基本规则

### （一）记住别人的存在

互联网给予来自五湖四海人们一个共同的地方聚集，这是高科技的优点，但往往也使得我们面对着电脑屏幕忘了我们是在跟其他人打交道，我们的行为也因此容易变得更粗劣和无礼。因此"网络礼节"第一条就是"记住人的存在"。如果你当面不会说的话在网上也不要说。

### （二）网上网下行为一致

在现实生活中大多数人都是遵法守纪，同样地在网上也应如此。网上的道德和法律与现实生活是相同的，不要以为在网上与自己不实名就可以降低道德标准。

### （三）入乡随俗

同样是网站，不同的论坛有不同的规则。在一个论坛可以做的事情在另一个论坛可能不易做。比方说在聊天室发布传言和在一个新闻论坛散布传言是不同的。要根据不同平台的规则谨慎发言。

### （四）尊重别人的时间和带宽

在提问题以前，先花些时间去搜索和研究。很有可能同样问题以前其他人已经问过多次，现成的答案随手可及。不要以自我为中心，别人为你寻找答案需要消耗时间和资源。

### （五）给自己网上留个好印象

因为网络的匿名性质，别人无法从你的外观来判断，因此你一言一语成为别人对你印象的唯一判断。如果你对某个方面不是很熟悉，可以先查找资料再发言，无的放矢没有任何意义。同样地，发帖以前仔细检查语法和用词，不要故意挑衅和使用脏话。

### （六）分享你的知识

除了回答问题以外，当你提了一个有意思的问题而得到很多回答时，你可以发帖与大家分享。

### （七）平心静气地争论

网络上不同的人背景不同，知识结构不同，争论难以避免，但要以理服人，不要人身攻击。

### （八）尊重他人的隐私

别人与你用电子邮件沟通或私聊（QQ/微信）的记录应该是隐私一部分。如果你认识某个人用笔名上网，在论坛未经同意将他的真名公开也不是一个好的行为。如果不小心看到别人打开电脑上的电子邮件或秘密，也不应该到处传播。

### （九）不要滥用权力

平台管理员或论坛版主比其他用户有更多权力，他们应该珍惜使用这些权力。

### （十）宽容

我们都曾经是新手，都会有犯错误的时候。当看到别人写错字、用错词、问一个低级问题或者写篇没必要的长篇大论时，你不要在意。如果你真的想给他建议，最好用电子邮件私下提议。

# 第二节　网络基本礼仪

## 一、网络招呼礼仪

网络招呼礼仪表明的是你想与谁交谈，该怎样问候和称呼。在日常人际交往中，我们对不同身份和年龄的人有不同的打招呼方式和礼节，如对长辈称呼"您"，对同辈和晚辈可以用"你"。而在网络上，交谈双方的身份常常是不清楚的，你所能知道的很可能是一串没有身份特征的长串字符，这时你就必须考虑到"礼节"，如目前网络礼仪要求大写对方姓名的字母就是表示你对对方的一种尊重，小写则意味着一种不礼貌的行为。

一般而言，如果对方有职务，应按职务尊称对方，如"××主任""××经理""××总"；普通的工作邮件或短信、微信沟通中，用"×哥""×姐"相称也是可以的，这样既不违反职场礼仪，不影响信息传导的效果，也显得更为亲切，有时从某种程度上还能更好地融洽关系，促进工作开展。

此外，对于企业内部一些年长者或资历较深的同志，可以称呼为"××老师"。还有些常见的特殊情形，比如有的转入虚职岗位或专业技术岗位，有的工作发生调整但尚在公示期，这类情况可按其相对应的行政级别职务或拟任职务来称呼，具体需要结合单位内部在称呼上的一些惯例和当时环境来统筹考虑。

当然，在微信、短信中，同事之间沟通也会乐于用"亲""各位亲"等更易拉近距离、亲和关系的称呼，这也未尝不可。

如果是给领导、同事发送正式的邮件或工作联系函，比如传阅公文、报告工作、通知重要事项，这些比较严肃的场合，一般应使用规范的称呼，多为"姓氏+职务（职称）"的方式。若发给两个或多个不同职级的领导，且文件不需要审批（也就是说，是"报告件"，不是"请示件"），则可以邮件形式同时发送（即通常说的"群发"），称呼上可以采用并列称呼的形式（一般为正职领导在前，副职领导在后，多名副职领导按照内部排序依次排列。比如"王总并陈副总"，或者"王总、陈副总、张副总"），可以采取统称的形式（也即模糊称呼，比如"各位领导""各位经理、主任"），若所发邮件内容是需要逐级审批的，则应分别依次发送，按照审批程序，不要采取"群发"或者主送总经理、抄送副总经理的形式，以免程序混乱、多头审批、审批无果。

## 二、网络交流礼仪

网络的一个最大优点就是为人们提供了方便、多样的交流方式，正是如此，也使得网络交流礼仪呈现纷繁复杂的局面。中国人常说"礼尚往来"，也许这在交际范围较窄的"前网络"时代还可以从容应付，但在以网络为媒介的交际中，信息量剧增，互动者众多，就可能来不及应付，要不要给每一个来信者回信就存在着"礼"不"礼"的问题。如果参加了一个新闻组，你既有权利从中获取消息，那么也有义务为它提供信息，作为一个有责任心和负责任的人，你所提供的信息最好是对别人有帮助或是别人也感兴趣的东西。而且，为了保证传输线路的畅通和别人的时间不被浪费，网站对信息的长短可能做出某些规定和要求，这也是一种"礼仪"。如许多网站就规定发信者要写明信件主题等，这就是一种交流格式或礼仪。

### 三、网络言论礼仪

如果说电子邮件是私人领域的往来，那么网民们在各大网站针对各种热点事件发表自己的言论就是完全公开的、发生在公共场合的事情了。现实生活中我们遵守着许多约定，诚然网络是有匿名性的，但网络不能脱离社会而存在，因此它也需要规则。因此网民在网上发表意见时应遵循以下具有普遍性的守则。

#### （一）为自己的言论负责

互联网入网平台几乎没有限制，诸如微博、知乎、豆瓣和微信公众号等也未设置用户限制，用户可随意编辑发送内容。部分自媒体从业者为博人眼球，根据几张图自行编撰新闻故事，提升点击率和曝光率，引导舆论方向。网民在具有煽动性的内容面前失去理性，再加上配图"眼见为实"，极有可能对无辜对象产生愤怒而掀起骂战，对其口诛笔伐甚至影响其现实中的正常生活。在转发、分享、发表任何言论之前，网民应本着对自己所有言论负责的态度，最好先在网上搜索、研究你的言论是不是真相。切忌对网络信息百分之百的信任，很多事情从不同角度来看会有不一样的说法，弄清整个事件的来龙去脉再发表意见也不迟，不去有意或无心误导不知情群众。

#### （二）尊重不同见解

你所看到、知道的不一定是唯一正确的，他人的观点也不是毫无可取之处的。在讨论问题的过程中请尽量保持冷静、客观地对待与自己不同甚至是对立的言论，从对方的立场思考问题，考虑多种可能情况。理性待人，每个人都是平等的，我们不以居高临下的口吻说教或强行让对方认同自己的观点，更不应在意见相左时破口大骂。当见解无法达成一致时，你可以选择无视、举报、退出讨论等方式，也可以选择屏蔽或拉黑对方。没必要在某一问题上非得争出个高下输赢来，赢了得到的不过是瞬时的喜悦和虚无的满足，输了也不代表你的人生遇到重大挫折。不排除有极端分子在输了之后怀恨在心，对你进行人身攻击来泄愤。所以，别为了一时的口舌之快而逞能，当退则退，专注自身能力素质的提升，在现实生活中披荆斩棘。

### 四、网络表达礼仪

表达礼仪可以表明一个人的态度和情感，如在网络上，幽默可以用冒号、连字号和右括号组合起来表示，这个合成符号按顺时针方向旋转 90° 就变成一张笑脸，表明发信者对所表述信息的基本态度，同时可以让收信人决定对待这条信息的方式，他看了这个符号后可以像对待一个幽默故事那样轻松处置，不必当真。这实际上是一种礼仪，一种方式，一种约定成俗的规矩，能够表达对对方的尊重。

# 第三节　短信、邮件、微信、微博使用礼仪

我们在一生中要面对的面试会非常的多，那么，怎样才能在众多的面试者当中脱颖而出？怎样才可以找到心仪的职位和工作呢？我们认为需要以下这些方面的准备。

第一个是要有客观的自我评估和认知，第二是要有一个很好的自我的推介，第三是需要有经验得当的自我介绍和简历，第四是需要有较强的沟通技巧，第五是必须还要有合理的后续跟踪。如果这五大方面你没有做好，那么面试必定就会失败，必定就会陷入"投简历面试—等待面试结果—被拒—再投简历"这样的一个循环中。在本节中，我们将为大家解读面试技巧，希望通过面试技巧的解读帮助大家在面试中取得成功。

## 一、短信使用礼仪

在信息传播高度发达的今天，手机短信功能实现了信息的远距离点对点传播，突破了信息传播的时空限制。用手机短信进行交际具有价格低廉、发送快捷、收信及时、联系隐蔽、打扰较少、信息完整、不易遗漏、便于保存等优点，已经成为职场人士日常工作中信息沟通的一个重要手段。特别是由于秘书人员在工作中会结识到许多人，凡是遇到重大节日、对方生日等，手机短信符合中国人内敛、含蓄的文化特征，成为职场人士向交际对象表达问候和良好祝愿、表示慰问等的重要载体。如果在手机短信交际中不讲礼仪随意发送，往往会适得其反，造成交际障碍。所以职场人士在使用手机短信交际时须注意以下方面。

### （一）称谓署名不能少

我们可能经常会接收到一些既无称谓又无署名的祝福短信，弄得自己莫名其妙。职场人士给别人发送短信时应认识到手机短信也是信函的一种，因此应符合普通书信的基本格式要求，应该先有对收信方的称谓、问候语，然后才写具体内容，最后加上敬语并署上自己的姓名。"敬人者，人恒敬之。"只有结构完整、语气谦恭的短信才能引起收信人的重视和好感，同时显示出对对方的尊重和重视。千万不要认为对方看到手机号就知道发短信者是谁或对方在手机中保存有自己的名字而无须落款，因为不管怎样不署名都是不尊重对方的表现。

### （二）发送回复讲时效

由于手机短信对对方的影响很小，所以发送时间没有太多讲究，主要根据工作和交际需要发送即可，但还是要注意工作短信除非必要，不要在对方休息时间特别是晚上10点以后发送，以免给对方造成不必要的麻烦。另外，也不能频繁地给对方发送短信。因为手机短信的接收成功率很高，如果频繁发送，会有不信任对方之嫌；因为手机短信每

一条有字数限制，所以也不能编辑太长的短信，否则会影响信息接收的完整性。如果收到通知类短信，一定要及时回复，以使对方明确信息你已知晓；如果是祝福或问候类短信，原则上也应及时回复，中国人讲究礼尚往来，这样才能通过短信加深双方的感情。

### （三）短信内容要原创

由于互联网的普及，很多人在用短信问候他人时都喜欢直接从网上下载已制作好的短信进行发送，因为这些短信要么文辞优美、对偶工整，要么语言风趣、耐人寻味，省去了很多自己编制的工夫。如"五一"劳动节时，一位老师收到过这样的短信："人生五个一：一副好身体、一个好家庭、一份好事业、一圈好朋友、一世好心情。祝你一生拥有五一、一生幸福无比！"初看时觉得很温馨，可是一会儿这位老师又收到另外一个朋友的一模一样的短信，马上就在情感上有一种被敷衍的感觉。相反，如果在过生日时，收到儿时伙伴这样一条短信："知道你最喜欢冰心的诗，其中有一句最适合现在的心境：'童年呵，是梦中的真，是真中的梦，是回忆时含泪的微笑'。正值你生日之际，衷心地问你一句：你在他乡还好吗？"当我看到这样真挚的短信时，你会不会眼眶湿润呢？所以职场人士在交际时应使用原创性短信，这样的短信虽然文辞普通笨拙，但往往情感真挚，能够有效地避免和别人短信内容的雷同，会使对方有一种亲切感。

### （四）群发转发少使用

随着通信技术的不断进步，现代手机普遍具备短信群发和转发功能，这确实给工作和交际带来了很大方便，对于同质性信息，减少了信息输入和发送时间。但我们对于不同交际对象的节日问候、工作祝愿等最好少用此功能，因为交际对象彼此之间也有交流，有时难免透露出你发送了同样的问候信息。人们往往希望对方对自己的问候是独特的、唯一的，所谓"特别的爱给特别的你"，如果发现对自己的问候跟对别人的问候一样，心里肯定会不舒服。一位老总讲过这样一件事情：有一年春节，他和公司李总在办公室聊天，李总说收到了很多短信问候，而且还把自己手机收到的短信给他看。结果他看了一会儿脸色都变了。因为他看到公司秘书小陈给李总的短信写的是"你是我在公司里最敬佩的上司"，竟然与小陈给自己的短信内容一样，他顿时有一种被欺骗的感觉。所以，这样的短信问候，沟通效果就可想而知了。有些职场人士在使用转发功能时，连编辑修改都一并省了，结果对方连原始发信人姓名都看得到。你说这样的短信祝愿还有何真诚可言？

### （五）语言风格要庄重

短信的内容可以个性化，语言也可以适当调侃和幽默，但总体风格还是以庄重为宜。不能为了搞笑就把庸俗不堪、甚至低级趣味的内容发给对方，这样只会降低自己的品位，引发交际障碍。如在表示中秋节祝愿时，曾经有这样的短信："对你的思念是一天又一天，孤单的我还是没有改变，美丽的梦何时才能出现，亲爱的好想再见你一面！可我就是找不到你被关在哪个猪圈！"像这样粗俗的短信，在中秋节这个文化氛围浓厚的日子里，试想对方收到后，心里会是怎样的感受？相比之下，如果是这样的短信："海上生明月，天涯共此时。值此中秋佳节之际，向你衷心地表示节日的祝贺！"我们读了以后，肯定会觉得更加符合当时的情景和心境。文字工作是职场人士的重要工作内容，手机短信写作应该体现职场人士的文字处理水平和文化修养。风格庄重、文辞优美、内容简明、情感真挚的短信，必将给交际对象留下深刻的印象，增加对自己的好感。

### （六）附加功能慎使用

现代手机越来越商务化和智能化，即便在短信设置里也拥有了语音通话、图片视频传送、表情动画添加等多样化的功能，在给对方发送短信时，适当运用这些功能能够使沟通更加自然亲切，但是在礼仪上还是应该根据交往对象的身份和性格特征谨慎选择使用这些功能。另外还应保证短信整体风格的庄重性，不能因为某些功能的使用而喧宾夺主，影响沟通效果。因为，最简单直接的沟通往往是最有效的。

无论信息时代前进的步伐有多么快，传统文化依然荡涤着我们的心灵。职场人士在使用手机发送短信时，留心信息本身的礼仪和文化传承，相信人际交往会更加卓有成效。

## 二、邮件使用礼仪

电子邮件又称电子信函或电子函件，其优点是方便、快捷、省时、容量大、对他人干扰小，而且经济实用。通过收发电子邮件沟通信息，虽然互不谋面、听不到声音、看不到表情，但收发时同样要求遵循一定的礼仪规范。

### （一）主题准确突出

标题要提纲挈领，添加邮件主题是电子邮件和信笺的主要不同之处，在主题栏里用短短的几个字概括出整个邮件的内容，便于收件人权衡邮件的轻重缓急，分别处理。关于电子邮件的主题，主要有如下的礼仪要求。

（1）主题突出，让人一目了然，也可适当使用醒目字眼，以引起注意。

（2）每封邮件只针对一个主题，对同类的内容最好使用相同的主题命名格式，这样便于日后整理存档邮件。

（3）回复对方邮件时，一定要注意：如果谈论的内容已经和之前的内容发生了变化，可以根据回复内容的需要更改主题，使收件方更加清楚该邮件的主要内容。

（4）空白主题或不规范的主题是不职业、不重视对方的表现。

### （二）简明扼要行文通顺

#### 1. 开头称呼

邮件的开头要称呼收件人，以示对对方的问候和尊重。这既显得礼貌，也明确提醒收件人此邮件是面向他人的，要求其给予必要的回应；在有多个收件人的情况下可以称呼大家。问候语是称呼换行空两格写"你好"、"您好"或"你们好"。

#### 2. 自报家门

若对方不认识你，首先应当说明自己的身份或姓名，你代表的公司名称是必须通报的，以示对对方的尊重。点明身份应当简洁扼要。

3.内容简洁

电子邮件正文应简明扼要地说清楚事情，多用简单词汇和短句，准确清晰地表达，不要出现让人晦涩难懂的语句。多用列表形式，且一封邮件最好把相关信息全部说清。如果具体内容确实很多，正文应只做摘要介绍，然后单独添加附件。同时要在正文中提示收件人查看附件，如果附件是特殊格式文件，应在正文中说明打开方式，以免影响收件人使用。

4.文字通顺

文字尽可能避免拼写错误。在邮件发送之前，注意使用拼写检查，仔细阅读，检查行文是否通顺。另外，现在法律规定电子邮件也可以作为法律证据，因此，写电子邮件时须仔细推敲，这既是对别人的尊重，也是对自己的保护。

5.结尾签名

电子邮件末尾加上签名档是必要的。签名档可包括姓名、职务、公司名称、联系电话、传真、地址等信息。

**（三）发送邮件确保成功**

有时因为网络问题或计算机本身设定等问题，邮件可能发送不成功或发送后被退回，因此点击发送后要检查电子邮件是否发送成功。重要的电子邮件还要得到对方的回复确认，或者至少让他知道有邮件过来。发送完毕后，还可电话通知并确认对方收到，转发敏感信息或者机密信息要小心谨慎，不要把内部消息转发给外部人员或者未经授权的接收人。不发送垃圾邮件或者附加特殊链接作邮件。

**（四）回复邮件及时响应**

收到他人的重要电子邮件后，及时回复对方是必不可少的礼仪，这是对他人的尊重。理想的回复时间是 2 小时以内。

粗糙的回复

## 三、微信使用礼仪

微信是现在日常生活中最常用的社交软件之一。近几年来微信迅速发展，功能日益丰富，逐渐集成了电子邮件、博客、音乐、电视、游戏和搜索等多种功能。微信不再是一个单纯的聊天工具，它已经发展成集交流、资讯、娱乐、搜索、电子商务、办公协作和企业客户服务等为一体的综合化信息平台。使用微信时，须注意以下几点。

**（一）创建微信头像、签名**

头像，需使用健康、积极的图片，大多数人都还是喜欢和积极向上的人做朋友，客户都喜欢和专业的人士打交道，如果微信用于商务交往，最好用本人职业照，且尽可能接近本人，这样见到你本人的时候，容易对上号；别用合照做头像，不然不知道哪个是你。合照可作为朋友圈封面。

签名，需给出一些有用信息，比如你想告诉别人自己的相关业务范围或喜好等，就可以在这里显示。

**（二）加微信礼仪**

（1）微信扫码添加好友：按照"位卑者先行"的原则，应该是"晚辈（下属、小辈、主人、乙方等）"扫"长辈（上司、尊长、客人、甲方等）"的微信。无论是晚辈还是长辈提出添加微信，晚辈都应该去扫描长辈的微信二维码。

（2）加别人好友，一次没通过，第二次最好说明你的身份、加微信的目的，如果三次都没通过，就别再加了。

（3）在主动添加好友时，简单备注上介绍及添加理由。谁先加的微信，谁就应该自报家门。

（4）加他人为好友，第一时间打个招呼及问候，并简单介绍下自己，会给人留下更好的第一印象。

（5）不管是你主动加别人好友，还是别人加你好友，通过后第一时间修改备注，不要过一段时间不知道是谁了。

**（三）发微信礼仪**

（1）注意发消息的时间不要在半夜或大早晨发，别人休息时间里不要发，提示消息会打扰别人休息。

（2）直接说事，不用问"在吗"；如果要问"在吗"，在说了"在吗"后，要把有关事情顺便说出来，这样好让对方决定回答"在不在"。

（3）不熟的人不要打语音电话，打之前要先问问对方是不是方便（视频通话也一样）。

（4）如果是发快递地址或其他需要编辑的文件信息给别人，最好以文字的方式发给对方，别发截图。

（5）不要直接转个帖子给别人或转到群里，然后一声不吭，至少说一下你为什么要转。

（6）如果要发文件给人家，先问下对方想通过微信还是邮件收。因为不是每个人都刚好在用电脑上微信，如果是直接发文件到对方的微信上，一是文件可能占了别人的手机内存，二是他之后还得再把文件从手机上转发到电脑，这就给人家添了麻烦。

（7）原则上不发语音，特别是工作微信。无论是给领导、下属，还是给同事，都优先选择文字。因为在工作中很多场合都不适合发出声音，比如开会在办公室，大家都选择手机震动或者静音，所处的环境不方便收听又怎么能够及时回复呢？

此外，语音不能截图，不能转发，要从你的信息当中找一段内容，还得从头听，非常麻烦。甚至很多人感叹"发微信语音的人是自私的表现"。

（8）工作微信也要注意排版。很多人发微信根本不过大脑，想到一句发一句，最后信息零零散散，一条条阅读很浪费时间。发微信本质上和写东西没什么区别，只是换了个工具而已。所以你发送的东西要有条理、有思路，要编辑好，不要一行几个字，也不要几百字一大行，该分段的分段，停顿的地方用逗号或句号。通常一件事情放在一条信息里，多件事情就多条信息。

（9）工作微信最后要指明你要干什么。比如你发通知，你就可以加上"收到请回复"；假如你发的是一个请示，最后可以说"请领导批示"；如果你发的只是一个提醒而已，你可以告诉对方FYI（for your information），也就是让他了解一下，并不需要回复。

（10）朋友闲聊，如果聊得太晚，就别再喋喋不休，问问别人累不累，是不是该休息了。尤其在别人很久都没回你消息的情况下。

（11）除非你没有跟对方继续聊天的欲望，不然少用单个字回复，比如"哦""嗯"和"喔"……

**（四）收微信礼仪**

（1）及时回复。我们发微信时，都希望别人能够快速地回复，将心比心，别人发给我们微信，我们也应尽快回复。

（2）假如下属向你请示，同意就同意，不同意就不同意，如果还需要时间考虑，那也及时回复他"我考虑一下"。这样别人心里也就有个数了。

（3）对于重要的人物最好置顶。通过置顶可以把你最重要的群和人永远都放在最上面，这样不容易遗漏重要的信息。

（4）如果是接收到语言类的工作微信，即使你不方便接听，你可以回别人一个"现在不方便接听语音，如有急事，可以发送文字"。或者，你也可以选用微信的"语音转文字"这个功能，不过前提是这个人普通话不错。要是说的方言，就识别不出来了。

（5）如果收到工作上的信息，但暂时没空处理的话，建议可以先回复"已收到，现在手头有其他工作、在外出中/开会中，晚点再回复你"。让对方知道你已经收到信息，心不用一直悬在那里。

（6）在工作时收到消息，不想立刻处理，又怕以后忘了，或者收到文件光保存却忘了看，都可以用"提醒"功能。

**（五）微信群礼仪**

1.拉群

如果想邀请某人进群，最好先征得对方同意；群主应向群成员介绍群功能，如果人数不多，比如工作群，最好介绍一下群成员，介绍的顺序是把晚辈介绍给长辈，把下级介绍给上级，把男士介绍给女士。这些细节会让群成员的感受好很多，也有助于工作的顺利开展。

2.群昵称

建议针对群的主题修改一下自己的群昵称，降低一下沟通成本。

3.群名称

一个清晰明了的群名称可以让大家在众多的微信群中迅速找到当前的群。

4.微信群八不发

（1）不发个人生活琐碎和烦恼的事，这既影响群内人员的情绪，也浪费大家的时间，还会暴露个人隐私。

（2）涉及国家和工作单位机密不要乱发，哪怕一对一发也不妥，信息网络时代都有被记录和泄密的可能。

（3）带有明显政治激进色彩的内容和图片不发为好，这样，可使你远离是非。

（4）过分低级庸俗的内容和图片不宜转发，因为你的作品是你自身品味的客观反映。

（5）不能咒人。不可强制别人转发你的作品，比如，转了将走大运、发大财，不转将会如何如何。这是微信交流中的大忌。

（6）不能泄露他人隐私。不能随意发表未经他（她）人同意、带有个人隐私性质的内容和图片，这涉及人权和肖像权。

（7）对不确定的新闻，最好不要随意转发，谣言容易造成社会恐慌。

（8）不要发太过直白的广告。过于直白的广告会让朋友圈充斥着金钱气息，非常俗气；还会引起群友的不适。

**（六）关于群红包**

（1）红包不要只抢不发也不说话，抢过十次八次就要发一次，实在不想发，起码要道个谢。请记住，别人发不发是别人的意愿，不要强行要求别人发红包出来。

（2）不是所有群的红包都可以抢，抢之前要先看下群中的对话。因为有些群红包是指定发给某个人的，有些红包抢之后需要帮忙转发等。

（3）能私聊的不群聊。群交流如果是两个人对话较多，不要当着群内人员的面持续交流，可以加进通讯录私聊，避免扰众。

（4）切记不要连续表情包轰炸，群聊是聊天的地方，不是个人的情绪发泄地。

（5）工作群最好一群一主题，讨论结束后下载好文件，备份聊天记录便可解散群。

**（七）朋友圈礼仪**

（1）在朋友圈很活跃，却不回私聊。相信很多人都遇到过这样的朋友，发微信他不回，结果朋友圈却发得很起劲，这分明是在告诉你："我在线，但是我不想回你！"这样的人会让对方反感。

（2）尽量别把跟朋友的私人对话截图发到朋友圈。特别想截的话，要么取得别人同意，要么去掉朋友姓名，要么确保不会给朋友带来任何困扰。

（3）在朋友圈里发跟别人的合影，别光给自己修图，也给他人美化下。如果对方状态不好的合影，就别发了。

（4）不要在别人朋友圈评论里说涉及人家隐私的事情，记得还有其他人能看到。

（5）一直给你点赞留言的人，最好也能主动在人家朋友圈点个赞。

（6）朋友在朋友圈的留言应及时回复。

（7）不要盲目随意点赞，在点赞前看好对方发的是什么内容，也是对他人的一种尊重。

## 四、微博使用礼仪

微博是微博客的简称，是一种在互联网上通过关注机制分享简短实时信息的广播式的社交网络平台。具有简单方便、内容多元、传播迅速、交互性强、内容开放等特点。截至 2021 年末，微博日活跃人数已经达 5.73 亿，但是由于管理机制不健全，还有一些用户本身的道德水平等原因，微博也带来一些负面影响，所以我们在使用微博的时候应该注意微博使用的礼仪。

### （一）不恶语相向

媒介素养就是传统文化素养的延伸。新时代的媒介素养还要求公众以媒介公民的身份要求自身。微博上不乏"水军""马甲"用户，有时微博上的辩论失去理性、硝烟渐起，往往是这些网络水军开始如病毒一般侵蚀两方对立观点，控制评论，最后演变成人身攻击和诡辩，结果往往两败俱伤、无疾而终。

所以在微博上即使批评也要有批评的规则，揭露也要有揭露的底线。不应该在网络上无端欺负、恶意侮辱他人。

### （二）不以讹传讹

制造微博谣言以哗众取宠的人别有用心，但是否转发评论，还在于每个人自己的素养。对此，拥有众多粉丝的深圳之窗运营总经理陆亚明认为，"转发"的本质其实是一种投票行为，包括"赞成"、"反对"或"弃权"几种态度。"转发"同时也是一种"筛选"与"推荐"，是广大微博用户共同参与形成的一种"集智"效应。现在很多企业在接收简历时，已经要求应聘者留下社交网络的 ID（账号）。在网络上的一言一行，开始成为部分公司设置的考核参考标准之一。试想，如果你的微博满屏都是谣言、对页面信息的转发，未来的老板会不会质疑你的基本判断能力？

所以不随波逐流，要在信息冗杂的微博界面保持思维的独立。

### （三）把握尺度

"脑残""逆天""反人类"种种标签用于形容不合时宜甚至行为严重失当的人。微博上的言论一旦引来强势围观，往往是"评论共转发一线，口水与子弹齐飞"。

在社交媒体上，什么内容适合发表，什么内容不适合，什么是温和的批判，什么是不着边际的玩笑，人们似乎仍没有边界和定论，但基本的规则和素养与我们日常的线下生活中的原则应是一致的。

### （四）保持个人谈话的私密性

在微博上发布个人内容和回复他人是完全没问题的，但是请记住所有人都可以看见你的状态。所以在发布或者转发一些内容的时候要注意保护好自己的隐私，这样不会泄漏自己的个人信息，以免造成不必要的损失。

### （五）公开信息来源

如果你需要用到一个主意、话题、链接、观点等，而这些不是自己的东西，是从其他人那里得到的，就要用"@"或"转发"功能，表明来源。

### （六）注意语言

所有人都可以看见你在微博上的状态，网络是虚拟的但是也会留下痕迹，所以在使用微博的时候要注意下面几点。

（1）不在微博上传播有损国家、民族、集体和他人利益的信息。比如虚假信息、暴力或者不健康的内容。

（2）利用微博推动语言文字的健康发展，抵制不良网络文化的侵蚀，比如使用网络流行语就应该谨慎。应该清醒地认识的汉语言文字的重要性，在微博上应该使用规范的汉字，符合语法。

（3）微博语言要符合文明礼貌的规范，不使用粗俗的语言来宣泄自己的情绪。

## 课堂讨论

1.你如何看待名人在微博上受网民谩骂的现象？

2.你认为应如何强化网络礼仪？

## 课后练习

1.角色扮演。

全班人员分为两组，分别扮演商务人员，且适时互换，以通知一次商务活动为主题，模拟发送和回复电子邮件。

（1）主要内容：按照题目要求发送和回复电子邮件。

（2）具体要求：用心拟定邮件主题，认真检查邮件正文，及时准确回复邮件。

2.编辑一条微信公告。

本单位要举办一次新年晚会，需要在微信公众平台发布一条微信。请编辑公告，传达相关信息。

## 学习拓展

1.观看电影《杜拉拉升职记》，通过影片了解职场的网络礼仪与技巧。

2.阅读杜琪的《潜伏在办公室》一书，重点关注书中从心理学的角度分析的案例，更好地提高自己的沟通与表达能力。

第十二章
CHAPTER 12
涉外礼仪

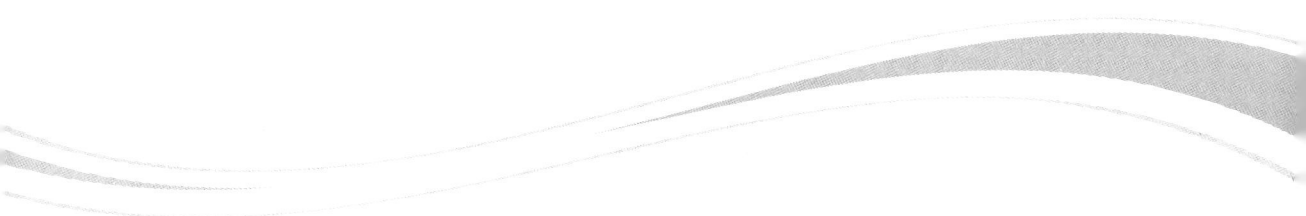

中国自古以来素有"礼仪之邦"的盛誉，礼仪在中华民族的传统文化中占有重要的地位。了解涉外礼仪，不仅有助于我们与其他国家开展友好交流和经贸合作，而且在一定程度上避免了与各个国家或地区产生矛盾和纠纷，有助于增进与各国人民之间的沟通和互信，促进友谊，同时也将在实践中丰富和发展我国的礼仪文化和礼仪建设，对于开拓国际市场、促进中外贸易交流，具有直接的现实意义。

▶ 学习目标

1. 了解涉外礼仪的基本规范。

2. 了解基本交往的常识。

3. 正确运用涉外礼仪。

# 第一节　涉外基本礼仪

涉外礼仪，是指人们在接触本国以外的人时，应该遵守的有关国际交往惯例的基本礼仪。凡从事涉外工作的人员不仅有必要了解、掌握该礼仪，而且还必须在实际工作中认真地遵守、应用。

## 一、涉外礼仪原则

### （一）服从大局

无论是谁，也无论是以怎样的形式，在涉外交往的时候，都要服从国家的相关规定，以大局为重，不能固执己见，更不能因为利益而做出有损国家利益的行为。

### （二）不卑不亢

职业人的形象体现了国家和民族的尊严，不卑不亢是每一名涉外职业人员必须高度重视的大问题。因此，在涉外商务场所，言行应当从容得体、乐观坦诚，既不畏惧自卑，也不狂傲自大。

### （三）尊重差异

到其他国家去要带着开放和欣赏的心态，对自己生活的地方感到自豪没有什么错，但是自夸和比较并不能达到预期目标，不会帮助你成功地建立人际关系。

当你到国外的一个公共场所时，那里所有的人都说另一种语言，但你不能忘记周围可能会有人听得懂你的语言，因此要时刻保持自己在语言上的风度。

**案例**

### 了解差异化解误会

王晓华所在公司的总经理是一个日本人，起初他对中国的文化和习惯方式并不了解。有一次，总经理对她说，办公室里面有几个女员工显得很没有礼貌，每当与她们说话或布置工作任务时，她们的回答不是"嗯"就是"哎"。在日本，如果表达很肯定对方的意思，应该说"嗨"（日文"はい"的音译）才是礼貌的应答方式，说明在态度上表示对对方的尊重，所以以后员工最好效仿日本人的应答方式。王晓华听后连忙对总经理解释说，在中国"嗯"就相当于日本的"Hi"，同样表达肯定的意思，员工们没有任何冒犯的意思。总经理听到这个解释后，才化解了对几个女员工的误会。

### （四）平等相符

在涉外交往时，不能排外，歧视异族，也不能崇洋媚外。对于所交往的国家，不应有三六九等之分，即使政府之间关系平淡，但作为商务交往，还是需要平等相待。

尊重不同的文化，尊重所访问的国家或者是来访的外国宾客的文化习俗，面对宗教、文化、习俗不同的国家，在商务交往时，要采取求同存异的原则。

### （五）信守约定

遵时守约，在国际交往中是取信于人的一项基本要求。在现代社会，信誉就是效率，信誉就是形象。所以，涉外商务人员在国际交往中，必须认真、严格地遵守自己的所有承诺，说话务必算数，许诺一定要兑现，约会一定要守时。

1.谨慎承诺

在涉外交往中，承诺必须谨慎，量力而行，以免因做不到而失信。

2.如约而行

承诺一旦做出，必须要兑现，如果要对已有的约定进行变动，应提前做出解释。

3.失约致歉

如果由于难以抗拒的因素致使失约，要第一时间通知对方，并郑重其事地做出道歉，不能一再推诿，避而不谈。

### （六）保守机密

商务人员在涉外交往中，要小心翼翼，谨言慎行，以防止泄露国家和商业秘密，被居心叵测的人利用。

> **案例**
>
> **绝密工艺泄露给自己树立的劲敌**
>
> 在过去很长一段时间里，我国独自掌握景泰蓝工艺。有一次，一个日本访问团到一家知名的景泰蓝厂参观，当时的陪同人员在介绍各种工艺流程时，无意中泄露了绝密的制作工艺。结果，日本的同类产品很快在国际市场上出现，与中国展开激烈竞争。

## （七）要灵活有耐心

性格死板的人，在商务活动中往往会遇到困难。在新的环境中，应该尝一尝新的食品，学一学新的言谈举止。开始时，可能由于不熟悉这些新的举止，你会觉得"很可笑"，但一定要坚持下去，即使你学得不太好，当地的主人也会赞赏你积极尝试的态度。

## （八）热情有度

所谓热情有度，是指要对交际对象热情友善，又要注意尺度，不能有碍于人，影响他人或骚扰别人。

### 1.关心有度

由于大多数外国人都强调个性独立、自由，过分的关心会让人感觉碍手碍脚、多管闲事，甚至被认为是干涉隐私。所以要礼待外国客人，不该关心的事不要多操心。

> **案例**
>
> **过度好心，却引来冷漠**
>
> 阿涵被派到一位来京工作的英国专家家里做服务工作。因为她热情、精明能干，专家夫妇对她的印象很不错，把她当成自己家庭的一位成员。
>
> 一个星期天，那位英国专家偕夫人外出归来。阿涵在问候他们之后，如同对老朋友那样，随口就问："你们去哪里玩了？"这位专家迟疑一阵后，才吞吞吐吐地说："我们去王府井步行街了。"阿涵没有注意对方的脸色，继续问道："那你们逛了什么商店？"对方无奈地答道："王府井书店。""哦，那边书挺多，而中关村那边有个图书大厦，那边的书更多。"阿涵好心地向对方提出建议，然而，没等她说完，这对老夫妇就阴沉着脸转身进屋了。
>
> 事后，阿涵才知道了自己问得太多了。

### 2.距离有度

很多中国人讲究人与人的关系亲密无间，外国人则主张人与人之间应该保持适当距离，与对方距离过近，会让对方产生被"侵犯"、不自在的感觉；距离过远，又使对方感觉被冷落。

### 文化差异

一个日本人和一个美国人站在酒店的大堂聊天，人们会看到这样的现象：人在大堂里慢慢地走来走去，美国人不断地后退，日本人则渐渐地靠近美国人，他俩都试图不断地做出调整，保持一个彼此在文化上都可以接受的距离。

这是一幅典型的文化差异图景。一般来说，亚洲人的亲密地盘要比欧美人的亲密地盘小一些。日本人的亲密地盘只有 25 厘米左右，他不断地向前调整他的空间距离，但他这样做就侵入了美国人的亲密地盘，使得美国人不得不后退，调整他的空间。这种录像高速播放时，给人一种印象，仿佛两人在会议室跳舞，领头的是日本人。因此，当谈判业务时，亚洲人同欧美人都用怀疑的目光注视着对方。欧洲人或美洲人说亚洲人过于亲昵，而亚洲人则说欧洲人或美洲人冷淡、冷漠。

## （九）女士优先

女士优先是国际社会公认的一条重要的礼仪原则，在西方国家更是如此。这要求一个成年男子，在社交场合都要尽一切可能来尊重妇女、照顾妇女，并做好准备，随时挺身而出为妇女排忧解难。

礼仪小常识

### "女士优先"的由来

"女士优先"的原则起源于欧洲中世纪的骑士之风。在当时，骑士为贵妇人开道，勇战匪徒，为贵妇人吟唱英雄史诗，为贵妇人而决斗，得到对方的赞美，被认为是骑士的莫大荣耀，这逐渐演变为对女士的关爱和保护，即"女士优先"的原则。

关于"女士优先"，有着不少动人的故事。1911 年，"泰坦尼克号"在快沉没时，男人们纷纷把逃生的机会让给妇女和孩子。1937 年 9 月 22 日，日寇飞机开始对南京进行轰炸。这天，德国西门子公司南京分行的经理约翰·拉贝守在自己家简陋的防空洞门口，让抱着婴儿的妇女优先进入，其次是带着较大孩子的妇女，最后才让男人进入。事后，数百位难民在院子里排队向约翰·拉贝鞠躬感谢。约翰·拉贝却连说："不敢当！我只是在危险时刻做了我认为正确的事。"

## （十）三思而后说

当对方使用与我们不同的语言时，就会减弱语言作为沟通工具的作用，而且很容易产生误会。当微妙的商业谈判处于危险的境地的时候，翻译的作用是至关重要的。如果你需要翻译来帮助你同来自其他国家的人沟通，要看着对方直接跟对方说，而不是跟翻译说。如果你不用翻译的话，要使用简单直接的言语方式。幽默是一种主观的行为，很多笑话和俚语都很难翻译得原汁原味，这可能会带来混乱和冒犯。在商务谈判中，一定不要说诸如政治、宗教这类比较有争议的话题，除非是东道主首先提起的。

## 二、涉外礼仪基本规范

当今世界，尽管各国的社会形态各不相同，经济发展水平各不相等，民族人口有多寡之别，国家有大小之分，但是有一点是共同的，即文明民族都很注重礼貌礼节。文明程度越高的国家或民族，其国民或族人就越讲礼貌懂礼节，其国际形象就越佳。

**（一）注重形象，仪表得体**

在国际交往中，人们普遍对交往对象的个人形象倍加关注，不仅因为个人形象真实地体现着个人的教养和品位、精神风貌和生活态度，还因为个人的形象总是与国家形象、民族形象、企业形象密切相关，通过个人形象可以如实地体现出对交往对象的重视程度。在对外交往中，一般的外国人对中国的了解和看法，主要来自他有机会接触到的某些中国人。因此，一个中国人在对外交往中，要是不注意维护自身形象，从某种程度上说，就可能有损中国的国际形象。

在与外国人打交道时，对于每一名涉外人员衣着的基本礼仪要求是：得体而应景。

1.要了解并遵守着装的搭配技巧

在国外，对于男士在正式场合的着装，须遵守"三色原则"的。所谓"三色原则"，是指全身上下的衣着，应当保持在三种色彩之内。对于女士在正式场合的着装评价，人们往往关注于一个细节，即她是否了解不应该使自己的袜口暴露在外。不仅在站立时袜口外露不合适，就是在行走或就座时袜口外露也不合适。穿裙装的女士，最好穿连裤袜或长筒袜。

2.要了解并遵守着装的正确方法

在穿西装时，要注意的问题有：在穿西装之前，务必要将位于上衣左袖袖口之上的商标、纯羊毛标志等，先行拆除，它们与西装的档次、身价并无关系。在一般情况下，坐着的时候，可将西装上衣衣扣解开；站起来之后，尤其是需要面对他人之时，则应当将西装上衣的衣扣系上。西装上衣的衣扣有一定的系法：双排扣西装上衣的衣扣，应当全部系上。单排两粒扣西装上衣的衣扣，应当只系上面的那粒衣扣。单排三粒扣西装上衣的衣扣，则应当系上面的两粒衣扣，或单系中间的那粒衣扣。穿西装背心时，最下边的那粒衣扣一般可以不系。打领带时，其下端位置大致是自上而下数的第三、第四粒衣扣之间。

3.依照具体场合选择与其相适应的服装

在公务场合，涉外人员的着装应当既端庄大方、又严守传统，重点突出"庄重保守"的风格。不可太强调个性，太突出性别。具体而言，男士最好选择着藏蓝色、灰色的西装套装或中山装套装，内穿白色衬衫，脚穿深色袜子、黑色皮鞋。穿西装套装时，务必要打领带。女士的最佳衣着建议则是：身穿单一色彩的西服套裙，内穿白色衬衫，脚穿肉色长筒丝袜和黑色高跟皮鞋。有时，穿着单一色彩的连衣裙亦可，但是尽量不要选择以长裤为下装的套装。在公务场合，不得身穿夹克衫、牛仔装、运动装、健美裤、背心、短裤、旅游鞋和凉鞋等休闲服饰。尤其应避免穿着过于时髦、过于随便、过于暴露、过于透视、过于短小、过于紧身的服装。

在诸如观看演出、出席宴会、参加舞会、登门拜访、参与聚会等最常见的社交场合，涉外人员的着装就可以重点突出"时尚个性"的风格。最为常见的主要有时装、礼服、具有本民族特色的服装及个人缝制的服装。在西方国家里，最正规的大礼服，男式的是黑色的燕尾服，女式的则是露背、拖地的单色连衣裙式服装。

目前，我国的具体做法是，在需要穿着礼服的场合，男士穿着深色的中山装套装或西装套装，女士则穿旗袍或下摆长于膝部的连衣裙。其中，尤其以深色中山装套装与旗袍最具有中国特色，并且应用最为广泛。

在社交场合，最好不要穿制服或便装。若非职业军人或公、检、法人员，则切勿身穿军服或公、检、法专用的制服去参加有外国人参加的社交活动。

在诸如居家休息、健身运动、游览观光、街市漫步、商场购物等休闲场合，涉外人员的着装应当穿出"舒适自然"的风格，并且男女之间在这种场合的穿着没有明显的分界。牛仔装、运动装、夹克衫、T恤衫、短袖衬衫、短裤等是休闲场合着装的首选。

**（二）以礼待人、称呼得当**

称呼，指的是人们交谈时所使用的用以表示彼此关系的名称。有时，它亦被称为称谓。在对外交往过程中，人们碰到的头一个问题就是怎样称呼对方才合乎礼仪。无论是面对面、写信、打电话、发传真，首先都要表明彼此之间的关系，称呼是否得体，既直接影响交往效果，又反映出一个人的文明程度和教养水平。

在对外交往中，应该严格遵循国际上通行的称呼习惯，不能有丝毫大意。在国外，男子通称"先生"，未婚女子称为"小姐"，已婚女子称为"夫人"，对不了解其婚姻状况的女子可称为"女士"。在外交场合，女子都可以被通称为"女士"。对军人可以军衔相称，对医生、律师、法官及有学问的人可以职称或学位相称。总之，涉外称呼一定要符合礼仪要求，否则，容易伤害对方的感情，或者被对方认为缺乏教养。

在涉外交往中，称呼的运用与对待交往对象的态度直接相关，对此千万不要马虎大意，随心所欲。与外国人进行交往应酬时，尤其是在比较正式的场合，应当选用的称谓主要有如下几种。

1.礼仪性称谓

它几乎适用于任何场合，主要包括"先生""小姐""夫人""女士"。应当强调的是，在称呼一位女性对象时，最好根据其婚否，分别以"小姐"或"夫人"相称。若一时难以判断，则可以称之为"女士"。在有的国家，"阁下"这一泛尊称也可以使用。

许多时候，泛尊称可与姓名、姓氏或行业性称呼分别组合在一起使用。例如，"比尔·克林顿先生""玛格丽特·撒切尔夫人""史密斯小姐"，"议员先生""秘书小姐"等。

它们一般用于较为正式的场合，或是初次交往应酬之时。

2.职称、学衔性称谓

在人际交往中，若交往对象拥有在社会上备受重视的学位、学术性头衔、专业技术性头衔、军衔、爵位，如"博士""教授""医生""律师""法官""工程师""将军""公爵"等，均可用作称呼。

3.正式性称谓

在公务活动中，一般可以直接以对方的职务相称。例如，可称其为"部长""总理""经理""总裁""科长""主任"等。不过，有的国家并不习惯采用此类称谓。

在涉外交往中自称或称呼他人时，有两类称呼切勿使用：一是不要使用容易产生误会的称呼，如"爱人""同志""老人家"等；二是不要使用具有侮辱歧视性质的称呼，如"老黑""鬼子""洋妞""老头子"等。另外请注意，若与交际对象仅有一面之交，一般不宜直呼其名。

### （三）知书达礼、遵纪守法

1.尊重女士、礼让有节

尊重妇女是国际社会公认的一条重要的礼仪原则，也是衡量男子是否具有文明教养与礼仪风度的重要标准。在西方社会强调"女士优先"，并非是因为妇女被视为弱者，值得同情、怜悯，而是将妇女视为"人类的母亲"而予以尊重。

尊重妇女的具体体现是：一位男士，在日常生活的任何时候、任何情况下，在行动上从各个方面要尊重妇女、照顾妇女、保护妇女、体谅妇女、关心妇女，并尽心竭力地去为妇女排忧解难。比如，在社交场合做介绍时，先把男士介绍给女士；参加社交聚会时，宾客见到站在一起的男女主人时，也总是应先与女主人打招呼；而女士进入聚会场所时，先到的男士应站起来迎接；当介绍来宾时，应先把男士介绍给女士；当男女双方握手时，也只有等女士伸出手之后，男士方可与之相握；在上下车、上下楼梯、进出电梯时，均让妇女先行，并主动予以照顾；在旅途中，遇到携带行李的女士，男士应帮助提携并放好行李；如果男女并排行走，男士应当自觉请女士走在人行道的内侧，自己走在外侧；在同时需要称呼多人时，合乎礼仪的称呼方法是"女士们，先生们"，而不允许颠倒这一顺序；男士不得当着女士的面讲粗话、脏话或开低级下流的玩笑，言辞必须文明高雅，表达分寸得当；等等。在西方国家中，人们都认为尊重妇女，就是尊重人类的母亲，这是一个文明人所应有的教养。

2.入乡随俗、谨言慎行

在涉外交往中，人们总认为语言不通是交往时的唯一障碍，其实在某些时候，对交往对象所在国的风尚习俗不了解才是最大的障碍。当您欲往国外访问、经商、探亲或旅游观光时，当您要在国内接待外宾、与外宾洽谈生意或共同工作时，事先了解对方的习俗礼仪显得尤为重要，正所谓"知己知彼，百战不殆"。如果预先了解了对方的习惯禁忌，您就可以尽量避免为之，从而成为一个彬彬有礼、受人欢迎的客人或是一个知书达礼、体贴周到的主人。

在社会交往和商务活动等正式场合，交往双方讲究主随客便和客随主便。也就是说，如果自己一方或自己是主人，是接待者，讲主随客便；如果自己一方或自己是客人，讲客随主便。在交往活动中，如果参与者只有两方，是双边交往（尤其是跨文化交流），要讲入乡随俗；如果是三边（国）或多边（国）交往，则要讲国际惯例，这就要求对国际惯例要了解，要尊重。

当前，国际礼仪强调以人为本，要求尊重个人隐私，维护人格尊严，并将是否尊重个人隐私视作一个人在待人接物方面有无教养，能否尊重和体谅交往对象的重要标志之一。对于西方人来讲，凡涉及经历、收入、年龄、婚恋、健康状况、政治见解等均属于个人隐私，别人不应查问。西方人特别是妇女，一般不把自己的年龄告诉别人，询问年龄、冒失问异性婚否，会让人觉得讨厌，是失礼的行为。西方人还不喜欢随便给人留自己的家庭住址，也不随便请人到家里做客，不愿透露个人的收入情况。

**礼仪小常识**

**注意与外国人交谈的话题**

问别人"您住哪里？""您是干什么工作的？""您一个月挣多少钱？""您去哪里？""您吃过了吗？""您的衣服多少钱买的？""您以前都做过什么？"等，这些在中国正常不过的人们日常交流感情的话题，却会让西方人觉得你是一个热衷于打探别人隐私的无聊之人。宗教信仰或政治立场，在西方人看来是非常严肃的事，不可随便谈论。因此，自觉地、有意识地回避对方的个人隐私至关重要。同陌生人开始交谈时，可选择诸如天气、体育、音乐和环保等安全而适宜的话题。

3.注意环保、讲究卫生

环境，通常是指人类生存的外部条件，是人类社会赖以生存和发展的基础，与人类的生活质量息息相关。爱惜和保护环境，从本质上讲，就是对整个人类的爱惜和保护。因此，每个人都有义务对环境加以自觉的爱惜和保护，不论是为了发展经济还是为了提高生活质量，都不能以牺牲环境为代价。环保作为涉外礼仪的主要原则之一，是在国际舞台上备受关注的焦点话题，在日常生活里，能否以实际行动"爱护环境"，已被视为一个人有没有教养、讲不讲社会公德的重要标志之一。

过去，由于我国对环境保护不够重视，沙尘暴、水污染、大气污染、珍贵的野生动物濒临绝种等问题频发，自然资源越来越少，这些就是大自然对我们提出的严重警告。近几年来，中国人的环保意识已逐步增强，政府也采取了一些环保方面的有力措施，破坏环境、污染环境、虐待动物的情况有了很大的改善。但是，有的人在环保问题方面，仍是不以为然，自行其是。例如，有些人为了向外宾表现热情和尊重，不惜花巨资购买珍禽异兽加以款待，没想到每每让重视环保的外宾拂袖而去，丝毫不予领情。其实，这正是违背了人类生存的共同利益，违背了当前爱护环境、保护环境这一时代的主旋律，所以必将招致有志之士的唾弃。

**礼仪小常识**

### 爱护环境的主要内容

爱护环境的主要含义是指在日常生活里，每个人都有义务对人类所赖以生存的环境自觉地加以爱惜和保护。从严格意义上讲，"爱护环境"属于社会公德的范畴，因此它是不会因国别不同而有所区别的。爱护环境的主要内容如下。

（1）不可损毁自然环境。

（2）不可虐待动物。

（3）不可损坏公物。

（4）不可乱堆乱放私人物品。

（5）不可乱扔乱丢废弃物品。

（6）不可随地吐痰。

（7）不可到处随意吸烟。

（8）不可任意制造噪音。

**案例**

### 一口痰吐掉一个项目

曾经有一家制药厂和德国一家公司谈合作事宜，如果洽谈顺利，将会成功引进外资，进行新一轮的项目研究开发。在洽谈过程中，德国公司提出要到这家企业去考察一下，哪知道在工厂考察时，厂长忽然一口浓痰涌上喉咙，"啪嗒"一声吐在了厂门口，还用脚使劲地蹭了一蹭，然后继续为外商讲解。这一行为，立即引起外商的厌恶，德国公司立刻宣布取消投资项目。事后，德国公司负责人给厂长写了一封语重心长的信："您作为一厂之长都这样没有修养，很难想象您的下属，会是什么样子！建药厂是为了治病救人，而不讲卫生，则可能造成谋财害命的结果……"

# 第二节　涉外交往礼仪

在 21 世纪的今天，人类进入了信息社会，"世界变大了，地球变小了"，而在中国实行改革开放以后，迈出国门进行公务访问、商务活动、学术交往及观光旅游的人越来越多。我们知道不同国家、不同民族，因为文化背景的不同，人们的语言、举止、习惯和礼仪都不太一致。在涉外交往活动中，一个人或几个人行为的合适与否，在他国人眼中往往直接代表了我们整个国家的素质，所以我们都要了解一些涉外交往礼仪。

## 一、涉外交往礼仪原则

### （一）尊重为本

尊重，是一切交往行为的基础，是礼仪的根本所在。首先，要自尊自爱。大到我们的国家和民族，小到我们的单位和自己，我们都有责任去维护它的尊严和形象。因此，我们在涉外交往中要自尊、自重、自爱和自信。再者，要尊重交往的对象。尊重在一定程度上是一种常识，是一个人是否有教养的体现，因此，我们的言行举止应从容得当，不应高傲自大、盛气凌人。

### （二）求同存异

"求同"就是要遵守礼仪的"共性"，"存异"是指因习惯不同而存在的差异性。比如，世界各国人们往往采用不同的见面礼节，其中较常见就有日本人的鞠躬礼，韩国人的跪拜礼，泰国人的合十礼，中国人的拱手礼，欧美人的吻面礼、吻手礼和拥抱礼等。他们各自礼仪的特点就是"存异"的体现，我们应该相互尊重与理解。同时，握手礼在大多数国家都是被认可的见面礼节。

### （三）入乡随俗

在到达一个陌生的地区或者国家的时候，要及时了解当地的风俗习惯，包括衣食住行、言谈举止和待人接物等方面的讲究与禁忌，并给予尊重，不非议、不嘲笑，并在适当的情况下予以遵循或实施。这样既是对对方的尊重，又有助于我们与当地人交往时收放自如、减少不必要的阻碍，达到良好的交际效果。

### （四）信守约定

这是指在涉外交往中，要遵守自己的承诺、许诺要争取实现、无特殊情况不失约等。首先，谨慎许诺。在涉外交往中，许多言行往往代表着国家利益。因此，在向对方提出建议或者面对对方提出的要求时，一定要谨慎对待、深思熟虑，不要草率行事。其次，遵守约定。如果向对方做出了一些承诺，一定要争取实现，这是对自己良好形象的有效维护，也是一个人是否拥有良好素质的体现。最后，及时告知。如果由于不可抗拒的因素，使自己的承诺难以实现，一定要提前告知对方，并说明原因，报以歉意，必要时应承担给对方造成的物质损失。

### （五）热情适度

在涉外交往中，要掌握好三个"度"。第一，关心有度。例如，在对方身体不适时，切忌刨根问底地询问病情等。第二，距离有度。在与对方交谈时，应保持一定的社交距离，切忌过分亲近。第三，举止有度。例如握手的时间与力度、眼神交流的频率等，都要控制在适当的范围内，在热情友好的同时把握分寸，否则会事与愿违、过犹不及。

### （六）谦虚适当

在交往中，中国人较偏向于自谦、自贬。而在对外交往中，应敢于肯定自己的优点，不要由于谦虚而过于否定自己。例如，遇到外国人赞扬自己的相貌、衣饰、手艺时，一定要落落大方道上一声"谢谢"。这样既表现了自信，也是对对方良好意愿的接纳。

### （七）尊重隐私

在涉外交往中，几个"不问"是值得注意的，即"不问"年龄、婚否、工资、经历、家庭住址、宗教信仰及政治观点等。

## 二、基本涉外交往常识

### （一）不可随意拍摄、录音

出国访问时，未经允许不能随便拍摄、录音。

在国外的博物馆、科学实验室、工厂、公司等任何地方随便拍照、录像、录音，都可能涉及知识产权问题，对方可能会认为你在窃取宝贵信息。未经允许随便拍摄国外的居民，无论是工作人员还是女性、孩子，都有可能触犯当地的宗教习俗和民间的道德规范，从而引起误解和矛盾。因此要注意以下几个方面。

第一，在有禁止拍摄标志的地方不要随意拍摄、录音。

第二，拍摄前应礼貌地咨询工作人员或拍摄对象。

第三，拍摄而遭遇制止时应立刻停止行动。

### （二）出境接受服务要付小费

在国内，接受服务付小费似乎很鲜见。但在国外小费通行的地区，接受服务而不付小费，多半是说不过去的。

接受服务而不付小费，一方面会被认为是你不满意对方的服务或者吝啬不肯付出，这样服务人员可能会降低服务水准；另一方面，不付小费会给人留下狡猾、挑衅的印象，有损我们的国格和人格。因此要注意以下几个方面。

第一，出境接受服务时，应按照当地习俗酌情给服务人员小费。

第二，如果不熟悉所到国家和地区的消费习惯，应事先询问。

第三，付小费时，应尽量付所在国家的币种。

### （三）不可带病会见外商

带病工作、带病学习、带病会见客人，在国人的意识中，带病做事是大公无私、勤恳敬业的表现，但如果你把这种观念带到外商面前就出错了。

感冒发热时按原计划出席谈判，外宾会如临大敌，认为你无视他们的健康；手臂或腿上、脸上带着明显的外伤会见客商，显然难以给对方留下一个很好的印象。带病见客，在外国人看来，这是将疾病带给他人的表现，是不尊重他人的表现，是自私、恶劣的做法。因此要注意以下几个方面。

第一，感冒时应与外商另约时间并说明原因。

第二，有传染性疾病时，应及时取消约见。

第三，会见非常重要时，应及时与外商协商修改日期，或征得外商同意后指定专人代替自己前往会见。

### （四）行拥抱礼时要注意分寸

有些人认为外国人都很开放，普遍实行拥抱礼。其实这种认识是非常片面的。不管外宾所在国家是否实行拥抱礼就主动拥抱，对方会觉得你太过热情，显得虚伪；行拥抱礼时对异性外宾用力过度、长时间拥抱，对方会认为你是在对其进行性骚扰；行拥抱礼时极力闪躲对方的拥抱，会让人觉得你讨厌对方、看不起对方、不信任对方。因此要注意以下几个方面。

第一，行拥抱礼时应按照外宾所在国家的习俗进行。

第二，对异性行拥抱礼时应避免显得暧昧。

第三，行拥抱礼时应注意对象。

### （五）与外宾对话不可过于客套

寒暄是中国人的一大礼仪。人们在寒暄中表达问候，维系友好关系，展开交际，寒暄时所说的话俗称"客套话"。然而与外宾对话时也客套，十有八九会引起误解。

见到外宾客套地说"去我们家坐坐吧"，对方会真的把它当作一个建议来认真考虑；针对外宾的夸奖，客套地说"哪里哪里"，对方会把这当作一个真正的问题来回答；送给外宾礼物时告诉对方"不成敬意"，对方会觉得你随便拿了个东西打发他。与外宾对话时过于客套，对方难免将好意误解为恶意，将客气误解为诚恳。因此要注意以下几个方面。

第一，与外宾对话时不要有过多的寒暄。

第二，与外宾对话时应尽量有话直说。

### （六）面对外宾恭敬有度

待客应该热情而尊敬，但恭敬过度却会招来别人的不尊敬，这是有违礼仪常识的做法。见了外宾就像见了威严的长辈，唯唯诺诺，低着头，动不动就鞠躬；本该是商量事情，却做出一副唯命是从的样子；按照普通规格接待对方即可，却硬要超出相应规格两三倍来接待。面对外宾恭敬过头，一方面会让对方感到不适应、不自然；一方面会让对方觉得中国人个性懦弱，从而不利于中国人的形象。因此要注意以下几个方面。

第一，面对外宾应避免低声下气。

第二，与外宾相处时应避免处处谦虚、贬低自我。

第三，面对外宾应避免过度的点头哈腰的动作和姿态。

### （七）行接吻礼时避免引起误会

接吻礼在涉外交往中是很容易见到的礼节，但如果没有经验而又不加注意的话，就容易引起不愉快。

对行使接吻礼的外国友人的轻吻大惊小怪或极力闪躲，对方会以为你厌恶、不信任对方；行接吻礼时动作夸张，特别是对待异性的亲吻表现出极大热情，会让别人视作骚扰和侮辱；对于不提倡接吻礼国家的外宾想当然地行此礼，或者被视为冒犯，或者被视为无知，成为笑话。因此要注意以下几个方面。

第一，接吻礼适用于上级对下级，长辈对晚辈，朋友、伴侣之间，行礼时在受礼者额头或脸上轻吻一下即可。

第二，平辈之间的接吻礼通常是相互贴脸或轻吻脸颊，晚辈对长辈通常是亲下巴。

第三，对于有接吻礼习惯的外宾，不要对他们的礼貌举止表示惊讶或斥责。

### （八）慎用中式习惯称呼外国人

许多人会习惯性地以中国式习惯称呼外国人，这样做是欠考虑的。

见到外国人可爱的小孩，就热情地称之为"小鬼""小家伙"，孩子的家长会觉得受到了侵犯；随意用中国习惯称呼年长的外国人为"老先生""老太太""老头""大妈"，对方会因为你口中的"老"字而格外反感；用中国习惯称呼中年女性为"大姐"，对方会觉得莫名其妙；如果贸然称对方为"夫人"，而实际上对方未婚，对方同样会感到不快。因此要注意以下几个方面。

第一，不要随便用中式昵称称呼不熟悉的外国人。

第二，不要刻意用"老""大""小"来区分不同年龄段的外国人。

第三，不要随便在对外国人的称呼前面加上"那个男的""那个高个女人"等修饰语以示提醒和区分。

### （九）不可随便抚摸外国小孩的头

中国人看到陌生人的可爱孩子，会情不自禁地上前抚摸孩子的头以示喜爱，孩子的父母通常在此时也会露出开心的表情予以配合。但这种做法不适用于外国人。

有些国家认为小孩是不可侵犯的，抚摸头意味着侮辱；有的国家将抚摸孩子的头视为诅咒，最轻的也会被视为冒犯。遇到外宾时，就算他们的孩子可爱至极，也不要不假思索地上前就摸脑袋。因此要注意以下几个方面。

第一，不要随便抚摸外国小孩的头，也不要随便拥抱和亲吻外国小孩。

第二，不要随便盯着外国小孩看，无论你是喜欢他还是讨厌他。

### （十）接待外宾时要平等对待

在公务或私人的涉外交往中，对待外宾时的态度不平等是错误的。

司机接待A国和B国客人时，对待B国客人态度相对冷淡，对方会认为你对B国有仇恨或鄙视情绪；同时接待白人外宾和黑人外宾时，对待黑人外宾敷衍塞责，而对白人外宾关怀备至，对方会认为你对黑人怀有蔑视心理；同时接待几个国籍相同的外宾，对长相漂亮、衣着光鲜的外宾殷勤热情，而对相貌一般、衣着普通的外宾淡漠待之，对方会认为你浅薄、庸俗。更重要的是，外宾的所有误解都不会是针对你一个人，而是针对整个企业、国家。因此要注意以下几个方面。

第一，接待外宾时应一视同仁，都应礼貌相待。

第二，在民间交往中接待外宾时，不应凭个人好恶区别对待。

### （十一）不可将红酒一饮而尽

将红酒一饮而尽是不合礼的。喝红酒时一饮而尽，别人会觉得你太性急，不懂得欣赏和品味，不懂得尊重主人。你这样做也可能会被认为是精神紧张、情绪不稳的表现，这显然不利于你的形象。如果喝的红酒是名品或珍贵藏品，一饮而尽会让主人为你的"暴殄天物"而深感痛惜；如果你是女性，别人会为你的缺乏修养而深感遗憾。

红酒向来是宴会上的"贵宾"，是高贵的象征，饮用时万万不可轻慢失态，否则就贻笑大方了。因此要注意以下几个方面。

第一，红酒的最佳饮用温度是18℃~21℃，不宜冰镇。如果同时有几种红酒，应先喝新酒、淡酒，后喝陈酒。

第二，喝红酒前应先拭净嘴角，并深嗅酒的味道。

第三，红酒需要一小口一小口地喝。饮酒时应用手指夹杯腿或握杯，缓缓入口并令其在舌尖稍做停留。

### （十二）参加西式宴会不可要求添饭

参加西式宴会尤其是家庭宴会时，不能向主人要求添饭。

参加西式宴会时要求添饭，意味着你没有吃饱、没有吃好，这是在向主人暗示他对你招待不周。这样会使主人难堪，也会使其他客人对你产生吹毛求疵的印象。要求添饭，也会让人觉得你在批评主人吝啬、招待客人的经验不足。因此要注意以下几个方面。

第一，参加西式宴会特别是家宴时，应避免要求添饭。

第二，参加西式宴会时，应向邀请者或家宴主人表示感谢。

第三，参加西式宴会时，应对饮食表示赞美。

## 课堂讨论

扫描"部分国家习俗与禁忌"二维码，回答下列问题。

1.什么是涉外礼仪？学习涉外礼仪要遵循哪些原则？

2.巴西人对"OK"手势的理解是什么？

3.日本人在日常生活和交往中主要有哪些禁忌？

4.德国在馈赠方面有什么禁忌？

🔲 部分国家习俗与禁忌

## 课后练习

教师准备好各个国家的照片，以小组形式，由组长随机抽签请同学们了解本组抽到的国家的人们见面时的礼仪，并在下次课堂上展示。

## 学习拓展

1.阅读《中国民俗文化》（柯玲编著，北京大学出版社 2011 年版），从中了解中国的服饰、饮食、居住等民俗文化。

2.阅读《中外民俗》（吴明清主编，武汉理工大学出版社 2012 年版），对比了解中外不同的民俗文化。

班尼.影响人际关系的办公室社交礼仪[J].劳动保障世界，2016，(16)：53.

陈汉忠.会议茶礼仪的6个关键[J].办公室业务，2016，(04)：121.

陈致雅.电子邮件中的礼仪[J].成才与就业，2019，(05)：24-25.

陈致雅.这些面试礼仪你知道吗？[J].成才与就业，2018，(11)：18-19.

程燕，李欣，曾琳.现代礼仪[M].北京：清华大学出版社，2015.

顾元宜.办公室日常接待礼仪[J].办公室业务，2012，(22)：46.

简单心理.新世纪社交礼仪[J].黄金时代，2017，(12)：10-11.

金正昆.商务礼仪教程[M].北京：人民大学出版社，2018.

金正昆.社交礼仪[M].北京：人民大学出版社，2016.

金正昆.职场礼仪教程[M].北京：北京联合出版公司，2013.

李玉.职场上的微信沟通礼仪[J].现代妇女，2020，(01)：38.

梁兆民.张永华.现代实用礼仪教程[M].西安：西安工业大学出版社，2010.

廖超慧.社交礼仪[M].武汉：华中科技大学出版社，2007.

林丹彤.礼仪修养通识教程[M].北京：电子工业出版社，2019.

罗芳.职业礼仪[M].北京：中国铁道出版社，2018.

罗茜.商务礼仪[M].武汉：华中科技大学出版社，2019.

吕艳芝，冯楠.教师礼仪的99个细节[M].上海：华东师范大学出版社，2017.

吕艳芝，徐克茹，冯楠.职场礼仪培训全书[M].北京：中国纺织出版社，2021.

吕艳芝，徐克茹.商务礼仪标准培训[M].北京：中国纺织出版社，2019.

吕燕芝.公务礼仪[M].北京：中国轻纺出版社，2016.

宋常桐，耿燕.公共关系与现代礼仪教程[M].北京：电子工业出版社，2013.

唐丽.实用礼仪与日常应用文书写作[M].上海：上海交通大学出版社，2016.1

唐晓波.浅析办公室接待和电话接听礼仪[J].办公室业务，2017(16)：108-109.

田晓冰.浅析中西方商务会议礼仪的差别[J].科技视野，2015(31)：165-238.

王东.仪式礼仪：培育新时代青年爱国主义精神的重要载体[J].濮阳职业技术学院学报，2021，
　　34(02)：21-25.

王连义.怎样做好导游工作[M].北京：中国导游出版社，1997.

吴雨潼.职业形象设计与训练[M].大连：大连理工大学出版社，2008.

肖丽敏.职业形象与礼仪[M].北京：中国金融出版社，2010.

徐贲.讨论问题时的"礼仪"[J].杂文月刊（文摘版），2016，(03)：11.

徐克茹.商务礼仪标准培训[M].北京：中国纺织出版社，2007.

许湘岳，蒋璟萍.费秋萍.礼仪训练教程[M].北京：人民出版社，2012.

于丽新.礼仪文化教程[M].南京：南京大学出版社，2013.

袁林.商务礼仪[M].杭州：浙江大学出版社，2013.

张东铭.通信礼仪[J].光彩，2015，(01)：66.

张莉.株洲市委选调干部 保安也是考官[EB/OL].(2010-10-15)[2021-12-28].https://www.zznews.gov.cn/news/2010/1015/40195.shtml.

张勤，张梓墨.浅析网络礼仪存在的必要性[J].大众文艺，2019，(11)：260-261.

张茹.会议筹备礼仪[J].东方企业文化，2014，(05)：271.

张岩松，周晓红.现代形象设计[M].北京：清华大学出版社，2016.

张志霞，张冰霄，王广平.职业形象与礼仪训练[M].杭州：浙江大学出版社，2012.

赵亚琼，秦艳梅.职业形象与礼仪[M].北京：北京理工大学出版社，2018.

郑彦离.礼仪与形象设计[M].北京：清华大学出版社，2015.

钟锦.细节决定胜负[J].中国大学生就业，2006(22)：24-25.

朱倩倩.跨文化视角下中国：东盟商务礼仪对比研究[J].视听,2015(03)：216-217.